同济大学研究生教材

海洋与深水基础

Marine and Deepwater Foundation

梁发云 王琛 张浩 邵伟 编著

·上海·

内 容 提 要

本书主要针对跨海桥梁和海上风电等深水基础的关键难题，结合海洋与深水基础工程的发展历史和现状，介绍了跨海桥梁及海上风电基础的特点和选型依据，重点讲解了深水桩基、沉井、漂浮式基础等典型深水基础的静动力特性及其分析方法，并对海洋与深水基础的设计方法和关键施工技术作简要阐述。此外，针对海洋与深水基础的服役环境特征，结合学科领域的前沿成果，系统介绍了海洋工程中的腐蚀与冲刷等典型灾害的发生机理与防护措施。

本书可作为土木工程类、水利工程类、海洋工程类、地质工程类以及智能建造类专业的研究生教材，也可供相关专业的科研人员和工程技术人员参考。

图书在版编目(CIP)数据

海洋与深水基础 / 梁发云等编著. — 上海 : 同济大学出版社，2024.8

ISBN 978-7-5765-0056-1

Ⅰ. ①海… Ⅱ. ①梁… Ⅲ. ①深水基础 Ⅳ. ①TU753.6

中国国家版本馆 CIP 数据核字(2024)第 105594 号

海洋与深水基础

Marine and Deepwater Foundation

梁发云　王琛　张浩　邵伟　**编著**

责任编辑　李　杰　　**责任校对**　徐春莲　　**封面设计**　于思源

出版发行　同济大学出版社　　www.tongjipress.com.cn
（地址：上海市四平路 1239 号　邮编：200092　电话：021-65985622）
经　　销　全国各地新华书店、建筑书店、网络书店
排　　版　南京月叶图文制作有限公司
印　　刷　常熟市华顺印刷有限公司
开　　本　787mm×1092mm　1/16
印　　张　11.5
字　　数　259 000
版　　次　2024 年 8 月第 1 版
印　　次　2024 年 8 月第 1 次印刷
书　　号　ISBN 978-7-5765-0056-1

定　　价　58.00 元

前　　言

海洋在人类社会的发展中占据重要位置，特别是近代以来，随着海洋工程技术的不断发展，人类认识、探索和开发利用海洋的能力得到飞速提升。已有资料表明，自1970年以来，世界海洋经济总产值大约以每十年翻一番的速度迅速增长，未来的海洋经济仍将快速发展。为此，世界各国正加快产业部署、技术攻关，以期在未来的竞争中占据领先地位。我国拥有漫长的海岸线和辽阔的海洋国土，尽管起步较晚，但在海洋资源开发和海洋经济发展中已取得长足的进步，海洋经济已成为国民经济发展的新增长点。

近年来，在推动实现"双碳"目标及建设海洋强国的战略背景下，我国围绕海洋经济领域的开发和建设迅猛发展，海上风电场、海上钻井平台、海洋牧场等一系列海洋能源与资源基础设施正在大规模开发与规划中。与此同时，在高速铁路、高速公路等交通干线上分布数量众多的跨海桥梁也在快速建设中。在上述海洋工程的开发过程中，其下部基础支撑体系通常位于水深流急、水文地质复杂的环境中，在工程建设和运营期间面临的一系列问题，需要在设计与施工阶段妥善解决。随着近年来近岸、离岸工程技术的迅速发展，国内外在这方面的研究工作取得了不少新的进展。

"海洋与深水基础工程"作为新近开设的土木工程研究生选修课程，同样适用于地质工程、水利工程等相关专业，并可作为海洋、力学等相关专业研究生的跨院系选修课程。通过本课程的学习，学生可以系统地认识海洋与深水基础的工程特点，掌握海洋与深水基础工程的分析方法与设计原理。

本书前身为笔者根据课程教学需要而编写的讲义，突出时效性、前瞻性以及我国海洋工程建设的特点。由于海洋与深水基础领域涉及的内容广泛，笔者结合近年来在科研和工程实践中的相关经验，选取了其中的部分内容加以讲解，经过两轮的课堂教学，逐渐形成了本书的内容体系。

第1章结合我国跨海桥梁建设和海上风电资源开发利用的现状，阐述海洋与深水基础课程性质与主要任务；第2章主要介绍海洋相关的基础知识、海洋环境荷载及计算方法以及海洋灾害对人类工程活动的影响；第3章侧重介绍深水基础的特点与选型依据，包括桥梁、海上风电及海上作业平台的基础及其特点。第4～6章以海上风电基础为主要应用对象，分别讲述竖向荷载、水平荷载作用下的分析方法，以及重力式基础的稳定性和变形分析方法；第7章主要对海洋桩基腐蚀机理、防护措施、耐久寿命预测方法进行重点阐述；第8章主要针对深水基础冲刷灾害及其特点，从冲刷现象、计算和分析手段以及防护方法等方面进行介绍。

本书在编写中借鉴了许多专家学者在科研、教学、设计和施工中积累的大量资料和研究成果，受篇幅所限，本书仅列出主要参考文献，在此特向所有参考文献的作者表示衷心的感谢。

笔者课题组研究生梁轩、袁周驰、贾肖静、王奕康、金乐文、韩力、吴秋月等为本书收集、整理了许多有益的文献资料，在此一并表示衷心的感谢。

由于笔者水平和能力有限，加之时间仓促，书中不妥之处在所难免，恳请读者提出宝贵的意见和建议，以便今后修改完善。

编著者

2024年4月

目　　录

第1章
绪　论

1.1 海洋与深水基础课程的性质与任务

随着我国经济的高速增长,交通基础设施建设迅猛发展,在高速铁路、高速公路等交通干线上分布着数量众多的跨海桥梁,成为国家交通大动脉上的关键节点。我国东部和南部大陆海岸线长达1.8万多千米,内海和边海的水域面积470多万平方千米,海域分布有大小岛屿7 600多个,随着海洋资源的不断开发和江河流域经济的不断发展,大量的跨海桥梁、海上风电场、海上平台正在如火如荼地建设和规划中。这些已建、在建和待建的海洋工程不仅规模越来越大,面临的自然环境也越来越复杂,保障其在服役期内的安全稳定尤为重要。

海洋在人类社会的发展中占据重要位置,特别是近代以来,随着海洋工程技术的不断发展,人类认识、探索和开发利用海洋的能力已得到了快速提升。已有资料表明,自1970年以来,世界海洋经济总产值大约以每十年翻一番的速度迅速增长,未来的海洋经济仍将快速发展。为此,世界各国正加快产业部署、技术攻关,以期在未来的竞争中占据领先地位。我国拥有漫长的海岸线和辽阔的海洋国土,尽管起步较晚,但在海洋资源开发和海洋经济发展中已取得长足的进步,海洋经济已成为国民经济发展的新增长点。

海洋与深水基础课程是土木工程专业研究生的专业课程,同时也适用于地质工程、水利工程等相关专业,并可作为海洋、力学等相关专业的选修课程。海洋工程是一个庞大的系统,涉及面甚广,不同工程对象和实践领域所涉及的关键技术截然不同。随着我国交通基础设施的快速发展和对替代能源需求的日益增长,跨海桥梁的建设和海洋风电资源的开发利用成为当前基建领域的重要发展方向,其中涉及大量的深水基础工程问题。本课程主要讨论跨海桥梁和海上风电等深水基础工程的设计和施工问题,通过本课程的学习,学生可以系统地认识海洋与深水基础工程的特点,掌握海洋与深水基础工程的分析方法与设计原理。本教材结合海洋与深水基础工程的发展历史和现状,介绍跨海桥梁及海洋风电基础的特点和选型依据,讲解深水桩基和沉井等典型深水基础的静动力特性及其分析方法,并对海洋与深水基础的设计方法和关键施工技术作简要介绍。此外,本教材还关注海洋与深水基础的服役环境特征,结合学科领域的前沿成果,围绕灾害发生机理与防护措施两方面,系统介绍了海洋工程中腐蚀与冲刷等典型灾害。

1.2 海洋与海洋工程的特点

海洋是地球上最广阔水域的总称。地球表面被陆地分隔为相互连接的水域,这些水域统称为海洋，其中心部分称为洋，边缘部分称为海，它们相互交汇形成一个整体的水体。地球上海洋总面积约为3.6亿km^2，约占地球表面积的71%，平均水深约3 795 m。目前人类已探索的海底只有5%，还有95%仍是未知的。

海洋温度的一个细微波动，都可能导致世界各地天气气候发生剧烈变化。海水运动是影响海洋环境的核心内容，主要包括：海水运动形式、洋流的成因、表层洋流的分布、洋流对地理环境的影响。洋流对大陆沿岸气候有很大影响，寒流对所经过地区的气候有降温、减湿的作用，而暖流对沿途气候有增温、增湿的作用。

1.2.1 海洋工程的发展

海洋工程是指以开发、利用、保护、恢复海洋资源为目的，并且工程主体位于海岸线向海一侧的新建、改建、扩建工程。一般认为海洋工程的主要内容可分为资源开发技术与装备设施技术两大部分，具体包括海洋资源勘探开采及附属工程、跨海大桥、海底隧道、海上风电场、海上升压站、海底管线及光缆、海洋物资储藏设施、海上堤防、围海填海工程、海水养殖牧场、岛礁工程、海水淡化工程、海上娱乐及景观开发工程以及其他由主管部门规定的海洋工程。海洋工程根据其作业区域特点，通常可分为以下三类。

海岸工程：主要指与海岸防护、围海填海、沿海的疏浚与治理、渔业设施及环境保护相关的工程。

近海工程：又称离岸工程，主要指浅水海域的海上作业平台、人工岛建设，以及大陆架较深水域的建设工程，包括漂浮式平台、半潜式平台、海洋石油及天然气勘探与开采平台、储油储能设施、跨海桥梁等。

深海工程：主要指需要依靠无人深潜设备的工程以及海底采矿作业等。

1.2.2 海洋灾害

由于海洋环境变化复杂，海洋工程除考虑海水条件的腐蚀、海洋生物的附着等作用外，还必须能承受地震、台风、海浪、潮汐、海流和冰凌等强烈自然因素的作用，在浅海区还要面临海床演变和泥沙运移等的作用。海洋灾害主要指风暴潮灾害、巨浪灾害、海冰灾害、海雾灾害、大风灾害、地震灾害、海啸灾害等突发性的自然灾害。

引发海洋灾害的原因主要有：大气的强烈扰动，如热带气旋、温带气旋等；海洋水体本身的扰动或状态骤变；海底地震、火山爆发及其伴生的海底滑坡、地裂缝等。海洋自然灾害不仅会威胁海上及海岸安全，有些还会危及自岸向陆广大纵深地区的城乡经济和人民生命财产的安全。上述海洋灾害还会在受灾地区引起许多次生灾害和衍生灾害，如风暴潮、风暴巨浪引起海岸侵蚀、土地盐碱化，海洋污染引起生物毒素灾害等。

世界上经济发达的海洋国家以及有关国际组织都很重视海洋灾害的预警和防御。对海洋灾害（现象）的监测，是预警和防御体系的基本内容。全球范围的海洋灾害监视监测是通过海洋监测（或观测）网实现的。目前，由海洋站网、雷达网、浮标网、志愿船、卫星遥感等组成的海洋立体观测网已形成，基本覆盖了我国近岸、近海及部分重点海域。

1.2.3 海洋技术

海洋的开发与利用、海洋与全球变化、海洋环境与生态的研究是人类维持自身的生存与发展、拓展生存空间、充分利用地球上这块资源丰富的宝地最为切实可行的途径。海洋开发需要获取大范围、精确的海洋环境数据，需要进行海底勘探、取样、水下施工等。要完成上述任务，需要一系列的海洋开发支撑技术，包括深海探测、深潜、海洋遥感、海洋导航等。

世界海洋工程与科技发展所呈现的海洋开发技术和设备不断进步，并推动海洋资源全面开发利用。海洋资源开发利用已成为各海洋国家发展的重要支柱，而海洋生物资源开发一直是世界各国的竞争热点，同时海洋污染控制和防范也受到国际社会的高度关注，海陆关联工程与技术在现代海洋开发中发挥着越来越重要的作用。

海洋工程常见的结构型式包括重力式结构、漂浮式结构和透空式结构。

重力式结构通常用于近岸的浅海水域或海岸带地区，通过石块、混凝土等材料制成各类依靠重力抵御荷载作用的结构。

漂浮式结构主要用于水深较深的海域，如海上石油勘探开采平台、海水淡化设施、海上储能设施等，固定式的支撑体系在此环境下已不再适用。

透空式结构是指通过钢筋、混凝土等材料搭建出来的框架式结构，可以是固定式的，也可以是移动式的，可用于浅水或深水区域，如港口集装箱码头、海上作业平台、导管架基础等。

1.3 深水基础工程案例

1.3.1 港珠澳大桥

港珠澳大桥是中国境内一座连接香港、珠海和澳门的桥隧工程，东起香港口岸人工岛，向西横跨南海伶仃洋水域接珠海和澳门人工岛，止于珠海洪湾立交。桥隧全长 55 km，其中，主桥 29.6 km，香港口岸至珠澳口岸 41.6 km，桥面为双向六车道高速公路，设计速度为 100 km/h。港珠澳大桥由三座通航桥、一条海底隧道、四座人工岛及连接桥隧、深浅水区非通航孔连续梁式桥和港珠澳三地陆路联络线组成，在建设过程中包括以下几方面的重点工程。

外海造岛：港珠澳大桥海底隧道所在区域没有现成的自然岛屿，需要人工造岛。受工程现场大量海床淤泥的影响，施工采用了“钢筒围岛”的方案，即在陆地上预制 120 个直径 22.5 m、高度 55 m 的巨型圆形钢筒，通过船只将其直接固定在海床上，然后在钢筒围合的中间填土造岛，这样既可避免过度开挖淤泥，又能避免抛石沉箱在淤泥中滑动。

沉管对接：港珠澳大桥沉管隧道及其技术是整个工程的核心之一，既可缩短大桥和人工岛的长度，保持航道畅通，又可避免与附近航线产生冲突。沉管隧道安置采用集数字化集成控制、数控拉合、精准声呐测控、遥感压载等于一体的无人对接沉管系统；沉管对接采用多艘大型巨轮、多种技术手段和人工水下作业方式相结合。

隧道开挖：港珠澳大桥部分隧道工程顶部距离地表不足 5 m，施工范围极为有限，需要注意避开“星罗棋布”的管线、桩基，降低对口岸建筑及通关的影响。其中，拱北隧道采用上下并行方案，同时采用大断面曲线管幕顶管、长距离水平环向冻结、分台阶多步开挖相结合的工法进行施工。

港珠澳大桥建成通车实现了大湾区的香港、澳门与珠三角西岸地区的对接，有助于推动内地与港澳交通基础设施的有效衔接，密切内地与港澳的交流合作，构建高效便捷的现代化综合交通运输体系，这对推进粤港澳大湾区建设具有重要意义。作为连接粤港澳三地的跨境大通道，港珠澳大桥将在大湾区建设中发挥重要作用，促进人流、物流、资金流、技术流等创新要素的高效流动和配置，交通网络建设将增强大湾区内部联系的网络化趋势，不同关税区之间的货物顺畅流通，有助于提升物流运输和供应链管理效率，从而加快粤港澳大湾区一体化发展进程。

1.3.2 东海大桥海上风电场

在海上修建风电场，海洋水文、气候条件和海底地质条件都非常复杂，给风机地基基础设计和建造带来了困难。风机地基基础设计和建造是海上风电场建设的难题之一，其对海上风电场的经济性和适用性将产生重要影响。东海大桥海上风电场是亚洲第一座大型海上风电场，位于东海大桥东侧的东海海域，北端距岸线 8 km，南端距岸线 13 km，20 台 5 MW 风机分三排布置，风机南北向间距（沿东海大桥走向）为 750 m，东西向间距为 1.2 km。

东海大桥海上风电场场址位于海上近岸海水区，海床面以下 20 m 深度内地基土以软黏土为主，根据西欧国家现有的海上风机塔架基础结构型式，并参考国内外海上石油平台、海上灯塔及海上跨海大桥的设计经验，采用固定式桩柱基础比较合适，为此提出四种基础型式设计方案：三脚架组合式基础方案、四脚架组合式基础方案（这两种方案均为参考海上石油平台、海上灯塔基础的结构型式）、高桩承台群桩基础方案以及单根钢管桩基础方案（这两种方案为国外海上浅海风机基础常用的结构型式）。从基础结构特点、适用自然条件、海上施工技术与经验以及经济性等方面对上述四种基础结构方案进行了比较，根据工程场址的特点选择合适的基础结构方案。

1.3.3 “海洋石油 981”深水半潜式钻井平台

“海洋石油 981”深水半潜式钻井平台是中国海油深海油气开发的“五型六船”之一，该平台优化并增强了动态定位能力，整合了全球一流的设计理念、一流的技术和装备。除了通过紧急关断阀、遥控声呐、水下机器人等常规方式关断井口外，该平台还增添了智能关断方式，即在传感器感知到全面失电、失压等紧急情况下，能自动关断井口以防井喷。

“海洋石油 981”深水半潜式钻井平台长 114 m，宽 89 m，平台自重 30 670 t，承重 12.5 万 t，正中是五六层楼高的井架。作为一架兼具勘探、钻井、完井和修井等作业功能的钻井平台，其最大作业水深 3 000 m，最大钻井深度可达 10 000 m。第六代深水钻井平台“海洋石油 981”的建成，填补了我国在深水装备领域的空白，使我国跻身世界深水装备的先进行列。

第 2 章
海洋与海洋工程环境

2.1 基本概念

2.1.1 液体的机械运动

水流是海洋与海洋工程活动中的主要动力，对其运动规律的分析需要从液体的物理性质着手。除了常见的惯性、质量、密度、重力等方面的性质，液体及其机械运动还有以下几方面内容值得关注。

1. 黏滞性

当液体处在运动状态时，若液体质点之间存在着相对运动，则质点间会产生内摩擦力以抵抗其相对运动，这种性质称为液体的黏滞性，此内摩擦力又称为黏滞力。假设液体沿着一个固体平面壁作平行的直线流动，且液体质点是有规则地一层一层向前运动而不互相混掺（这种各液层间互不干扰的运动称为“层流运动”）。由于液体具有黏滞性，故靠近壁面附近的流速较小，远离壁面的流速较大，因而各个不同液层的流速大小并不相同。若距固体边界 y 处的流速为 u，在相邻位置 $y+\mathrm{d}y$ 处的流速为 $u+\mathrm{d}u$，则两层液体间将由于流速差而发生相对运动，彼此之间产生内摩擦力。作用在上面一层液体上的摩擦力有减缓其流动的趋势，作用在下面一层液体上的摩擦力有加速其流动的趋势。已有研究证明，相邻液层接触面的单位面积上所产生的内摩擦力 τ 的大小满足以下关系式：

$$\tau=\eta\frac{\mathrm{d}u}{\mathrm{d}y} \tag{2.1}$$

式中，η 为随液体种类不同而异的比例系数，称为动力黏度，简称黏度。两液层间流速增加与其距离的比值 $\mathrm{d}u/\mathrm{d}y$ 称为流速梯度。

液体的性质对摩擦力的影响通过黏度 η 来反映。黏性大的液体 η 值大，黏性小的液体 η 值小。η 的单位为 Pa·s。液体的黏滞性还可以用运动黏度 ν 来表示，它是黏度 η 和液体密度 ρ 的比值，即 $\nu=\eta/\rho$，因为 ν 不包括力的量纲而仅仅具有运动量的量纲 L^2T^{-1}，故称其为运动黏度，单位为 m^2/s。

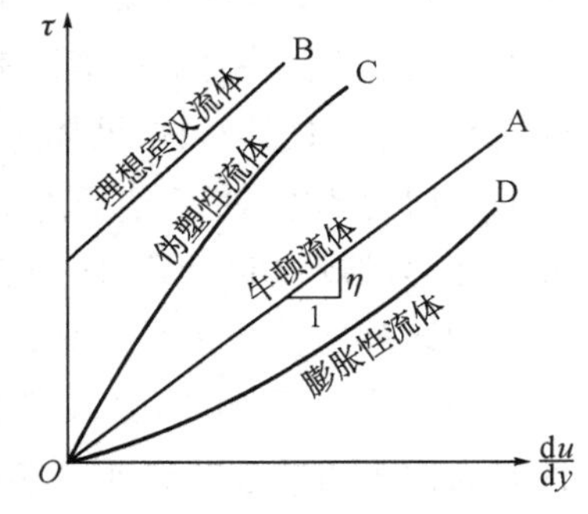

图 2.1　几种流体类型

牛顿内摩擦定律仅适用于一般流体，对于某些特殊流体是不适用的。一般把符合牛顿内摩擦定律的流体称为牛顿流体，否则称为非牛顿流体。如图 2.1 所示，A 线代表牛顿流体，在温度不变的条件下，这类流体的 η 值不变，切应力与剪切变形速度成正比，是一条斜率不变的直线。B线代表一种非牛顿流体，叫作理想宾汉流体，如泥浆、血浆等，这种流体只有在切应力达到某一值时，才开始剪切变形，但变形率是常数。C线代表另一种非牛顿流体，叫作伪塑性流体，如尼龙、橡胶的溶液以及颜料、油漆等，其黏度随剪切变形速度的增加而减小。还有一类非牛顿流体叫作膨胀性流体，如生面团、浓淀粉糊等，其黏度随剪切变形速度的增加而增加，如D线所示。所以在应用内摩擦定律时，应注意其是否满足适用范围。

2. 压缩性

液体受压后体积缩小，压力撤除后也能恢复原状，这种性质称为液体的压缩性或弹性。液体压缩性的大小是以体积压缩率 κ 或体积模量 K 来表示的。体积压缩率是液体体积的相对缩小值与压强的增值之比。若某一液体在承受压强为 p 的情况下体积为 V，当压强增加 $\mathrm{d}p$ 后，体积的改变值为 $\mathrm{d}V$，则其体积压缩率为

$$\kappa=-\frac{\frac{\mathrm{d}V}{V}}{\mathrm{d}p} \tag{2.2}$$

式中负号是考虑到压强增大，体积缩小，所以 $\mathrm{d}V$ 与 $\mathrm{d}p$ 的符号始终是相反的，为保持 κ 为正数，加一个负号。κ 的单位为 Pa^{-1}。κ 值越大，则液体压缩性越大。

式(2.2)经过推导，还可以表示为

$$\kappa=-\frac{1}{\rho}\cdot\frac{\mathrm{d}\rho}{\mathrm{d}p} \tag{2.3}$$

体积模量 K 为体积压缩率 κ 的倒数，K 的单位为 Pa。K 值越大，表示液体越不容易被压缩，$K\to\infty$ 表示液体绝对不可压缩。水的压缩性很小，在 10℃时体积模量 $K=2.10\times10^9$ Pa。也就是说，每增加 1 个大气压，水的体积相对压缩值约为 1/20 000。所以对一般水利工程来说，认为水是不可压缩的。

3. 连续介质和理想液体

液体与任何物质一样都是由分子组成的，分子与分子之间是有空隙的。在研究冲刷过程中的液体运动时，一般只研究外力作用下的机械运动，不研究液体内部的分子运动，也就是说，只研究液体的宏观运动而不研究其微观运动。由于分子间空隙的距离与研究的流体尺度相比极为微小，因此，液体常常被当作连续介质看待，假设液体是一种连续充满其所占空间而毫无空隙的连续体，液体运动是连续介质的连续流动。如果将液体视为连续介质，则水流中的一切物理量(如速度、压强、密度等)都可以视为空间坐标和时间的连续函数，因此，在研究液体运动规律时，可以采用连续函数的分析方法。实践表明，采用连续假定得出的液体运动规律基本符合实际情况。

为简化分析，可以引入理想液体的概念，认为水是绝对不可压缩、不能膨胀、没有黏滞性和表面张力的连续介质。实际液体的压缩性和膨胀性很小，表面张力也很小，与理想液体没有很大差别，因而有没有考虑黏滞性是理想液体与实际液体的最主要差别。所以，将

按照理想液体所得出的液体运动结论应用到实际液体时，必须对没有考虑黏滞性而引起的偏差进行修正。

2.1.2　海洋土与海洋土力学

海洋工程一直受到各国的高度重视，而其中海工结构物的地基基础又一致被认为是海洋工程成败和造价高低的关键。由于海洋具有特定的恶劣环境（如波浪、台风、冰流等大洋动力因素），对海工结构的要求与陆地上相比有差别，海底土层的成因和特性又与陆地很不相同，在陆地上行之有效的一套设计施工方法往往不适用于海上作业。这就使得海洋工程的基础设计者面临着许多新的严峻挑战和巨大考验。海洋工程的地质环境较陆地环境具有以下几方面显著特点：

（1）海水覆盖。由于海洋环境受到海水覆盖，在陆地上较为简便的监测手段往往难以直接利用，通常需要通过间接手段获取所需数据，且对工程船依赖较大，比起陆地上的工程与研究，难度大大增加。

（2）环境作用。海风、波浪、海流、潮汐及风暴潮等强烈和持续作用，导致海洋环境复杂多变，加上地震、海底滑坡等灾害的发生，相比陆地上相对安稳的工程环境而言，海洋工程大大增加了不确定性，容易诱发各类地质问题。

（3）沉积物软弱。海床中沉积物的物理、力学性质持续发生变化，导致其松软、易散，使得观测、取样十分困难，工程活动对其扰动较大。

海洋土力学与海洋工程密切相关。国外海洋石油开发经验比较丰富的主要海域是墨西哥湾和欧洲北海，另外尚有阿拉斯加和波斯湾，我国主要为渤海和南海海域（钱寿易等，1980）。

（1）渤海：渤海是我国海洋石油勘探工作进行得最早的海域，已取得了一定的资料和经验。渤海海底的土质情况大致如下：表层（10 m 以内）为淤泥质黏土，下部为亚黏土或粉砂或中密细砂，最大波高 9 m，周期为 5～6 s（最大值为 10 s）。由于渤海位于我国北部，冬季时部分水域结冰，在设计平台时必须考虑冰作用的水平荷载。根据观测，冰荷载的作用周期为 0.5～1 s。在渤海海域所建的平台，主要是钢质导管架桩基平台。

（2）南海：南海在 1963 年就开始进行勘探。南海海域相较于渤海海域水深浪大（水深 40～160 m，最大波高约 20 m），每年有台风的季节也长，海况条件恶劣。因此，在这里建筑海洋工程将更加复杂和困难。根据南海地区已得到的几个钻孔资料判断，其海底的土质条件大致如下：表面有一层较薄的淤泥质黏土（一般厚 1～2 m，最厚处可达 5 m 左右），下面可能有较薄的砂质黏土层或亚砂土层（0.5～3 m），再下则为砂（细砂或中砂）。

海洋土的工程性质与陆相沉积土相比，具有许多明显差异。首先在物质成分上就有很大的不同。海洋土含有大量生物骨骼质、硅藻残骸和其他有机岩屑，充满孔隙的则是含盐成分很高的水流体。这种水流体对海洋土的工程性质有重要影响。其次是海洋土的沉积环境，海洋土是在高压低温的状态下沉积的，这对海洋土的显微结构和物理力学性质都有很大影响。海洋土多是厚层未固结的松软沉积物，岩性主要为淤泥及淤泥质黏性土，间或夹有薄粉细砂层，在海水动力作用下，它们承担着比陆地相似建筑结构物大得多的负荷，在外荷载作用下，松软的海洋土会产生剧烈变形，因而显示出与陆相沉积土差异很大的工程性质，其具体特征可概括为以下几点：

(1) 高灵敏性。由于海水的离子作用，海洋沉积物的灵敏度一般都在 4 以上。换言之，当海洋沉积物受到扰动时，其强度可丧失 75%以上，有的甚至可达 98.8%。

(2) 高孔隙性。黏土质海洋沉积物是由絮凝的细小粒子堆聚成的絮凝物，由于排列凌乱，其孔隙比通常较大，有的深海沉积土的孔隙比甚至达到 5.4。

(3) 高触变性。海洋沉积物的胶体特性强，其黏土粒子之间的结构联结，使得沉积物在受到扰动时其胶结结构很容易被破坏，导致其强度大大降低，而在后续凝聚作用下又会有所恢复，表现出极高的触变性。

(4) 高蠕变性。当黏土海床材料连续受到剪切应力作用时，随着作用时间的延长，将产生长期的流变变形。当剪应力超过某一极限值时，粒子间的联结被破坏，产生粒子错动。这种长期的不稳定性可能导致海洋工程建筑物的沉降持续很长时间。

(5) 高液化性。细颗粒砂质海洋土在某种外力作用下，会突然导致饱和砂结构的破坏，使砂粒相互分离并丧失稳定性。这将进一步导致海洋工程建筑地基发生不均匀沉降或液化现象，并可能引起侧向流动，从而对海洋工程建筑物造成损害。

(6) 高含水性。所有黏土质海洋沉积物的含水量都在塑限以上，且大部分又都在液限以上，呈软塑至流塑状态。

(7) 高压缩性。黏土质海洋沉积物属于高压缩性软土，其压缩系数一般大于 0.08 cm/kg，有的高达 0.2 cm/kg，因而海洋工程建筑物的沉降量都非常大。

(8) 低渗透性。黏土质海洋土渗透性较差，渗透系数很小，可认为是不透水的。水分难以渗出会对地基的固结排水带来不利影响，在海洋工程建筑物地基沉降方面反映为沉降持续时间很长。

(9) 低强度。由于海洋土具有上述一些特性，在地基强度上反映为强度很低，抗压、抗剪强度都很低，长期强度则更低。

(10) 高变异性。海洋沉积物的成因类型相较于陆地沉积物而言较少，但海洋沉积物在空间分布的变化上比陆地沉积物大得多。

因此，在进行海洋工程地质方面的研究时，往往需要高度依赖海洋物探手段，尤其是多种探测技术的结合，如旁侧声呐扫测、浅地层剖面探测、单道及多道地震探测等，注重现场原位观测与高质量钻探取样技术，如标准贯入试验、十字板剪切试验、静力触探试验、荷载试验及室内土工试验，关注海洋环境持续的动力过程对沉积物性质的影响。总而言之，海洋工程的研究方法和手段比较综合，需要多学科、多种技术手段相互配合实现。

2.2 海洋环境荷载

海洋环境极其复杂，是一个不断运动的物理系统，其运动过程涉及水-气-冰三态之间持续的相互转化，并受到海面风应力、天体引力、重力和地球自转偏向力等因素的制约。各种物理过程非常复杂，包括但不限于：蒸发与降水、结冰与融冰、海水升温与降温、海平面下降与上升、物质溶解与析出、物质沉降与悬浮、淤积与冲刷、海侵与海退、潮汐涨落、波浪生成和消失等。此外，海洋环境中还存在着独特的食物链网，形成了特殊的海洋生态系统。总之，作为一个自然系统，海洋具有多层次耦合的特点，各要素、各过程相互交织构成了一个全球范围内的多层次、复杂自然系统。海洋通常可划分为以下两部分。

(1) 主要部分：即大洋，面积约占海洋总面积的 90.3%；深度一般超过 2 000 m；盐度、温度等不受大陆影响，盐度平均为 35‰，年变化小；具有独立的潮汐系统和强大的洋流系统。

(2) 附属部分：主要包括海、海湾和海峡，其面积只占世界海洋总面积的 9.7%；深度一般小于 2 000 m；海洋水文要素受大陆影响很大，年变化大；没有独立的潮汐系统和洋流系统；潮波多由大洋传入，但潮汐涨落往往比大洋显著，海流有自己的环流形式。

海洋岩土工程的一个最显著的特点在于海洋工程结构及土体时刻处于变化的荷载环境中，且加载速率差别较大。其中，海底土坡在自重应力作用下的稳定性和蠕动对平台结构与管线的作用属于慢速加载的问题；然而，在大风暴中，典型的波浪加载仅仅在几秒钟的上升时间内便从正常荷载发展到最大值，属于快速加载的问题。

海洋环境中最常见的是周期加载，作用在海洋岩土工程结构及土体上的循环荷载包括风荷载、波浪荷载、地震荷载等。这些荷载的大小随时间往复变化，方向往往也同时发生往复变化，这一往复变化的频率一般在 0.01～0.1 Hz 量级(如波浪)到 1～100 Hz 量级(如地震人工激振)之间。大量工程实践和试验现象表明，循环荷载下土体响应与静荷载下土体响应的差异显著。因此，认识循环荷载下土体的力学响应对于海洋岩土工程来说至关重要。

2.2.1　风、海流、潮汐

1. 风

风不仅作用于海上平台上所有的设备，还作用于海洋工程周边海域的海面，直接影响海洋要素的变化。风引起的波浪对浅水中的钢结构导管架固定平台有巨大的影响，工程应用中需要考虑正常和极端条件下风荷载的设计标准。持续风速用于计算整个平台的风荷载，而阵风风速用于单个结构的构件设计。

由于风速和风向随时间、空间而变化，风速随高度增大而增大，不同时段内的平均风速也是不一样的，因此，只有限定了高程和持续时间间隔，风速才有意义。对于风况，常以长期风速、风向为观测资料，按月、季、年度统计各向风速的出现频率，其中频率最高的几个主导方向即为常风向。通常可采用蒲氏风级表示风对结构物的影响程度，采用距离地表 10 m 高度处的风速大小表示，用数字 1～17 描述风力大小，其与风速的换算公式为

$$V=0.84F^{\frac{3}{2}} \tag{2.4}$$

式中，V 为风速(m/s)；F 为风级。

台风是风的作用中比较特殊和剧烈的形式，属于热带气旋的一种，在美洲通常被称为飓风。热带气旋是发生在热带或亚热带洋面上的低压涡旋，是一种强大而深厚的“热带天

气系统”。影响我国海域的台风发源地主要有两个区域:一个在菲律宾以东、关岛以西的洋面;另一个在南海中部海域。全球每年平均大约有 80 个热带气旋发生,其中半数以上可以发展成台风,台风集中发生在西北太平洋、孟加拉湾、东北太平洋、西北大西洋、阿拉伯海、南印度洋、西南太平洋和澳大利亚西北海域等 8 个地区。

1) 设计风速的标准

设计风速的标准包括两方面内容,即设计风速的重现期和风速资料的取值。其中,风速资料的取值又包括风速观测设备距地面的标准高度、风速观测的标准次数和时距等。目前,各国的设计风速标准尚不统一。例如,在海洋工程结构物设计中,美国采用重现期为 100 年一遇的 0.5 min 或 1 min 平均最大风速值;英国采用 50 年一遇的 3 s 瞬时最大风速值;日本采用的风速标准经换算,大致相当于 50 年一遇的瞬时最大风速值。

在我国,《建筑结构荷载规范》(GB 50009—2012)采用的设计标准是:在比较空旷平坦的地区,距离地面 10 m 高度处,50 年一遇 10 min 平均最大风速值。《港口工程荷载规范》(JTS 144—1—2010)采用的设计标准是:在港口附近的空旷平坦地面,距离地面 10 m 高度处,50 年一遇的 10 min 平均最大风速值。

2) 基本风压

风速是一个随机变量,它随着结构物所在的地貌条件、观测设备所处高度、观测时距等因素而变化。只有对风速的观测作出统一的规定,才能对不同地区的风速和风压进行比较。在规定的地貌条件、观测高度、观测时距及观测样本统计分析条件下确定的风速,称为基本风速,相应求得的风压称为基本风压。

我国《港口工程荷载规范》(JTS 144—1—2010)和《海上固定平台入级与建造规范》(2012)建议采用下式计算基本风压:

$$P_0 = \alpha v^2 \tag{2.5}$$

式中,α 为风压系数,取 0.613 $N \cdot s^2/m^4$;v 为设计风速。由于设计风速取值的不同,我国现行诸多规范求得的基本风压亦不相同。

3) 风压的换算

基本风压是在标准情况下求解的,实际工程中的风速和风压通常处于非标准状态,需要进行调整换算。

(1) 观测高度的换算

平均风速沿着高度的变化规律常称为平均风速梯度或风剖面,这是风的一个重要特征。由于地表与风气流的摩擦作用,接近地表的风速随高度的递减而减小。只有离地面 500 m 以上的地方,风才不受地表的影响,在气压梯度的作用下自然流动,从而达到所谓的梯度速度,其高度称为梯度风高度。梯度风高度以下的近地面层称为摩擦层。

大量实测结果表明,风速或风压沿着高度的变化大体上符合指数规律。尽管在近地面 100 m 以下的区域,对数规律与实测资料更加吻合,但由于对数规律与指数规律计算结果相差不大,而指数规律更便于计算,因此,倾向于用指数规律来描述全部近地风的变化规律,其关系如下:

$$\frac{v}{v_0}=\left(\frac{z}{z_0}\right)^{\alpha} \tag{2.6}$$

式中，z 和 v 分别为任意观测高度和该处的平均风速；z_0 和 v_0 分别为标准高度(10 m)和该处的平均风速；α 为地面的粗糙度系数，地面越粗糙，其值越大。

我国相关规范将地貌按照粗糙度分为 4 类：A 类，包括海面、海岛、海岸、湖岸及沙漠地区；B 类，包括田野、乡村、丛林、市郊；C 类，包括中小城市；D 类，包括大城市中心。这 4 类地貌的地面粗糙度系数 α 和梯度风高度 H_T 见表 2.1。

表 2.1　我国相关规范中地面分类对应的 α 和 H_T 值

地貌类型	A	B	C	D
α	0.12	0.16	0.22	0.30
H_T/m	300	350	400	450

设 10 m 高度处的基本风压为 P_0，则高度 z 处的风压为

$$P_z=P_0\left(\frac{z}{10}\right)^{2\alpha} \tag{2.7}$$

(2) 地貌的换算

《建筑结构荷载规范》(GB 50009—2012)中的基本风压是按照空旷平坦地面所观测的数据计算出来的，如果地貌不同，则在标准高度 10 m 处的风速和风压也不相同，非标准地貌的基本风压可以通过标准地貌(B 类地貌)的基本风压换算而来。下面以 A 类、B 类地貌为例进行换算。

在同一大气环境下，设 A 类、B 类地貌条件下的梯度风速分别为 v_{A300} 和 v_{B350}，由于两者相等，可得

$$v_{A10}=v_{B10}\left(\frac{350}{10}\right)^{0.16}\left(\frac{10}{300}\right)^{0.12}=1.174v_{B10} \tag{2.8}$$

式中，v_{A10} 和 v_{B10} 分别为 A 类和 B 类地貌距地面 10 m 高度处的风速。若已知 B 类地貌的基本风压，则可得 A 类地貌风压沿高度的变化系数，其计算公式为

$$k=1.379\left(\frac{z}{10}\right)^{0.24} \tag{2.9}$$

同样可得各类地貌的基本风压与标准地貌的基本风压之间的换算关系，见表 2.2。

表 2.2　各类地貌的基本风压与标准地貌的基本风压之间的换算关系

地貌类型	A	B	C	D
基本风压	$1.379P_0$	P_0	$0.616P_0$	$0.318P_0$

对于海面和海岛的基本风压，可在表 2.2 的基础上作进一步的调整而得到，见表 2.3。

表 2.3　海面和海岛的基本风压

与海岸的距离/km	<40	40～60	60～120
基本风压	$1.38P_0$	$1.38P_0 \sim 1.52P_0$	$1.52P_0 \sim 1.66P_0$

4) 风荷载的计算

海洋平台上的风荷载按下式计算：

$$F = kk_z\beta P_0 A \tag{2.10}$$

式中，k 为风荷载形状系数，即风吹到结构物表面引起的压力，它表示与原始风速算得的理论风压的比值，其大小与结构物的体型、尺度等有关。对于钻井船来说，k 值可查表 2.4 得到。k_z 为海上风压高度变化系数，其值见表 2.5。β 为风振系数，当高耸构筑物的基本自振周期 $T \geqslant 0.5$ s时，β 值见表 2.6。另外，对于少数重要的塔形结构，当 $T=0.25$ s时，β 应取 1.25；当 0.25 s$< T \leqslant 0.5$ s时，β 值应由内插法确定。P_0 为基本风压。A 为构件垂直于风向的轮廓投影面积。

表 2.4　海洋工程结构风荷载形状系数 k

海洋工程结构形状	k
圆柱形	0.5
船身(水面式)	1.0
甲板室	1.0
孤立的结构形状(起重机、角钢、槽钢、梁)	1.5
甲板下面积(平滑表面)	1.0
甲板下面积(暴露的梁及桁架)	1.3
钻机的井架(每一面)	1.25

表 2.5　海上风压高度变化系数 k_z

海平面以上高度/m	≤2	5	10	15	20	30	40
k_z	0.64	0.84	1.00	1.10	1.18	1.29	1.37
海平面以上高度/m	50	60	70	80	90	100	150
k_z	1.443	1.49	1.54	1.58	1.62	1.64	1.79

表 2.6　风振系数 β

结构基本自振周期/s	0.5	1.0	1.5	2.0	3.5	5.0
β	1.45	1.55	1.62	1.65	1.70	1.75

2. 海流

海水因受气象因素和热盐效应的作用在较长时间内大体上沿一定路径的大规模流动

称为海流。在海洋工程中，海流对海洋工程结构物的选址、结构物的受力、泥沙冲刷的变化影响很大，是工程设计需要考虑的主要荷载之一。

近岸海流通常分为潮流和非潮流。潮流是海水受天体引潮力作用而产生的海水周期性的水平运动。非潮流又可分为永久性海流和暂时性海流。其中，永久性海流包括大洋环流、地转流等；暂时性海流则是由气象因素变化引起的，如风吹流、近岸波浪流和气压梯度流等。海流是矢量，其方向是指流去的方向，以“°”为单位，正北为 0°，按照顺时针计量；流速是指单位时间内海水流动的距离，以 m/s 或 kn 为单位，1 kn＝1.852 km/h，即航海中用于表示航速的单位“节”。

当只考虑海流作用时，圆形构件单位长度上的海流荷载可按下式计算：

$$f_D = \frac{1}{2} C_D \rho A V_C^2 (\mathrm{N/m}) \tag{2.11}$$

式中，C_D 为垂直于构件轴线的阻力系数；ρ 为海水密度；A 为单位长度构件垂直于海流方向的投影面积；V_C 为设计海流速度。

式(2.11)中的阻力系数 C_D 应尽量由试验确定，当试验资料不足时，对圆形构件可取 0.6～1.0。设计海流速度 V_C 应采用海洋工程结构使用期间可能出现的最大流速，其值最好根据现场实测资料整理分析后确定。此外，对于承受海流作用的构件，应考虑卡门(Karman)涡流引起颤振的可能性。

当流体沿垂直于圆形构件轴线常速流动时，在构件周围会出现卡门涡流。这些涡流会产生可变力，当该力的交变频率与结构自振频率相同或接近时，将产生共振。当流体动力交变时，涡流的释放频率 f 可按下式计算：

$$f = Sr \cdot \frac{v_C}{D} \tag{2.12}$$

式中，Sr 为斯特劳哈尔(Strouhal)数；v_C 为垂直于构件轴线的海流流速(m/s)；D 为构件直径(m)。

3. 潮汐

潮汐是海水在天体引力作用下发生的周期性波动。太阳引力引起的潮汐称太阳潮，月亮引力引起的潮汐称太阴潮。通常把海面在垂直方向上的涨落称为潮汐，把海水在水平方向上的流动称为潮流。涨潮时，潮位不断增高，达到一定高度之后，在短时间内潮位不涨也不退，称之为平潮，平潮的中间时刻称为高潮时，各个地区的平潮持续时间有所不同，从几分钟到几十分钟不等。平潮过后，潮位开始下降。当潮位退到最低时，与平潮情况类似，即潮位不退不涨，称之为停潮，其中间时刻称为低潮时。停潮过后潮位又开始上涨，如此周而复始地运动着。

潮汐因地而异，在海陆分布、水深、岸形等因素的共同影响下，呈现出不同的现象，不同地区也有不同的潮汐系统。虽然潮汐都是从深海潮波中获取能量，但各自具有各自的特征，借助这种特征，各地利用潮汐建立起了发电厂。潮汐电是一种新型清洁能源，从 20 世纪开始，欧美一些主要国家便开始研究潮汐发电，美国缅因州的潮汐发电站已经实现了商业化。

2.2.2 波浪和波浪力

在海岸工程及近海工程的结构物中，特别是在固定式结构物和一些半潜式浮动结构物中，各种型式的杆件或柱体结构得到了广泛的应用。这些杆件或柱体可以是垂直的、水平的或斜向布置的，其截面尺度相对于波要素可以是小尺度的，也可以是大尺度的。海上波浪方向具有多变性，为了适应来自不同方向的海浪而保持较小的体形阻力系数，构件的截面形状多半是圆形的。在各种方向布置的构件中，最典型的是垂直构件，下文将着重讨论垂直构件所受波浪力的计算问题。

1. 波浪分类

海面上产生波浪的原因很多，如风、大气压力变化、天体的引潮力和海底地震等。通常所说的海浪一般是指风作用于海面产生的风浪。风浪直接受风力作用，是一种强制波。风浪的大小取决于风速、风时和风距的大小。由于风速、风向复杂多变，风所引起的海浪在形式上也极为复杂，波形极不规则，传播方向变化不定，不可能用简单的确定性数学公式来描述，所以经常把风浪称为不规则波。

风平息后海面上仍然存在的波浪或风浪移动到风区以外的波浪，称为涌浪。涌浪属于自由波，与风浪不同，涌浪呈现出较为规则的波峰和波谷，波形也较为圆滑，离风区越远，波形越规则。涌浪在深水传播过程中，由于水体内部的摩擦和波面与空气的摩擦等会损失掉一部分能量，主要能量则是在进入浅水区后受底部摩阻作用以及破碎时受紊动作用被消耗掉。

波浪对于沿岸地区的泥沙运动起着关键作用，波浪不仅能掀动岸边的泥沙，还会引起近岸水流，这种水流对泥沙搬运又起着重要作用。因此，了解波浪运动的特性是研究近岸泥沙运动和岸滩演变的基础。

1）按波浪形态分类

波浪根据其形态可分为规则波和不规则波。规则波波形规则，具有明显的波峰波谷，二维性质显著。离开风区后自由传播时的涌浪接近于规则波。大洋中的风浪，波形杂乱，波高、波周期和波浪传播方向不定，在空间上具有明显的三维性质，这种波称为不规则波或随机波。风浪和涌浪有时同时存在，叠加形成的波浪称为混合浪。

2）按波浪传播海域的水深分类

当海域的水深足够深，且水底不影响表面波浪运动时，这时的波浪称为深水波，否则称为有限水深波或浅水波。一般将 $h/L=1/2$（其中，h 为水深，L 为波长）作为划分深水波与有限水深波的界限，即 $h/L \geqslant 1/2$ 时为深水波；将 $h/L=1/20$ 作为划分有限水深波和浅水波的界限，即有限水深波的范围为 $1/20 < h/L < 1/2$。

3）按波浪运动状态分类

波动中若水质点围绕其静止位置沿着某种固有轨迹作周期性的来回往复运动，质点经过一个周期后没有明显向前推移，这种波浪称为振荡波。振荡波中若波剖面对某一参考点作水平运动，波形不断向前推进，这种波浪称为推进波；振荡波中若波剖面无水平运动，波形不再推进，只有上下振荡，这种波浪称为立波。波动中若水质点只朝波浪传播方向运动，在任一时刻的任一断面上，沿水深的各质点具有几乎相同的速度，这种波浪称为推移波。

此外，根据波浪运动的运动学和动力学处理方法，波浪还可以分为微幅波和有限振幅波两大类。有时微幅波也称为线性波，有限振幅波也称为非线性波。不论是风浪还是涌浪，当它由深水区向浅水区传播时，因种种原因而产生变形，最后破碎，基于此，波浪还可以分为破碎波、未破碎波和破后波。

2. 波浪运动控制方程和定解条件

如图 2.2 所示，一列沿 x 轴正方向以波速 c 向前传播的二维自由振荡推进波，取水深 h 为常数，x 轴位于静水面上，z 轴竖直向上为正。波浪在 xz 平面内运动。图中描述波浪运动的参数有：

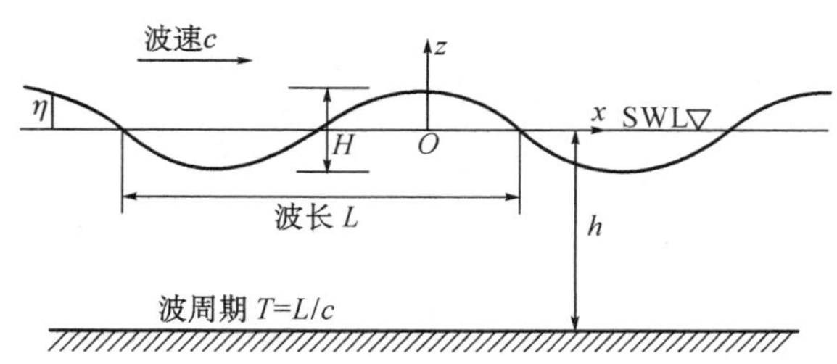

图 2.2　波的基本特征参数定义图

振幅 A：波浪中心至波峰顶的垂直距离；

波高 H：波谷底至波峰顶的垂直距离，$H=2A$；

波长 L：两个相邻波峰顶之间的水平距离；

波周期 T：波浪推进一个波长所需的时间；

波面升高 $\eta(x, t)$：波面至静水面的垂直位移。

波的最简单的形式是谐振波，其波面可用余弦（或正弦）函数表示，即

$$\eta = A\cos(kx - \sigma t) \tag{2.13}$$

式中，$kx-\sigma t$ 为相位函数；k 为波数，表示 2π 长度上波动的个数；$\sigma=2\pi/T$ 为圆频率，波浪频率为 $f=1/T$，表示单位时间内的波动次数。

定义波速 c 为波形传播速度，即同相位点传播速度，又称相速度。图 2.3 显示了 $t=0$ 和 $t=t_0$ 时的波面曲线。当 $t=0$ 时，$\eta=A\cos kx$，波峰点（$\eta=A$）在 $x=0$ 处；当 $t=t_0$ 时，$\eta=A\cos(kx-\sigma t_0)$，波峰点（$\eta=A$）在 $x=\sigma t_0/k$ 处。因而由式(2.13)表示的波形向 x 轴正方向传播，其波形传播速度 c 为

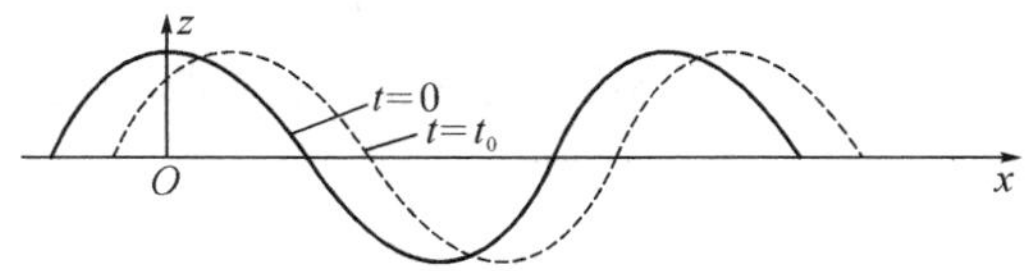

图 2.3　波形传播

$$c = \frac{\sigma t_0/k - 0}{t_0} = \frac{\sigma}{k} = \frac{L}{T} \tag{2.14}$$

根据流体力学原理，在无旋运动假定下的波浪运动为势波运动，即存在速度势函数，由下式定义：

$$\mathbf{V} = \nabla\phi = \frac{\partial\phi}{\partial x}i + \frac{\partial\phi}{\partial z}k \tag{2.15}$$

式中，$V=(u, w)$ 为水质点速度矢量，其水平分量为 u，垂直分量为 w。

由式(2.15)可知，u 和 w 可由速度势 ϕ 导出，即

$$u=\frac{\partial \phi}{\partial x},\quad w=\frac{\partial \phi}{\partial z} \tag{2.16}$$

不可压缩流体的连续性方程可表示为

$$\frac{\partial u}{\partial x}+\frac{\partial w}{\partial z}=0 \tag{2.17}$$

将式(2.16)代入式(2.17)得

$$\frac{\partial^2 \phi}{\partial x^2}+\frac{\partial^2 \phi}{\partial z^2}=0 \tag{2.18}$$

或记作

$$\nabla^2 \phi=0 \tag{2.19}$$

式(2.19)为速度势 ϕ 的控制方程,即著名的拉普拉斯方程。给出适当的定解条件,可得到拉普拉斯方程的解,进一步可由式(2.16)得到流速场 (u,w)。

在理想无旋不可压缩流体、质量力仅为重力的条件下,运动方程可简化为伯努利方程:

$$\frac{\partial \phi}{\partial t}+\frac{1}{2}\left[\left(\frac{\partial \phi}{\partial x}\right)^2+\left(\frac{\partial \phi}{\partial z}\right)^2\right]+gz+\frac{p}{\rho}=f(t) \tag{2.20}$$

波浪与水流共同作用时,按莫里森方程,单位长度上的波浪水流力为

$$f=f_{\mathrm{i}}+f_{\mathrm{d}}=\rho C_{\mathrm{m}}\dot{u}\,\frac{\pi D^2}{4}+\frac{1}{2}\rho C_{\mathrm{d}}u_{\mathrm{wc}}\mid u_{\mathrm{wc}}\mid D \tag{2.21}$$

式中,ρ 为流体密度;C_{m} 为惯性力系数;$\dot{u}$ 为受流影响后的波浪水平加速度;D 为阻水结构物的直径;C_{d} 为阻力系数;u_{wc} 为波与流共同作用下的综合水平流速,可计算如下:

$$\dot{u}_{\mathrm{wc}}=u_{\mathrm{w}}+U \tag{2.22}$$

式中,u_{w} 为受流影响后的波浪水质点水平速度;U 为受波影响后的水流速度,可取断面平均水流速度。

波浪与水流共同作用时的升力可按下式计算:

$$f_1=f_{\mathrm{tm}}\cos n(kx-\omega t) \tag{2.23}$$

$$f_{\mathrm{tm}}=\frac{1}{2}C_1\rho D(u_{\mathrm{m}}+|U|)^2 \tag{2.24}$$

式中,n 为整数,$n=2,3,\cdots$,说明升力具有高频特性;C_1 为升力系数;u_{m} 为波动最大的水质点速度。

2.2.3 海冰

海冰是高纬度地区或中纬度地区的海水在寒冷季节气温降至冰点以下结成的冰,它严

重威胁着海洋结构物的安全。以往在设计和建造海洋结构物时，对海冰作用力估计不足，致使结构物在海冰强烈作用下被毁坏。例如，阿拉斯加库克湾先后在 1962 年及 1963 年建造的两座海上钻井平台，由于设计强度未考虑冬季海冰的作用力，于 1964 年冬均被海冰摧毁；日本 1960 年于雅内港外声向崎海上设置的声向崎灯标，于 1965 年 3 月因受强大的流冰群袭击而倒塌。我国渤海和黄海北部冬季在北方冷空气的影响下，每年均出现不同程度的冰情。重冰年时，海冰可封锁海湾和航道、毁坏过往船舶、摧毁海洋结构物，构成严重的海洋灾害。近年来，随着北极地区航道及资源开发的升温，海冰对船舶与海洋工程结构物的作用力成为国内外研究的一个新热点。

1. 海冰的组成结构

海冰一般由固态的水（纯冰）、多种固态盐和浓度大于原生海水浓度而被圈闭在冰结构空隙部分的盐水包组成。在纯冰形成过程中，海水中的盐分被析出并转移至下方，其中部分被截留形成盐水包。盐水包是造成在相同温度下海冰强度低于淡水冰强度的主要原因。随着冰温的降低，盐水包中的溶解盐更多地变成固态盐，使海冰的强度增大。

冰是一种晶体材料。自然界中的冰属于对称的六方晶系，单个冰晶体的外形和尺寸却有很大不同：可能呈片状、板状或柱状，尺寸可由 1 mm 左右至数厘米。冰晶格的对称轴垂直于“基面”，基面为若干个互相平行的平面。冰沿与基面平行方向发生相对位移时，需要破坏的分子结合点的数目明显少于沿其他方向位移时的情况。因此，冰的晶格有序排列时，冰的变形和强度是各向异性的。根据海冰的特征，海冰的分类见表 2.7。

表 2.7　海冰分类

分类依据	海冰类型
成长过程	初生冰、尼罗冰、冰皮、莲叶冰、灰冰、灰白冰、白冰
表面特征	平整冰、重叠冰、堆积冰、冰脊、冰丘、冰山、裸冰、雪帽冰
晶体结构	原生冰、次生冰、层叠冰、集块冰
运动状态	大冰原、中冰原、小冰原、浮冰区、冰群、浮冰带、浮冰舌
密集程度	密结浮冰、非常密集浮冰、密集浮冰、稀疏浮冰、非常稀疏浮冰、无冰区
融解过程	有水坑冰、水孔冰、干燥冰、蜂窝冰、覆水冰

2. 海冰特性

海冰对结构物作用力的大小不仅取决于结构物的尺寸和结构型式，而且与海冰的物理力学特性密切相关。与海冰作用力相关的物理力学特性主要有密度、温度、盐度、压缩强度、抗弯强度和抗拉强度等。由于海冰的形成机理及其对结构物的作用过程都依赖于工程所处的地理位置和海冰的生成环境，不同海域的海冰力学特性呈现出显著的区域差别。

1）海冰密度

海冰密度是指单位体积海水的质量，它主要受到海冰的温度、盐度和气泡的含量的影响。渤海和黄海北部平整冰的密度通常为 750～950 kg/m^3，集中于 840～900 kg/m^3；堆积冰的密度减小 5%～15%。海冰密度在垂直方向上的变化不明显。

2）海冰温度

海冰温度是指冰层内部的温度。渤海和黄海北部平整冰的表层温度通常为－2～－9℃，多集中于－3～－5℃。有时表层冰温可用海上日平均气温代替，表层 20 cm 以下的海冰温度基本不变，为－1.6～－1.8℃，其间的冰温近似呈线性变化。

冰层的温度主要受气温、冰厚和冰的传热系数等因素控制，海洋工程中常常采用等效冰温来确定这些因素的综合影响。根据冰温的垂直分布，在极端低温时符合稳定热流的传热条件，由传热量计算公式：

$$Q=\frac{\lambda}{h}(T_{iw}-T_{ia})=K(T_w-T_a)=a_1(T_w-T_{iw})=a_2(T_{ia}-T_a) \tag{2.25}$$

可得等效冰温的计算公式为

$$T_i=0.5(T_{iw}+T_{ia}) \tag{2.26}$$

其中，

$$\begin{cases} T_{iw}=T_w-\dfrac{K(T_w-T_a)}{a_1} \\ T_{ia}=T_a+\dfrac{K(T_w-T_a)}{a_2} \\ K=\left(\dfrac{1}{a_1}+\dfrac{h}{\lambda}+\dfrac{1}{a_2}\right)^{-1} \end{cases}$$

式中，Q 为热通量[kJ/(m^2·h)]；λ 为海冰导热系数[kJ/(m^2·h·℃)]；h 为冰厚(m)；T_{iw} 为冰-水界面温度(℃)；T_{ia} 为冰-空气界面温度(℃)；K 为传热系数[kJ/(m^2·h·℃)]；T_w 为海水温度(℃)；T_a 为空气温度(℃)；a_1 和 a_2 为系数[kJ/(m^2·h·℃)]。

3）海冰盐度

海冰盐度是指海冰融化成海水所含的盐度，其高低取决于形成海冰的海水盐度、结冰速度和海冰在海水中存在的时间。渤海和黄海北部平整冰的盐度通常为 3.0～12.0，集中于 4.0～7.0，河口浅滩附近海冰的盐度集中于 1.0～4.0。

4）设计冰厚

不同重现期的年最大平整冰厚度是有冰海区结构物设计的关键指标之一。当实测冰厚资料的年限较短，而气温资料的年限较长时，需要通过气温资料推算出已知气温年份的冰厚，对这个较长时间的年冰厚极值序列进行长期统计分析，得到多年一遇的冰厚值。由气温推算历年平整冰厚的公式为

$$h=\alpha[(FDD-3TDD)-K]^{\frac{1}{2}} \tag{2.27}$$

式中，h 为冰厚(cm)；α 为冰厚增长系数[cm·(℃·d)$^{1/2}$]；FDD 为冰厚增长期内－2℃以下的累计冰冻度日(℃·d)；TDD 为冰厚增长期内 0℃以上的累计冰冻度日(℃·d)；K 为

初生冰出现时所需的冰冻度日(℃ • d)。

3. 海冰的力学特性

1) 海冰的压缩和拉伸强度

海冰无侧限压缩强度是指冰样单轴无侧限压缩破坏时单位面积上承受的极限荷载,其大小受应变率、冰温、盐度、晶体结构(柱状、粒状)和加载方向(沿冰面方向、垂直于冰面方向)等因素的影响。

海冰的压缩强度明显依赖于加载速率。当加载速率较小($\varepsilon < 5\times10^{-4}\ s^{-1}$)时,海冰呈现延性,变形时不出现裂纹,强度随加载速率增大而提高,称为延性阶段;当加载速率较大($\varepsilon > 10^{-2}\ s^{-1}$)时,海水呈现脆性,破坏为脆性断裂,且有较大的随机性,但其强度均值基本上不随加载速率而改变,称为脆性阶段。延性阶段和脆性阶段之间为过渡阶段,此时海冰兼有不同程度的延性和脆性性质。强度的峰值一般出现在过渡阶段。

影响海冰压缩强度的其他重要因素有海冰的温度和盐度。随着冰温的降低,海冰的压缩强度有所提高,而且在低温下表现出更强的脆性。

海冰的拉伸强度是指冰样单轴受拉破坏时单位面积上承受的极限荷载。拉伸破坏基本上都是脆性破坏,只有当应变速率小于 $10^{-6}\ s^{-1}$ 时,才是韧性破坏。拉伸强度随温度变化微小,对应的速率变化不明显。在实测资料缺乏的情况下,可以按照 Dykins 经验公式估计拉伸强度:

$$\sigma_t = 0.82\left(1-\sqrt{\frac{V_b}{0.142}}\right) \tag{2.28}$$

式中,V_b 为平整冰盐水体积,可由下式计算得到:

$$V_b = S_i\left(0.532-\frac{49.185}{T_i}\right) \tag{2.29}$$

式中,S_i 为平整冰盐度;T_i 为平整冰温度。

2) 海冰的弯曲强度

海冰的弯曲强度是指由现场悬臂梁弯曲试验测量得到的海冰抗弯强度。试验时,直接在试样梁的自由端加荷载,试样梁因弯曲而破坏。现场悬臂梁法能够获得符合实际的海冰弯曲强度,但该方法工作量大,受环境条件限制,无法进行系统研究,因而往往采用室内三点弯曲法获得海冰的弯曲强度。室内三点弯曲法可以对不同冰温、不同加载方向、不同应力速率进行系统的试验研究。试验中,取出大冰块,在实验室加工成 7.0 cm×7.0 cm×6.5 cm 的试样,放入电冰柜内恒温 24 h 以上以备试验。试验是通过海冰压力机配以加载梁和三个支点来完成的,用记录仪同时记录荷载-时间、跨中挠度-时间全过程曲线,然后用下式计算海冰的弯曲强度:

$$\sigma_f = \frac{3Fl}{2bh^2} \tag{2.30}$$

式中,F 为梁的破断荷载;l、h 和 b 分别为梁的跨度、截面高度和宽度。

2.2.4 描述液体运动的方法

1. 流线、流谱、流管、流股、过水断面

通常，确立有关概念，建立有关要素的数学表达式，而后推求有关要素关系的数学物理方程，这是创立计算理论的基本手段。运用欧拉法建立液体流动三大方程除需对运动进行数学描述外，还需借助相关概念作为过渡手段，现分述如下。

1）流线与流谱

流线是指同一时刻与流场中各质点运动速度矢量相切的曲线。它是一根描述液体运动的方向线，欧拉法用一系列流线来描绘流场中的流动状况，由此构成的流线图，称为流谱。

图 2.4(a)所示为流线，图 2.4(b)、(c)所示分别为水流经桥墩绕流的流谱和管径沿程变化管道中流动的流谱。可以证明，流线密处流速大，流线稀处流速小。

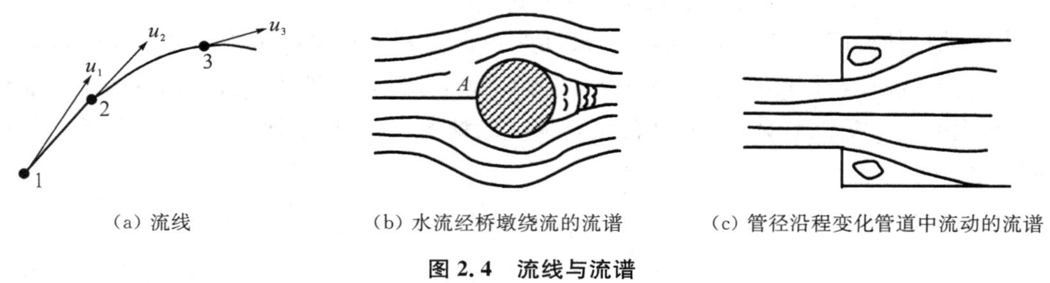

(a) 流线　　(b) 水流经桥墩绕流的流谱　　(c) 管径沿程变化管道中流动的流谱

图 2.4　流线与流谱

2）流管与流股

如图 2.5(a)所示，在流场中取一封闭的几何曲线 C，在此曲线上各点作流线，则可构成一个管状流动界面，称为流管。流管是欧拉法将流场划分成若干流动小空间，也是建立运动方程的一种手段。流管内的液流，称为流股，又称为流束，如图 2.5(b)所示。显然，在流管内外的液流将不会互相作穿越流管的交流。

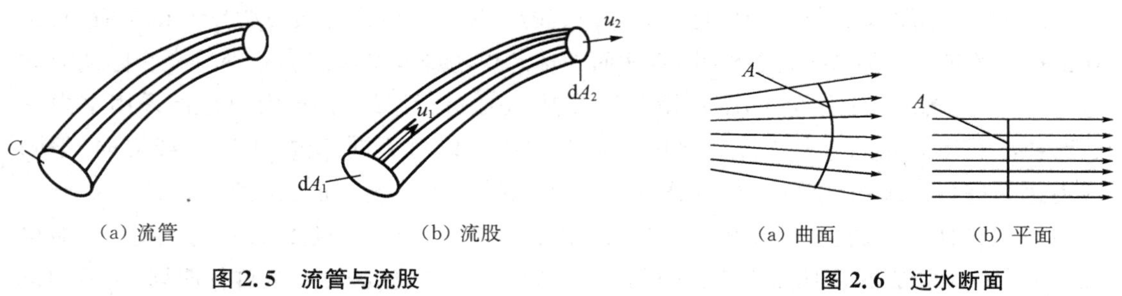

(a) 流管　　(b) 流股

图 2.5　流管与流股

(a) 曲面　　(b) 平面

图 2.6　过水断面

3）过水断面

如图 2.6 所示，垂直于流线簇所取的断面，称为过水断面。当流线簇彼此不平行时，过水断面为曲面[图 2.6(a)]；当流线簇为彼此平行的直线时，过水断面为平面[图 2.6(b)]，例如，等直径管道中的水流，其过水断面即为平面。由于过水断面与流速矢量正交，故液体不

会沿过水断面方向流动。

2. 液体流动计量方法

1) 流量

单位时间内流经过水断面的液体体积,称为流量,以 Q 表示。设元流过水断面面积为 $\mathrm{d}A$,断面上的流速为 u,$\mathrm{d}t$ 时间内充水的距离为 $\mathrm{d}s$,则通过元流过水断面的液体体积 $\mathrm{d}V$ 为

$$\mathrm{d}V = \mathrm{d}s\,\mathrm{d}A = u\,\mathrm{d}t\,\mathrm{d}A \tag{2.31}$$

$$\mathrm{d}Q = \frac{\mathrm{d}V}{\mathrm{d}t} = u\,\mathrm{d}A \tag{2.32}$$

$$Q = \int_A \mathrm{d}Q = \int_A u\,\mathrm{d}A \tag{2.33}$$

式(2.32)与式(2.33)分别为元流流量与总流流量的定义式,流量的单位可以为 $\mathrm{m^3/s}$ 或 L/s。

2) 断面平均流速

实际液体因黏滞性的影响,过水断面上的流速一般呈不均匀分布,一般将各点流速的加权平均值称为断面平均流速,用 v 表示。

$$v = \frac{\int_A u\,\mathrm{d}A}{\int_A \mathrm{d}A} = \frac{Q}{A} \tag{2.34}$$

式中,A 为过水断面面积。

2.2.5　流体动力学

莫里森方程的基本假定是柱体的存在不影响波浪的运动,即波浪速度及加速度仍可按原来的波浪尺度并由拟采用的波浪理论计算。这一假定对于小直径柱体而言是可以接受的,所产生的波浪力由惯性力 F_i 和速度力 F_d 两部分组成。

1) 惯性力

由于柱体的存在,其所占空间的水体必须由原处于波浪运动之中变为静止不动,因而对柱体产生一个惯性力,其值等于这部分水体质量乘以它的加速度。由于这部分体积中各点的加速度并不相同,因此可取柱体中轴线处的加速度来代表该范围内的平均加速度。另外,除了柱体本身所占据的水体外,其附近一部分水体也将随之变速,这部分水体的质量称为附连水质量,故真正作用于柱体上的质量应乘以一个质量系数,该质量系数即等于惯性力系数 C_m。

$$F_\mathrm{i} = f_\mathrm{i}\Delta Z = C_\mathrm{m}\rho\Delta V\frac{\partial u}{\partial t} = C_\mathrm{m}\rho\frac{\pi D^2}{4}\cdot\frac{\partial u}{\partial t}\Delta Z \tag{2.35}$$

则

$$f_\mathrm{i} = C_\mathrm{m}\rho\frac{\pi D^2}{4}\cdot\frac{\partial u}{\partial t} \tag{2.36}$$

其中，
$$C_m = 1 + C'_m \tag{2.37}$$
式中，f_i 为单位高度柱体所受的惯性力；D 为柱体直径；C'_m 为附连水质量系数。

2）速度力

在稳定流条件下，当波浪为紊流时，速度力为

$$F_d = f_d \Delta Z = C_d \frac{\rho}{2} D u^2 \Delta Z \tag{2.38}$$

则
$$f_d = C_d \frac{\rho}{2} D u^2 \tag{2.39}$$

莫里森将式(2.39)应用于波浪运动时，考虑水流的往复性，速度力也有往复性，即有正有负，因而式(2.39)中的 u^2 项应改为 $u|u|$，同时速度力系数 C_d 也应按不同流态取用适当的值，则速度力公式可表述为

$$f_d = C_d \frac{\rho}{2} D u |u| \tag{2.40}$$

作用于单位高度柱体上的总波浪力 f 为

$$f = f_i + f_d \tag{2.41}$$

式(2.34)、式(2.40)及式(2.41)即为莫里森方程求柱体波浪力的几个基本方程。其中，速度力系数 C_d 及惯性力系数 C_m 为经验系数，取自模型试验及原体观测。由于它们随雷诺数 Re 的改变而剧烈变化，因而目前在工程实用上强调必须取测自原体的数据。另外，由于速度及加速度场的观测比较困难，所谓实测的 C_d 及 C_m 指由实测波浪力和波要素按波浪理论计算速度及加速度，再推求而得。

2.3 海洋灾害及其工程影响

海洋灾害是指海洋自然环境发生异常或剧烈变化，导致海上或海岸发生的灾害。海洋灾害主要有灾害性海浪、海冰、赤潮、海啸和风暴潮；与海洋和大气相关的灾害性现象有厄尔尼诺现象、拉尼娜现象、台风等。引发海洋灾害的原因主要有：大气的强烈扰动，如热带气旋、温带气旋等；海洋水体本身的扰动或状态骤变；海底地震、火山爆发及其伴生的海底滑坡、地裂缝等。海洋自然灾害不仅对沿岸城乡经济和人民生命财产安全构成威胁，还会引起许多次生灾害和衍生灾害，例如：风暴潮引起海岸侵蚀、土地盐碱化；海洋污染引起生物毒素灾害；等等。

世界上很多国家的自然灾害的严重程度深受海洋影响。例如，仅在热带海洋上形成的台风(在大西洋称为飓风)引发的暴雨、洪水、风暴潮、巨浪等灾害，就造成了全球自然灾害生命损失的 60%。台风每年造成上百亿美元的经济损失，约为全部自然灾害经济损失的 1/3。所以，海洋是全球自然灾害最主要的根源之一。

海洋与大气的相互作用关系十分复杂，任何一种海洋和大气现象的出现，对全球不同

地区的影响也不尽相同。厄尔尼诺现象也是如此，既是大气与海洋相互作用的结果，反过来又在不同程度上影响着不同地区的大气和海洋，它的出现，往往使南美洲西海岸形成暴雨和洪水泛滥，给东南亚、澳大利亚和非洲带来的却是干旱少雨。

随着海洋资源开发、海洋工程建设的日益发展，海洋地质灾害的风险评价显得尤为重要。海洋地质灾害划分是区域性海洋地质灾害风险评价的基础，可为海洋开发规划、工程建设及综合管理提供科学依据。

2.3.1 海洋地质灾害的特点

海洋地质灾害不仅可对海上构筑物、海底管线或其他工程设施构成潜在的重大危险，导致严重的生命财产损失和工程失败，而且对岸滩的塑造、海底的冲淤演变有巨大的影响。近几十年来，对海底工程地质条件，特别是灾害地质现象的疏忽和不重视，已导致世界上发生了多次海难事件和海洋建筑物的破坏，给人类和海洋工程建设带来了巨大的损失和灾难。海洋地质灾害在尺度上往往较大，破坏力也更大，如海底地震引发的海啸、海底斜坡块体运动、海底不均一持力层等。1929 年，加拿大海域的大浅滩(Grand Banks)发生海底滑坡，最高滑移速度达到 70 km/h，最终堆积区距离源区约 850 km，夺走了 27 人生命，并严重破坏了海底通信电缆；1969 年，卡米尔飓风(Hurricane Camille)诱发水下斜坡块体滑动，造成 3 座钢平台破坏，其中 1 座平台翻倒并沿斜坡向下滑出 30 m，造成 1 亿多美元的损失；2004 年 12 月 26 日，印度尼西亚邻近海域发生里氏 8.7 级地震，并引发海啸，超过 15 万人遇难。

海洋地质灾害的发生、发展和分布有其自身的规律和特点。尽管不同区域所发生的地质灾害有其自身的特殊性，但整体上具有以下共同点：

(1) 灾害成因的复杂性。就灾害成因而言，有因内动力地质条件而产生的，如地震、火山等；有因外动力地质条件而产生的，如滑塌、塌陷等；有人为地质作用产生的；还有些是由多种因素共同作用而发生的。有些灾种由于其自身的特点会在一定的区域内重复发生，有的则是在一个区域内同时发生多个灾种。受类似动力条件的作用，在不同的区域会同时发生类似的灾害。

(2) 灾害发生的周期性。无论是由内动力条件产生的灾害，还是由外动力条件产生的灾害，如地震等，都具有周期性的特点。地震活动每次震后都有一个应力孕育和能量储存时期，即应变积累和释放的过程，具有一定的周期性。还有一些灾害如滑塌等，还受到周期性的海流、大洋环流和大气环流的影响而呈一定的周期性。

2.3.2 海洋地质灾害的分类

考虑致灾的动力条件，海洋地质灾害可大致分为以下三种类型：

(1) 由内动力地质条件引发：如地震、火山、新构造运动。

(2) 由外动力地质条件导致：如海平面上升、海水入侵、滑塌、软土层及其他海底不稳定、海底陡坎、侵蚀沟、海底浅层气。

(3) 由人类工程与活动诱发：如沿海的不合理开发造成的污染和破坏，过度开采地下水造成地面下沉等。

从海洋地质灾害发展演化进程出发，海洋地质灾害可分为渐变性海洋地质灾害和突发性海洋地质灾害两大类，这对开展海洋工程活动过程中的灾害影响、危害评价、防灾减灾等方面的研究具有重要意义。

1. 渐变性海洋地质灾害

渐变性海洋地质灾害以缓慢发生、逐步发展为特点，如海岸侵蚀、海平面上升、冲刷作用、地面沉降、海水入侵、滨海湿地退化、港口淤积等。这类海洋地质灾害主要发生在沿海地区，其危害范围一般较广，危害程度逐渐加重，造成的后果和损失往往较突发性海洋地质灾害更为严重。

1）海岸侵蚀

海岸侵蚀是指海岸在海洋动力作用下，沿岸供砂少于沿岸失砂而引起的海岸后退的破坏性过程。狭义的海岸侵蚀仅指自然海岸的侵蚀后退过程；广义的海岸侵蚀除自然海岸的侵蚀外，还包括人为对海岸的破坏过程。海岸侵蚀会导致海滩的破坏后退、海水倒灌、淹没河口或沿岸低洼地、增大海岸洪涝概率、提高河口盐度使土壤盐渍化，最终使海岸生态系统遭到干扰。海岸侵蚀灾害是指由海岸侵蚀造成的人民生命财产遭受损失的灾害。这类灾害在我国是一种随着国民经济建设蓬勃发展而伴生的海岸带地质灾害。因此，它没有传统灾种的那种灾害事件记录阶段，一开始就进入调查研究阶段。

引起海岸侵蚀作用的自然因素主要有两方面：其一，海洋动力作用增强，海水运动过程中产生的潮流、波浪等是造成海岸侵蚀的主要动力。近岸潮流决定了沿岸泥沙的离岸移动方向，并成为海岸侵蚀的重要原因之一。波浪作用主要表现为起动泥沙、搬运泥沙。以黄河三角洲为例，黄河三角洲岸线侵蚀一般是受到潮流和波浪两者的共同作用引起的。其二，全球变暖导致很多地区的平均海平面相对于陆地有缓慢上升的趋势。由于岸滩剖面会逐渐调整以适应升高的平均海平面，因此会造成岸线的缓慢蚀退。短时间内海平面上升不会引起海岸侵蚀，但长期变化会诱发或加速海岸侵蚀。海平面相对上升，导致近岸水深增加，使到达岸边的波浪作用增强而侵蚀海岸。

2）海平面上升

海平面上升是由全球气候变暖、极地冰川融化、上层海水变热膨胀等原因引起的全球性海平面上升现象。20 世纪以来，全球海平面已上升了 10～20 cm，这是一种缓发性的自然灾害。全球气候变暖导致未来 100～200 年内海平面无法避免地上升至少 1 m。

海平面上升对沿海地区社会经济、自然环境及生态系统等具有重大影响。首先，海平面的上升将淹没一些低洼的沿海地区，加强海洋动力因素向海滩推进，侵蚀海岸，从而变“桑田”为“沧海”；其次，海平面的上升会使风暴潮强度加剧，频次增多，不仅危及沿海地区人民生命财产安全，而且还会导致土壤盐渍化，造成农业减产、生态环境恶化。

3）冲刷作用

冲刷是水流作用引起床面材料被剥蚀的一种自然现象，一般包括三种类型（Melville 和 Coleman，2000）。

（1）一般冲刷：床面全断面发生的冲刷现象，该过程与阻水结构物存在与否无关，可以是长期的，也可以是短期的。

（2）收缩冲刷：常见于狭长水域、河道中阻水物（如跨海桥梁基础、海上风机基础等）的存在引起过水面积减少所造成的冲刷作用，其影响范围仅限于上下游的小段距离。

（3）局部冲刷：水流因受阻水物（包括桥梁基础、桥梁墩台，也包括海底管线、海上风电基础、海上钻井平台等）阻挡，在其附近发生的冲刷现象。因此，这一过程实质上是水流、桥梁基础和河床材料之间相互作用的结果，如图2.7所示。

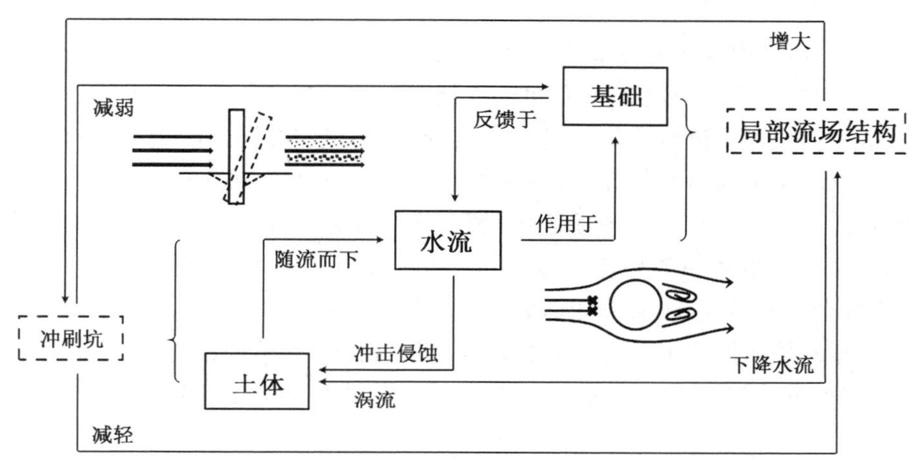

图2.7　局部冲刷各要素相互关系

冲刷的发生和发展，尤其是局部冲刷的发生和发展，会带走结构物附近的河床材料，导致支撑体系裸露或覆土高程降低，改变了最初的基础-土体系统，削弱了地基土对深水基础的侧向支撑作用，降低了基础的设计承载能力，包括水平承载力（Qi 等，2016；Liang 等，2020；Jia 等，2023），进而造成破坏。

2. 突发性海洋地质灾害

突发性海洋地质灾害具有突然发生、强度大、成灾快、危害大的特点，如海洋地震、火山、海底滑坡、海底浊流、砂土液化、风暴潮、海啸等均属于此类。

1）海洋地震

海洋地震是指震中位于海洋的地震。海洋地震可造成海底断层，也可能引起海啸。岩石圈板块沿边界的相对运动和相互作用是导致海底地震的主要原因。海底地震分布规律和发生机制是板块构造理论的重要支柱。全球地震绝大多数分布在海洋，特别是大洋与大陆的过渡带边缘海。我国海域地处欧亚板块与太平洋板块之间的洋壳和陆壳过渡带，既有板缘地震带，也有板内地震带，总体上可分为三个大的层次和类型，即西太平洋岛弧-海沟强活动带、岛弧向陆一侧的盆地弱活动带、陆架海中等活动带或弱活动带。

海底地震主要分布在活动大陆边缘和大洋中脊，分别相当于洋壳的俯冲破坏与扩张新生地带。两带的地震活动性质截然不同：①活动大陆边缘地震带，其位于板块俯冲边界，主体是环太平洋地震带，此外还包括印度洋爪哇海沟、大西洋波多黎各海沟及南桑威奇海沟附近的地震带。环太平洋地震带释放的地震能量约占全球总量的80%。这里既有浅源

(＜70 km)地震,也有中源(70～300 km)地震和深源(300～700 km)地震,地震带较宽。震源深度通常自洋侧(海沟附近)向陆侧加深,构成一条倾斜的震源带,称为贝尼奥夫带(Benioff Zones)。全球几乎所有的深源地震以及大多数的中、浅源地震都发生在板块俯冲边界,全球最大震级(8.9级)的地震即发生在这里。②大洋中脊地震带,该处为分离型板块边界,只有浅源地震,地震带狭窄、连续,宽度仅数十千米,释放的地震能量约占全球总量的5%。

2) 海底滑坡

狭义的海底滑坡通常指海底未固结的松软沉积物或存在软弱结构面的岩石,在重力作用下沿斜坡发生的快速滑动过程,包括平移滑坡、旋转滑坡;广义的海底滑坡一般涵盖海底沉积物搬运的各种过程,包括蠕动、崩塌和重力流(碎屑流、颗粒流、液化流、浊流)现象。一般而言,海底滑坡是不同类型、不同时期滑坡的复合体,而且在搬运过程中,其结构特征与力学性质具有时变性,随类型不同而变化。海底滑坡作为一种海底沉积物沿斜坡的再运动形式,是沉积物运移的最重要地质过程之一。由于海域广、深度大、地形多样、构造条件与水动力条件复杂等原因,海底滑坡在形成环境、发育规模、发生机制、运动方式等方面独具一格,远非陆地滑坡所能比拟。类型划分对完善海底滑坡基础理论、正确把握海底岩土体失稳运动规律具有重要意义。然而,对于海底滑坡范畴及其类型的划分,国内外学术界尚无共识。

海底滑坡的形成有其内在原因,这是导致滑坡的基本条件,包括沉积物的物理力学性质、海底地形条件、海底地质存在软弱层等。海底滑坡形成的触发因素包括构造运动(如火山岩侵位)、水动力条件(如海底冲沟与水道中的水流作用、暴风浪作用下海底滑坡的复活)、全球气候变化及人为因素等。触发因素大致可分为两类:第一类因素,通过降低土体抗剪强度等,进而降低斜坡抗滑力,导致滑坡;第二类因素,通过增大斜坡下滑力导致滑坡。目前认为,引起海底滑坡的主要因素包括但不限于:地震与断层作用、沉积作用、气体水合物分解、波浪、潮汐、人类活动、侵蚀、岩浆火山、泥火山、盐底辟、洪水、蠕变、海啸、海平面波动。

3) 砂土液化

砂土液化是指饱水的疏松粉、细砂土在振动作用下突然破坏而呈现液态的现象。其机制是饱水的疏松粉、细砂土在振动作用下有颗粒移动和变密的趋势,对应力的承受从砂土骨架转向水,由于粉和细砂土的渗透力不良,孔隙水压力会急剧增大,当孔隙水压力大至总应力值时,有效应力降为零,颗粒悬浮在水中,砂土体即发生液化。影响砂土液化的因素很多,如砂土的地质成因和年代,颗粒的组成、大小、排列方式、形状、松密程度,应力状态,应力历史,渗透性,压缩性,地震特性(如震级、震中距、持续时间)以及排水条件和边界条件。

砂土液化后,孔隙水在超孔隙水压力下自下向上运动。如果砂土层上部没有渗透性更差的覆盖层,地下水即大面积溢于地表;如果砂土层上部有渗透性更弱的黏性土层,当超孔隙水压力超过盖层强度时,地下水就会携带砂粒冲破盖层或沿盖层裂隙喷出地表,产生喷水冒砂现象。地震、爆炸、机械振动等都可以引起砂土液化现象,尤其以地震引起的范围更广、危害性更大。

砂土液化在地震时可大规模地发生并造成严重危害。在1964年美国的阿拉斯加地震和同年日本的新潟地震中，砂土液化使许多建筑物下沉、歪斜和毁坏，有的地下结构甚至浮升到地面；在2008年的中国汶川地震中确认了全球最大规模的天然沉积砾性土(颗粒直径大于砂土)液化；在2010年的海地地震中出现了珊瑚土液化。值得注意的是，许多大规模开发的风电场位于近海地震带附近，例如美国西海岸地区和我国的黄海、东海等海域，地震作用可能导致地基土弱化，使得基础承载能力下降、风机结构失稳或发生严重变形。

砂土液化的防治主要从预防砂土液化的发生和防止或减轻建筑物不均匀沉陷两方面入手，包括：合理选择场地；采取振冲、夯实、挤密桩等措施，提高砂土密度；通过排水降低砂土孔隙水压力；采取换土、板桩围封等措施以及采用整体性较好的筏基、深桩基；等等。

上述海洋地质灾害均会带来不可忽视的影响，而在人类目前的近海工程活动中，比较容易产生影响的是地震、冲刷和砂土液化，在深水基础的设计中往往需要对这几类灾害重点考虑。

4) 风暴潮

风暴潮是由热带或温带风暴、寒潮过境等强风天气引起气压骤变而导致的海平面异常升降现象。风暴潮的风暴增水现象，一般称为风暴潮或气象海啸，风暴减水现象一般称为负风暴潮。由于风暴增水的危害远大于风暴减水，因此在工程中应特别注意。风暴潮会使受影响海区的潮位大大超过正常潮位。如果风暴潮恰好与受影响海区的天文潮位高潮相重叠，就会使水位暴涨，海水涌进内陆，造成巨大破坏。

风暴潮分类的方法众多，其中按诱发风暴潮的大气扰动特征可分为两类：一类是强热带气旋风暴潮，由台风、飓风等引起；另一类是温带风暴潮，由温带气旋或寒潮大风引起。强热带气旋风暴潮主要发生在夏秋季节，这种风暴潮会伴有剧烈的水位变化，涉及范围广。凡是受热带气旋影响的海洋国家、沿海地区均会发生热带风暴潮，这给沿岸居民的生活带来极大的危害。温带风暴潮主要发生在冬春季节，其引起的风暴潮位变化持续时间长但不剧烈，主要发生在中高纬度沿海地区，如欧洲北海沿岸、美国东海岸以及我国长江口以北的黄海、渤海沿岸。

5) 海啸

海啸是由水下地震、火山爆发、水下塌陷或滑坡所激起的巨浪。破坏性地震海啸发生的条件是：在地震构造运动中出现垂直运动；震源深度小于20～50 km；里氏震级要大于6.50。水下核爆炸也能产生人造海啸。尽管海啸的危害巨大，但它形成的频次有限，尤其是在人类可以对它进行预测以来，其所造成的危害已大为降低。

第 3 章
深水基础及其特点

3.1 概述

随着海洋工程的不断发展，深水基础也在越来越多的领域应用并日益成熟，如跨海大桥、海上钻井平台、海上风电等。随着国家经济发展和桥梁设计与施工方法的日趋成熟，21世纪初开始修建的东海大桥和杭州湾跨海大桥正式拉开了我国跨海长桥建设的序幕。中国跨海长桥正处于蓬勃发展的阶段，大量的海湾、江河入海口、岛屿、海峡需要架设跨海长桥。

我国海上风力资源十分丰富，具有巨大的海上风能开发潜力，而近年来海洋工程技术的长足进步也为海上风力发电走向更深、更远的外海提供了可能。海上风力发电机组基础结构除了具有与陆上风电机组相同的重心高、承受的水平荷载和倾覆弯矩较大的特点外，由于水深的影响，其悬臂段更长，倾覆力矩更大。同时，受到过渡段风荷载、波浪力、冰荷载和水流力以及撞击力等荷载作用，基础结构的水平受力也将更大。此外，海上风电机组设计过程中还须考虑海床地质条件、基础冲刷、腐蚀等多种不利影响。因此，海上风电机组基础的造价是海上风电工程总造价的重要组成部分，合理选择基础结构型式对结构安全和工程造价具有重要影响。

3.2 桥梁深水基础及其特点

深水桥梁基础是跨海大桥设计面临的重点和关键难点问题。目前已建成的跨海桥梁基础的水深一般在 30～40 m，大多采用高承台群桩基础（杭州湾跨海大桥、港珠澳大桥等）或沉井基础（旧金山奥克兰海湾大桥、纽约布鲁克林大桥等）。统计表明，桥梁主墩基础主要有六种类型：桩基础、沉井基础、管柱基础、沉井＋管柱复合基础、沉井＋桩复合基础及扩大基础，其中，桩基础是最为常用的基础类型。然而，当水深超过 50 m 时，常规的高承台群桩或沉井基础难以适用，桥梁工程将不得不面临着深水基础建设的技术难题。对于水深在 50 m 以上的跨海桥梁，目前成功的案例主要有日本明石海峡大桥（水深 50～60 m）和希腊 Rion-Antirion 桥（最大水深 65 m）。此外，还有部分特殊基础，主要包括钟形基础、锁口钢管桩基础、地下连续墙基础、负压筒形基础和浮式基础等。

深水基础的技术可行性和经济性对桥梁方案的竞争力具有重要影响，必须妥善地解决桥梁深水基础在设计与施工上的关键问题，才能够确立桥梁方案在技术和经济上的可行性。下文将就近年来较常用的桥梁深水基础型式进行简要介绍。

3.2.1 桩基础

桩基础将承台以上的恒载(施工期间)和活载(运营期)由承台并借助桩体传递到深部的地基持力土层或岩层中去,并主要通过桩侧壁摩阻力及桩端反力(抵抗作用)来消减,具有沉降量小且均匀、承载力高、稳定性好、适应性强、施工方法多样(钻孔灌注桩、挖孔灌注桩和打入桩)且简洁的优点。

钻孔灌注桩几乎适应各种地质条件,成孔速度快,价格相对较低,所以一经成功应用,迅速风靡全国,成为发展最快、应用最广的基础型式。我国 1973 年开始建设的九江长江大桥,首次采用双壁钢围堰钻孔桩基础,克服了过去长江及其他水系在洪水期间修建深水基础需要停工的缺点,技术经济效益十分明显,为钻孔桩基础在桥梁深水基础中的广泛应用奠定了坚实的基础。

除钻孔灌注桩以外,还发展了扩底桩、钢管复合桩、大直径钻埋空心桩等新型桩以及桩底压浆和栽桩新工艺。钢管复合桩是指在钢管中填充混凝土而形成的桩。钢管和混凝土在受力过程中共同作用,大大改善了混凝土的塑性和韧性性能,同时还可以避免或延缓钢管壁发生局部屈曲,所以,钢管混凝土桩具有承受水平荷载和抵抗地震荷载及其他复杂荷载的能力。钻孔桩直径并非越大越好,因为大直径桩中间的混凝土作用并没有充分发挥,反而增加了自重,使钻孔桩不经济。

3.2.2 沉井基础

沉井基础具有承载力大、整体性好、抗船撞能力强、抗震性好、无需额外施工平台等优点,是主要的深水桥梁基础型式之一。1960 年开始兴建的南京长江大桥,采用井壁外侧高压射水辅助下沉的重型钢筋混凝土沉井和"浮式钢沉井+管柱"复合基础及自浮式钢筋混凝土沉井基础,成为沉井基础在我国深水桥梁中的应用范例。九江长江公路大桥 18 号墩,根据特殊的地质条件,首次采用薄壁钢筋混凝土筏式沉井基础。21 世纪初的基建高潮时期诞生了众多超大跨度的桥梁工程,这让沉井基础重焕了生机。因为这些特大跨度桥梁的基础需要承受更大的荷载,对抗震、沉降以及抗船撞等方面有更高的要求,相比桩基础,沉井基础更有优势。

3.2.3 复合基础

复合基础常采用的形式是"沉井+桩基"复合(图 3.1),其优点是两种基础优势互补,并可减少沉井下沉深度,同时也可减少桩的长度,可以适应更复杂的水文地质条件。1966 年的美国班尼西亚马丁尼兹桥,采用了"沉井+钢管桩"复合基础。20 世纪末至 21 世纪初,日本、韩国修建的一些跨海

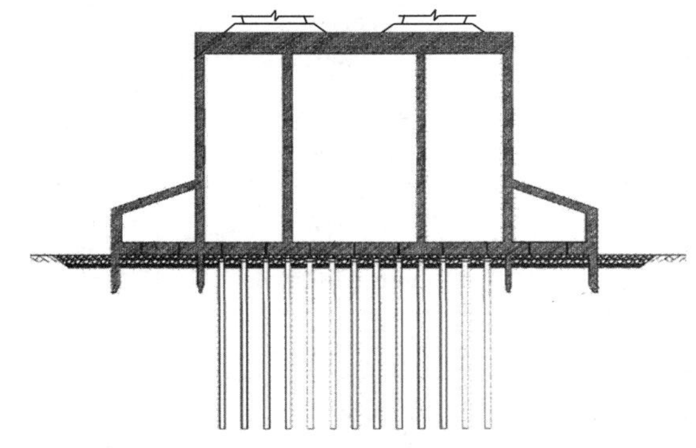

图 3.1　"沉井+桩基"的复合基础

桥梁中，复合基础仍是重要的基础型式。

国内的复合基础，大多是在沉井基础下沉遇阻或软弱土层太厚时，在沉井内插打桩基或钻孔成桩，形成复合基础。钱塘江大桥的“沉箱＋木桩”、南京长江大桥的“沉井＋管柱”、襄渝线任河桥和广东江村南北大桥的“沉井＋钻孔桩”以及泸州长江二桥的“钢沉井＋桩基”复合基础是国内复合基础的代表案例。

3.3 海上风电基础及其特点

目前国内外采用较多、经验较丰富且较可靠的海上风电基础结构可分为固定式和漂浮式两大类。其中，固定式基础又主要包括重力式基础、高桩承台基础、大直径单桩基础、三脚架基础、导管架基础和吸力筒基础等(图 3.2)。

图 3.2 海上风电固定式基础

固定式基础在国外海上风电中发展较早，各类固定式基础在国外风电工程中的应用如表 3.1—表 3.3 所示。国内目前已建成的海上风电基础结构都采用固定式，采用最多的是高桩承台基础和单桩基础，如表 3.4 所示。

表 3.1 国外单桩基础工程实例

序号	工程名称	国家	单机容量/MW	风机台数/台	水深/m
1	Lely	荷兰	0.5	4	5～10
2	Dronten/Irene Vorrink	荷兰	0.6	28	5
3	Bockstigen	瑞典	0.55	5	6
4	Blyth	英国	2	2	9
5	Yttre Stengrund	瑞典	2	5	8
6	Horns Rev	丹麦	2	80	6～14
7	Samsoe	丹麦	2.3	10	11～18
8	Utgrunden	瑞典	1.425	8	7～10
9	North Hoyle	英国	2	30	5～12
10	Scroby Sands	英国	2	30	2～10
11	Arklow Bank	爱尔兰	3.6	7	2～5
12	Kentish Flats	英国	3	30	5
13	Barrow	英国	3	30	15
14	Burbo Bank	英国	3.6	25	10

（续表）

序号	工程名称	国家	单机容量/MW	风机台数/台	水深/m
15	Egmond aan Zee	荷兰	3	36	17～23
16	Inner Dowsing	英国	3.6	27	10
17	Lynn	英国	3.6	27	10
18	Gunfleet Sands Phase Ⅰ	英国	3.6	30	2～15
19	Greater Gabbard Phase Ⅰ	英国	3.6	140	24～34
20	London Array Phase Ⅰ	英国	3.6	175	23

表3.2　国外重力式基础工程实例

序号	工程名称	国家	单机容量/MW	风机台数/台	水深/m
1	Windeby	丹麦	0.45	11	3～5
2	Tuno Knob	丹麦	0.5	10	3～5
3	Middelgrunden	丹麦	2	20	5～10
4	Rodsand I/Nysted	丹麦	2.3	72	6～10
5	Lillgrund Oresund	瑞典	2.3	48	2.5～9
6	Thornton Bank	比利时	5	6	25
7	Sprogo	丹麦	3	7	6～15
8	Rodsand Ⅱ	丹麦	2.3	90	5～12
9	Belwind	丹麦	3	55	20～35
10	Horns Rev Ⅰ	丹麦	2	80	6～18
11	Deutsche Bucht	德国	5	42	25～50
12	Oriel Wind Farm	爱尔兰	6	55	15～30

表3.3　国外导管架基础工程实例

序号	工程名称	国家	单机容量/MW	风机台数/台	水深/m
1	Sky2000	德国	2	50	20
2	Alpha Ventus/Borkum West	德国	5	6	30
3	Borkum West Ⅱ	德国	5	80	22～33
4	Dan Tysk	德国	3.6	80	10～50
5	Meerwind Süd	德国	5	161	25～50

（续表）

序号	工程名称	国家	单机容量/MW	风机台数/台	水深/m
6	Hochsee Windpark Hedreiht	德国	5	80	25～50
7	Gode Wind	德国	4	225	25～50
8	Beatrice(Moray Firth)	英国	5	2	43
9	Alpha Ventus/Borkum West	德国	5	6	30
10	Ormonde Ⅰ、Ⅱ、Ⅲ	英国	5	30	17～22

表 3.4　　我国主要海上风电基础型式

序号	项目名称	项目规模	基础型式	单机容量
1	上海东海风电一期示范项目	100 MW	高桩承台基础	3 MW/华锐风电
2	上海东海风电二期示范项目	100 MW	高桩承台基础	3 MW/上海电气
3	江苏中广核如东海上风电项目	150 MW	单桩基础	4 MW/西门子
4	江苏响水海上风电项目	200 MW	高桩承台基础 单桩基础	4 MW/西门子 3 MW/金风科技
5	福建莆田平海湾海上风电项目	50 MW	高桩承台基础	5 MW/湘电
6	珠海桂山海上风电场示范项目	100 MW	导管架基础	3 MW/明阳风电
7	上海临港风机二期工程	100 MW	高桩承台基础	3.6 MW/上海电气
8	如东华能海上风电项目	150 MW	高桩承台基础 单桩基础	4 MW/上海电气 5 MW/重庆海装

漂浮式基础的结构型式主要有立柱式平台、张力腿式平台、半潜式平台等（张嘉祺等，2022），如图 3.3 所示。漂浮式基础必须有浮力支撑风电机组的重量，并且在可接受的限度内能够抑制倾斜、摇晃和法向移动。浮式风机与浮式石油钻井在负载特性方面的主要区别在于：对于风力发电机来说，强风引起的翻转运动是其设计首要考虑的问题；对于石油钻井来说，有效荷载和抗击波浪的冲击是其设计首要考虑的问题。

图 3.3　海上风电漂浮式基础

3.3.1　固定式基础

1. 重力式基础

重力式基础适用于浅海(水深小于 20 m)风电机组,其依靠基础自重来抵抗风电机组荷载和各种环境荷载作用,从而维持基础的抗倾覆、抗滑移稳定。基础配有预应力钢筋,可有效减小裂缝并起到较好的防腐蚀效果。该基础型式要求基床土体具有较高的承载力,当基床土体不能满足承载力要求时,需要进行地基处理;当风电机组荷载较大时,基础的体积庞大,对运输、安装等施工能力提出了较高要求。当能达到流水化作业水平时,该基础型式具有较高的经济性。

重力式基础优点:①结构比较简单,造价低;②抗风暴和风浪袭击的性能较好,稳定性和可靠性也比较高。

重力式基础缺点:①需要预先进行海床准备。由于重力式基础前期施工工期较长,风机安装就位后重心高,倾覆力矩较大,为了保证不发生倾斜,防止涌浪冲刷淘空,确保地基不发生大的沉降,需要用挖泥船挖除基础表层软弱土层,然后抛填块石并进行平整处理。②体积和重量都比较大,安装起来不够方便。③随着水深的增加,其经济性不仅不能得到体现,造价反而比其他类型基础要高。这也是限制重力式基础适用范围的一个主要因素。

2. 大直径单桩基础

大直径单桩基础是最简单的基础结构,也是目前应用比较广泛的基础型式。大直径单桩基础如图 3.4 所示,它由焊接钢管组成,桩和塔架之间的连接可以是焊接连接,也可以是套管连接,通过侧面土壤的压力来传递风力机荷载。桩的直径根据负荷的大小而定,一般在 3～7 m,壁厚约为桩径的 1%,通过打桩设备将单桩打入海床一定深度。对于变动的海床,由于单桩打入海底较深,这种基础型式有较大的优势,但不适合在岩石地质条件下使用。

图 3.4　大直径单桩基础

单桩基础插入海床的深度与土壤的强度有关,土壤强度不同,插入海床的深度也不同。单桩基础可由液压锤或振动锤贯入海床,也可以在海床上钻孔,两种方式在选择桩的直径时有区别：若用撞击入海床的方法，桩的直径要小一些；若用在海床上钻孔的方法，桩的直径可以大一些，但壁厚要适当减小。单桩基础一般适用于水深小于 30 m 且海床较为坚硬的水域，尤其是在浅海水域，更能体现其经济价值。

大直径单桩基础的优点：①制造简单，不需要做任何海床准备；②受力明确，工期短。

大直径单桩基础的缺点：①受海底地质条件和水深的约束比较大，水太深时容易出现弯曲现象；②安装时需要用专门的设备，施工安装费用比较高；③对冲刷很敏感，在海床与基础相接处需要做好冲刷防护。

3. 三脚架基础

三脚架基础采用标准的三腿支撑结构，由中心柱、三根插入海床一定深度的圆柱钢管和斜撑结构组成，钢管桩通过特殊的灌浆或桩模（桩基套筒）与上部结构相连。中心柱为风力机塔架提供基本支撑，类似于单桩结构，三脚架可以采用垂直或倾斜套管，且底部三脚处各设置一根钢桩用于固定基础，三个钢桩被打入海床 10～20 m 的地方，在单桩基础设计上又增加了周围结构的刚度和强度，提高了基础的稳定性和可靠性，同时扩大了三脚架基础的适用范围。三脚架基础一般应用于水深为 20～80 m 且海床较为坚硬的海域。

三脚架基础受海底地质条件约束较大；不宜用作浅海域基础，在浅海域基础安装或维修船只有可能与结构的某部位发生碰撞，同时会增加冰荷载；建造和安装成本比较高。

4. 导管架基础

导管架基础源自海上石油平台导管架结构形式，采用钢管相互连接形成的空间四边形棱柱结构，在基础结构的 4 根主导管下设套筒，与桩基础相连接。该基础结构杆件众多，在节点处理上工序较为繁琐，当在预制工厂进行批量化生产作业时，具有较高的效率；空间整体性较强，刚度较大，一般采用较小的管径和壁厚即可满足刚度的要求，适用于水深较深的风电机组基础。导管架基础的重量相对较轻，预制完成后可以用驳船托运至安装地点进行安装，施工周期较短。

5. 吸力筒基础

吸力筒基础由筒体和外伸段两部分组成，筒体为底部开口、顶部密封的筒形结构，外伸段为直径沿曲线变化的渐变段，可以为钢筋混凝土预应力结构或钢结构形式。筒体的直径一般大于筒深（裙板长度），外伸段顶部预设法兰与风电机组塔筒相连接。在风电机组荷载作用下，依靠筒壁侧面土体和筒体底部土体提供承载力，在一定程度上，吸力筒基础的受力模式类似于重力式基础。

吸力筒基础的优点：①适用的水深范围较广，适用于水深 0～50 m；②不需要再设置过渡段；③不需要专门的防冲刷措施（取决于筒内土体上抬量大小）；④拆除方便。

吸力筒基础的缺点：①对土层条件较为苛刻，一般在砂土或岩石分布地区难以使用；②采用钢结构材料时，焊缝较多，加工工作量大，精度要求高；③安装时倾斜度控制难度较大；④当运用于大容量风电机组时，筒体直径大，运输问题复杂。

以某型号海上风机为例，对重力式基础、大直径单桩基础、三脚架基础、导管架基础和吸力筒基础，从应用范围、优势、缺陷及制约因素三方面进行比较分析，如表 3.5 所示。

表 3.5　　固定式基础型式对比

类型	应用范围	优势	缺陷及制约因素
混凝土重力式基础	所有土壤条件都可以，适合水深 0～10 m	适合所有海床状况	需平整海床，运输安装费用中等，工期较长
大直径单桩基础	多种地质条件，适合水深 0～30 m	结构简单、轻、通用，受力明确，工期较短	施工较困难，受制于打桩锤直径
三脚架基础	适合水深大于 20 m	稳定性强，对风暴的承受能力强	结构复杂，成本高，纠偏难度较大，施工费用较高
导管架基础	适合水深大于 40 m	与三脚架基础类似，但整个基础的受力得到改善，桩基承载力更高	底座较重，结构复杂，制造成本高，纠偏难度较大，施工费用较高
吸力筒基础	适合水深 0～50 m	适用水深范围较广，拆除方便	对土层条件较为苛刻，对垂直度要求高

3.3.2　漂浮式基础

全球 80%的海上风能资源位于水深超过 50 m 的海域，为了充分发掘海上风能资源，将向深远海持续发展海上风电，其中漂浮式风电被视为深远海风能开发的主要途径，并已经从概念研发稳步走向商业化。由于深远海的水深增加，固定式的支撑结构难度较大，漂浮式海上风电技术被业内视为未来深远海海上风电开发的主要技术，已在多个国家和地区展开探索。

1. 立柱式平台

立柱式平台是一种深吃水平台，其重心位于浮心下方，具有恒稳性，且水面线面积小，垂荡运动小，漂移量较小，6 个自由度上的运动固有周期都远离常见的海洋能量集中频带，具有良好的运动性能。自 1987 年提出概念、1996 年世界上第一座立柱式平台建成至今已发展了三代，仅有 Technip 和 J. Ray McDermott 公司能够进行完整设计、建造与安装，目前全部投入使用的海上 17 座立柱式平台均出自这两家公司。国外立柱式平台工程案例如表 3.6 所示。与其他海洋采油平台相比较，立柱式平台具有特别适合深水作业，在深水环境中运动稳定、安全性良好、灵活性好、经济性好等优点，凭借这些优势，立柱式平台成为极具竞争力的深海平台类型。

表 3.6　　国外立柱式平台工程案例

序号	项目名称	研发单位	国家	样机时间
1	Hywind	Statoil	挪威	2009 年
2	Sway	Sway A/S	挪威	2011 年
3	WindCrete	U. P. Catalunya	西班牙	—

（续表）

序号	项目名称	研发单位	国家	样机时间
4	Hybrid Spar Concrete -Steel	Toda Construction	日本	2013 年
5	Advanced Spar	Japan Marine United	日本	2013 年
6	SeaTwirl	SeaTwirl Engineering	瑞典	—
7	DeepWind Spar	DeepWind Consortium	丹麦	—

2. 张力腿式平台

张力腿式平台是一种垂直系泊的顺应式平台，其张力筋腱的预张力由平台本体的剩余浮力提供，张力腿时刻处于绷紧状态，较大的张力腿预张力使平台平面外的运动（横摇、纵摇和垂荡）较小，近似于刚性，而在平面内实现平台运动（纵荡、横荡和首摇）的柔性。环境荷载通过平面内运动的惯性力平衡。张力腿式平台在各自由度上的运动固有周期都远离常见的海洋能量集中频带，根据使用环境的不同，目前已发展出 TLP、Mini-TLP、ETLP 等多种改进型式。国外已建成和拟建的张力腿式平台工程案例如表 3.7 所示。

表 3.7　　国外张力腿式平台工程案例

序号	名称	研发单位	国家	样机情况
1	Blue H TLP	Blue H Technologies	荷兰	2007 年
2	PelaSTAR	Glosten Associates	美国	2018 年
3	Gicon-SOF	GICON	德国	2015 年
4	Eco TLP	DBD Systems	芬兰	2018 年
5	TLPWind	Iberdrola	西班牙	—
6	AFT	Nautica	美国	—
7	Haliade 150	Alstom	法国	—

3. 半潜式平台

半潜式平台是最常见的海洋平台结构型式，由平台本体、立柱和下体或浮箱组成，支撑与斜撑连接，本身的稳定性来自立柱，与船舶类似，倾斜的时候入水体积增大，浮力提供回复力矩，故也被称为浮力稳定式平台。半潜式平台对现场施工船舶的需求较小，独特的结构使其能够适应不同的水深条件。但是较大、较复杂的结构会导致制造成本增加，需要配备主动压载设备来保持平台水平以满足风机运行的要求。从 20 世纪 60 年代至今，目前登记的半潜式平台一共有 200 多个，总体上这种平台技术相对成熟，在海洋工程中应用广泛，相关工程案例如表 3.8 所示。

表 3.8　　　　国外半潜式平台工程案例

序号	名称	开发者	国家	样机时间
1	WindFloat	Principle Power	美国	2011 年
2	Damping Pool	IDEOL	法国	2015 年
3	VERTIWIND	Technip/Nenuphar	意大利	2016 年
4	SeaReed	DCNS	法国	2018 年
5	Tri-Floater	GustoMSC	荷兰	—
6	SPINFLOAT	EOLFI/GustoMSC	法国	—
7	Nautilus Semi-Sub	Nautilus Floating Solutions	西班牙	—
8	Nezzy SCD	Aerodyn Engineering	美国	—
9	TetraFloat	TetraFloat Ltd.	英国	—
10	VolturnUS	DeepCWind Consortium	美国	2018 年
11	Compact Semi-Sub	Mitusui Engineering	日本	2013 年
12	V-Shape Semi-Sub	Mitsubishi Heavy Industies	日本	2013 年

WindFloat 漂浮式风电是半潜式方案中具有代表性的项目，主要体现在结构设计上，总体采用三柱式平台，为降低结构重量，横撑采用桁架结构，风塔布置在一个角点上，结构布置方案简洁。建造过程是非常典型的直线干坞，坞内利用龙门吊进行吊装作业，利用滑移的岸吊进行风机安装，建造完成后在坞内灌水起浮、出坞、拖航，到现场后系泊调试。WindFloat 将主动压载系统和监控系统集成在一起，包括总体、变电站、风电平台、风机，内容包括海洋气象、风电场的运作情况，对单个平台而言，包括平台的位置、运动情况、应力、压载状态、波浪等参数。

日本福岛一期风电项目也采用半潜式基础结构，其主要特点有：①风机布置在平台的中心；②在 WindFloat 设计的基础上，日本扩大了舭龙骨制荡板区域的面积，把大量的压载水放到了下部，增加了结构的稳定性，同时也增大了垂荡的阻尼。

目前，三种漂浮式基础结构型式都在一些项目中得到了应用，通过优、劣势比较，不难发现：半潜式平台采用在工厂制作、陆地拼装的方式，对现场施工船舶的需求较小，独特的结构也使其能够适应不同的水深条件；但是较大、较复杂的结构会导致制造成本增加，同时需要配备主动压载设备来保持平台水平以满足风机运行的要求。立柱式平台结构简单，制造容易，适合在工厂进行大规模、流水化生产，其浮心高于重心的结构特点能保证无条件稳定的同时不需要主动压载设备；但是较大的吃水会导致立柱式平台仅适用于大水深条件，另外，回港维修难度较大，海上组装需要大浮吊和动力定位船舶。张力腿式平台结构重量小、工作时稳定性好、不需要主动压载设备、可在陆上进行风机组装调试；但张力腿式平台一般不能自稳，系泊系统安装工艺复杂，需要专用船舶。

中国因独特的海洋环境、港口码头状况和风电产业链情况，无法简单地复制国际上漂浮式风电商业化项目和技术，需要结合国内漂浮式风电发展特点，借鉴国外成熟的漂浮式风电商业发展模式，探索适宜中国深远海漂浮式风电技术发展路径。中国预期在“十四五”末基本掌握深远海漂浮式风电工程技术，实现大兆瓦深远海漂浮式海上风电开发，同步探索海上风电多能互补技术；在“十五五”末全面掌握深远海漂浮式风电工程技术，实现深远海漂浮式海上风电场平价规模化开发；在“十六五”末实现深远海漂浮式海上风电多能互补规模化商业化开发，引领漂浮式风电行业的高质量发展（刘小燕等，2024）。

3.4 海上作业平台基础及其特点

按运动方式，海洋平台结构可分为固定式与移动式两大类。海洋固定式平台是一种借助桩腿扩展基础或用其他方法支撑于海底，而上部露出水面，为了预定目标能在较长时间内保持不动的平台。海洋移动式平台是可根据需要从一个作业地点转移到另一个作业地点的海上平台，转移过程中它可以把水下结构回收到平台上，待到达目标地点后重新下放使用。移动式平台是海洋油气勘探、开发的主要设施。除了钻井平台以外，生活动力平台、作业平台、生产储油平台等也可以采用移动式平台。

在海上作业平台中，自升式平台（Jackup）是比较有代表性的一类。自升式平台由一个平台主体和若干根桩腿组成，如图 3.5 所示。平台航行时，主体漂浮于水面作为浮体。平台工作前，拖航到达预定位置后先放桩腿下降至海底，进一步提升主体，使之沿桩腿上升到离开海面一定的高度。平台完成工作离开井位时，先将主体下降到水面，利用水的浮力对主体的支撑把桩腿从海底拔出、升起，然后移航到新的位置。

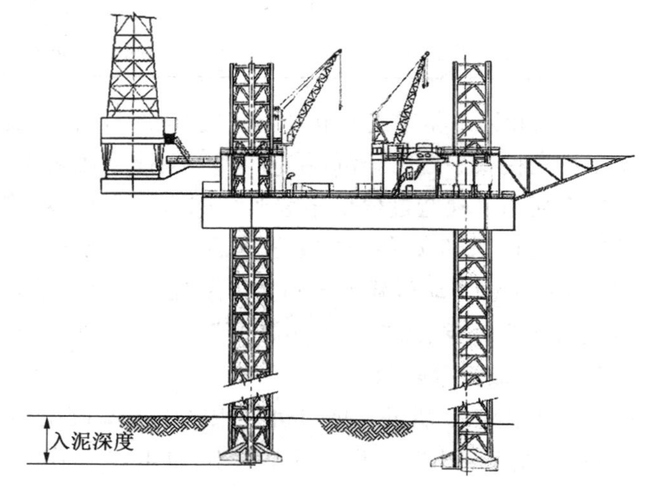

图 3.5 自升式平台

由于自升式平台工作时，平台主体升离海面，避开浪流对平台主体的作用，从而大大减少了平台主体的受力和运动响应，因此，自升式平台在近海海域用途十分广泛。自升式平台按不同用途可分为自升式钻井平台、自升式修井作业平台、自升式风电安装平台及自升式多功能平台等。其中以自升式钻井平台最为典型，数量也最多。自升式平台一般不能自航，其推进器只能满足定位和短距离移航的需要，长距离航行需要拖航。近年来，自升式平台也被用于海洋资源调查、渔业辅助养殖及海上观光旅游等。

自升式平台升降装置通常主要分为两种：一种是齿轮齿条机构，它通过电动机或液压发动机驱动与主体相连的齿轮，而齿轮通过转动与齿条（齿条与桩腿相连）发生相对运动；另一种是顶升液压缸，它是由销子、销孔及顶升油缸组成的液压装置。小型自升式平台有时也采用气动系统或链条系统的升降装置。

自升式平台的结构型式各种各样,可以按平台主体形状、桩腿数目及型式、升降装置类型等划分。自升式钻井平台可分为井口槽式平台(Slot Platform)和悬臂梁式平台(Cantilever Platform)。前者在平台主体的尾端开有槽口,钻台及井架位于井口槽的上面,钻台上的钻杆向下通过井口槽到达海底。悬臂梁式平台不在主体结构上开槽,但在甲板上设有两道相互平行的钢梁,钻台及井架安置在钢梁上,钢梁可在滑轨上移动并连同钻台及井架一起伸向平台尾端外,成为悬臂式结构。无论是井口槽式平台还是悬臂式平台,井架底座都可以在前后及左右方向移动,从而完成一组钻井而不必移动整个平台的位置。

1. 平台主体

自升式平台的主体通常是一个具有单层底或双层底的单甲板箱形结构。甲板以下布置柴油发电机舱等动力舱室,泥浆泵舱等钻井工程用舱室和其他工作舱室,以及燃油舱、淡水舱、压载水舱等液体舱(如设双层底,则燃油舱及淡水舱布置在双层底内)。甲板上的布置台的平面形状一般有三角形(三腿)、矩形(四腿)和五角形(五腿)等,如图 3.6 所示。

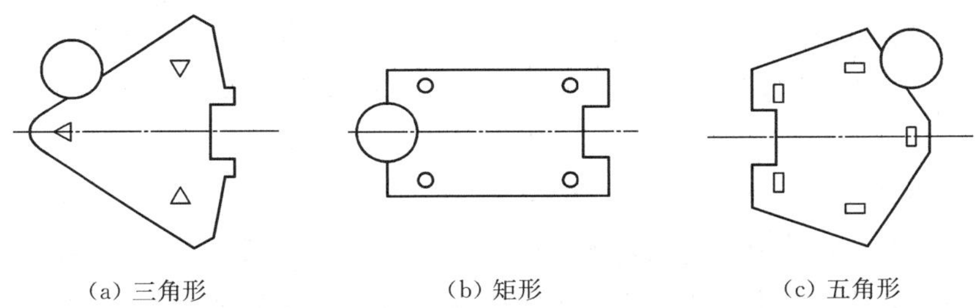

(a) 三角形　(b) 矩形　(c) 五角形

图 3.6　自升式平台主体的平面形状

2. 桩腿

自升式平台主体依靠桩腿的支撑才得以升离水面,使平台处于钻井作业状态。桩腿的作用除了支承平台的全部重量外,还要经受住各种环境外力的作用。桩腿的型式可分为壳体式和桁架式两种。壳体式桩腿是钢板焊制的封闭式结构,其截面形状有圆形或方形,如图 3.7 所示,为了与升降装置相配合,在腿上沿轴线方向设有几根长齿条或几列销孔。桁

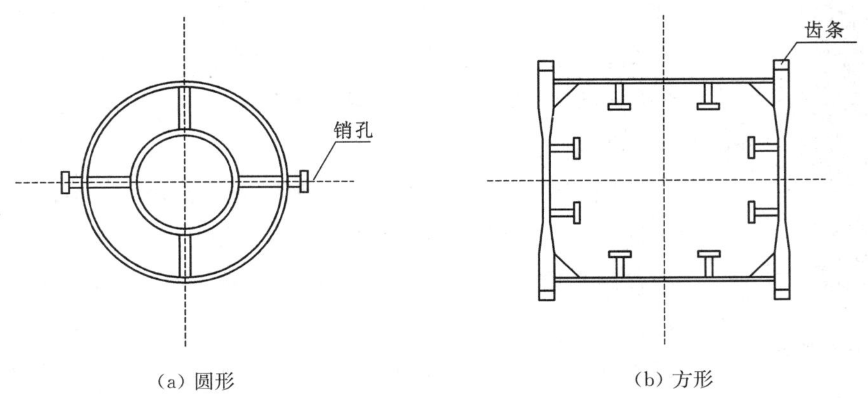

(a) 圆形　(b) 方形

图 3.7　壳体式桩腿

架式桩腿的截面形状多为三角形或方形，三角形的桁架腿由三根弦杆和把弦杆连接起来的水平杆与斜杆以及水平撑等组成，方形的架腿则由四根弦杆以及水平杆、斜杆和撑杆组成。一般来说，壳体式桩腿的制造比较简单，结构也坚固，而桁架式桩腿杆件节点多，制造比较复杂，但其因结构特点可减小作用在桩腿上的波浪力。壳体式桩腿的适用水深范围不超过 60～70 m，更大的水深则采用桁架式，桁架式桩腿常与齿轮齿条式的升降装置相配合。

由于桩腿直接与海底地基相接触而将平台支撑于海底，因此，桩腿下端的结构选型具有重要的意义。按海底地貌和土质的不同，桩腿底部设计可采用插桩型、箱型或沉垫型等。插桩型的桩腿下端支承面较小，甚至略带锥形，以适应较硬的海底，这种型式不适用于软土地区。箱型桩腿底部多采用箱型设计，在每一根桩腿的下端附设一个桩脚箱，亦称桩靴，这样可以增大海底支承面积，从而减少桩腿插入海底的深度。减少插入深度的意义不仅在于减小所需桩腿长度，更重要的是提高插桩和拔桩作业的安全性，尤其是对于软性地基土。桩脚箱的平面形状有圆形、方形或多角形等。桩脚箱底设有一个桩钉，适用于硬地基的支撑桩钉还可以设计为能够缩进桩脚箱内并与箱底齐平，以适应各种地基的具体要求。在三种结构型式中，箱型是插桩型和沉垫型的中间型式，客观上具有兼顾软、硬地基的可能性。

3. 升降装置

自升式平台的升降装置安装在桩腿和平台主体的交接处，驱动升降装置能使桩腿和主体作上下的相对运动。升降装置可以将平台主体固定于桩腿的某一位置，此时升降装置主要承受垂直力，而水平力和弯矩由固桩装置传递。

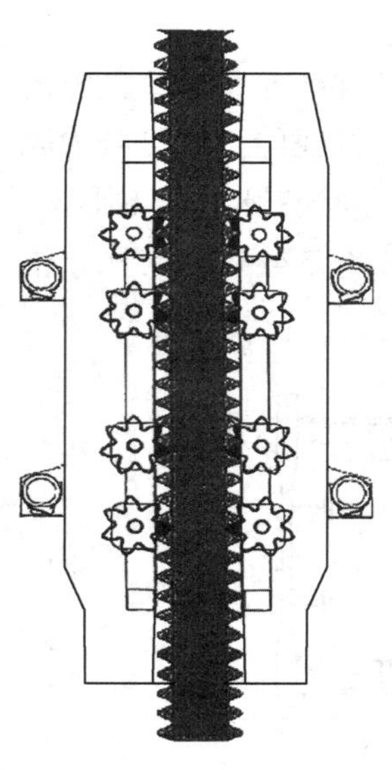

图 3.8　齿轮齿条式升降装置

齿轮齿条式升降装置(图 3.8)的齿条沿桩腿筒体或弦杆铺设，与齿条相啮合的小齿轮安装在齿轮架上，并由电动机或液压发动机经减速齿轮驱动。一根桩腿上常铺设多道齿条，在齿条的两侧设有导向板，以防止齿轮与齿条脱离。

顶升液压缸式升降装置主要由销子、销孔、顶升液压缸等组成，每一根桩腿有两组液压驱动的插销和一组顶升液压缸。当装在圈梁上的第一组销子插入桩腿的销孔中时，第二组顶升液压缸的同步动作即可使主体升降一个节距，然后两组交替，下一个工作循环开始。

固定桩腿的常用方法是在圆柱形桩腿和主体结构之间的环隙内嵌入上、下两圈固桩楔块，如图 3.9 所示。架腿采用楔块系统，上楔块布置在升降室顶，齿条两侧各有一对楔块，前楔靠螺杆楔入或退出[图 3.9(a)]。下楔块布置在主体底部，其垂直位置可用手摇钢绳绞车调节，以便平台就位后楔块能对准桁架腿的刚性节点[图 3.9(b)，(c)]。

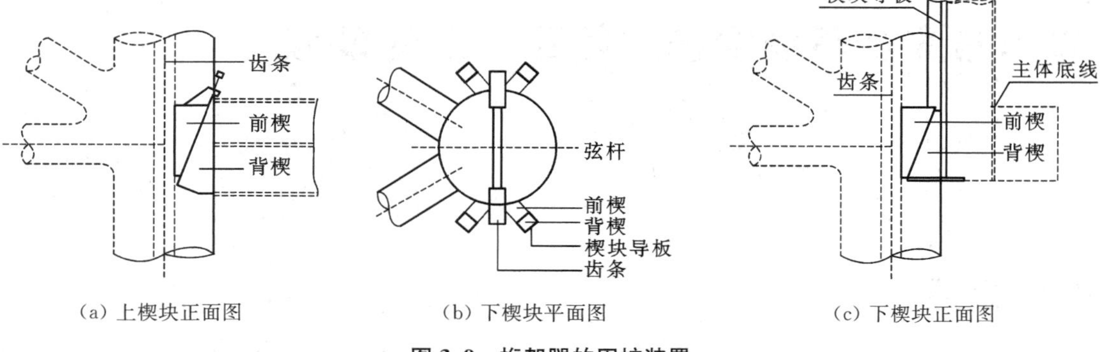

图 3.9　桁架腿的固桩装置

第 4 章 海洋与深水环境中桩土相互作用的模拟

4.1 概述

我国已建或拟建的风电场、跨海大桥多位于东南沿海地区，该地区处于环太平洋地震带，沿海台风、风暴潮、地震活动频繁。极端天气和地震给风机和桥梁的安全带来了巨大挑战，对海洋与深水结构基础的服役性能提出了极高的要求。一方面，大直径单桩基础因技术和成本优势在海上风电领域的使用占比已超过 80%，其未来设计直径将突破 10 m，呈刚性化发展趋势；另一方面，群桩基础因竖向承载力高、技术可靠和经济性好等优点，在深水桥梁工程中也得到广泛应用。无论是海上风机的一体化设计，还是深水桥梁的地震响应分析，都离不开对桩土相互作用的有效模拟。

4.1.1 桩承式海上风机一体化分析及其桩土相互作用模拟

单桩支撑式海上风机是承受低频可变循环荷载的动力敏感型系统，需在服役期内避免共振和疲劳破坏。因此，在空气动力和水动力荷载的组合作用下，对海上风机进行整体建模，开展一体化动态时域分析已逐渐成为设计中的行业标准，而桩土相互作用的模拟是其中的重要问题(Xi 等，2021)。

已有的针对桩承式海上风机动力响应的研究表明，相比于固定式基础模拟(刚度无穷大)，考虑真实桩土相互作用时，风机泥面处弯矩荷载和基础的转角响应将明显增大，且增大程度取决于桩土刚度，而风机自振频率也将有所出入(Jung 等，2015)。换言之，桩土相互作用对风机荷载最大值和振荡幅值有显著影响，前者将直接决定风机的极限承载设计，而后者将直接影响风机基础结构的动力疲劳设计。值得一提的是，Loken 和 Kaynia(2019)基于 FAST 二次开发，利用延长段等效考虑桩土相互作用刚度，探究了砂土海床中桩土相互作用对风机荷载和单桩基础动力疲劳响应的影响。研究发现，不考虑桩土相互作用而采用固定式基础模拟时，将低估风机所受荷载的振荡幅值，从而高估单桩疲劳寿命，使得风机设计偏于不安全。

此外，现行主流海上风机设计规范 *Offshore Soil Mechanics and Geotechnical Engineering* (DNVGL-RP-C212)明确指出，除了考虑上述桩土相互作用刚度的影响外，在开展海上风机荷载计算和动力分析时，还须兼顾桩土阻尼效应。例如，Carswell 等(2015)利用三维有限元模型得到桩土阻尼，并通过在泥面位置处设置集中阻尼器来分析单桩动力，进而研究桩土阻尼对风机动力荷载的影响；Fontana 等(2015)和 Aasen 等(2017)亦开展了桩土阻尼对海上风机荷载和动力疲劳影响的参数分析，研究发现，当桩土阻尼增加时，泥面位置处弯矩荷载的最大值和振荡幅值将有所降低，不考虑阻尼效应将高估单桩疲劳损伤。换言之，桩土阻尼对降低风机荷载和减少单桩基础疲劳损伤具有积极的作用，不考虑桩土阻尼将使得风机基础结构的承载性能设计和动力疲劳设计偏保守，增加设计成本。主流海上风机设计规范(DNVGL-RP-C212)虽然强调桩土阻尼的作用，但对桩土阻尼比如何取值没有明确的建议。因此，在目前的动力分析中，大多数学者对桩土阻尼比采用经验性取值。

综上所述，桩土相互作用所涉及的刚度和阻尼均对海上风机荷载与动力疲劳响应有显著影响，但现有研究大都基于经验性假设，采用简化的桩土相互作用模型，其准确性和可靠度还有待进一步评估。因此，在海上风机一体化分析框架下，建立系统的、综合的、准确合理的桩土分析及阻尼比取值模型，有效评估、量化桩土刚度和阻尼对海上风机荷载与动力疲劳响应的影响，对实际工程的设计与分析非常有益。目前，海上风机桩土相互作用的模拟手段主要包括实体数值模型[图 4.1(a)]、非线性 BNWF 模型[图 4.1(b)]、集总参数模型[图 4.1(c)]、宏单元模型[图 4.1(d)]等(Alkhoury 等，2022；Bisoi 和 Haldar，2014，2015；Damgaard 等，2014，2015；Li 等，2016)。

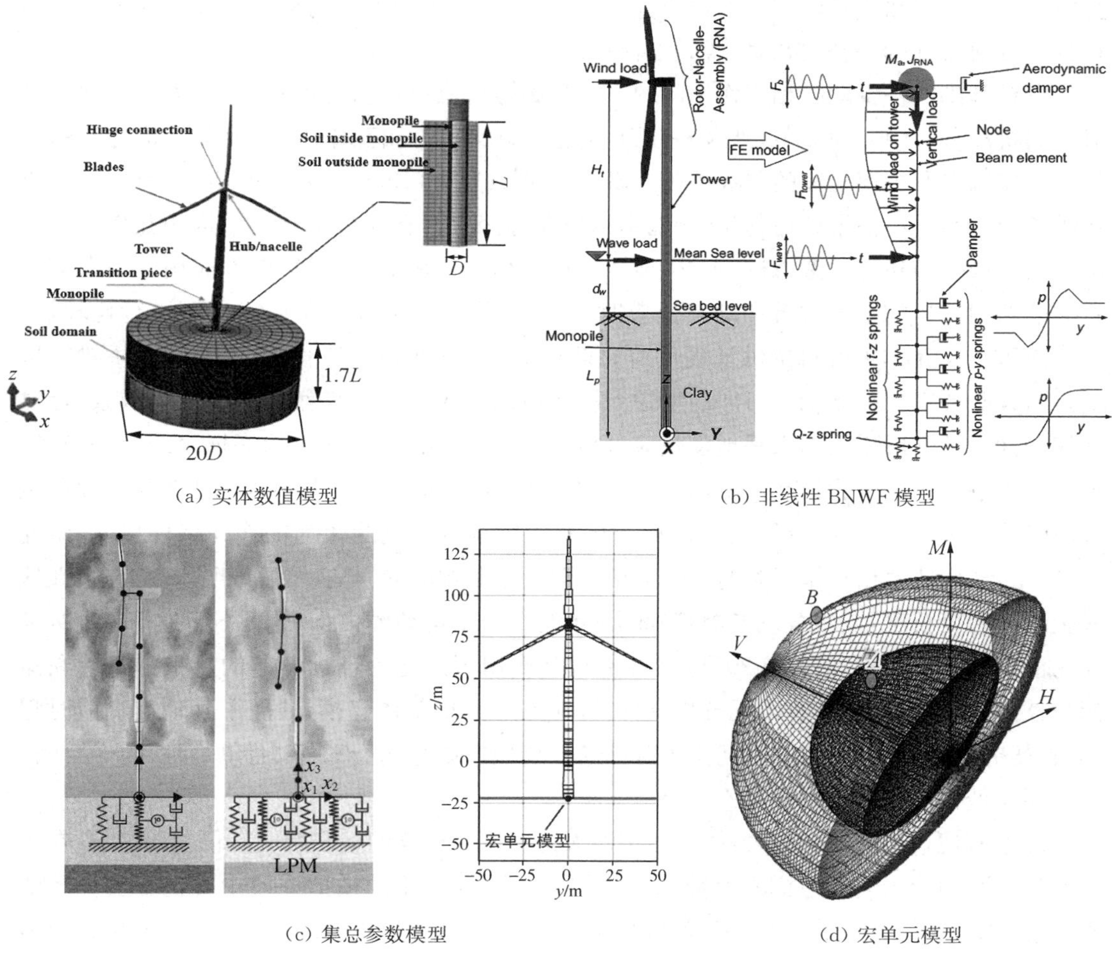

(a) 实体数值模型　　(b) 非线性 BNWF 模型

(c) 集总参数模型　　(d) 宏单元模型

图 4.1　海上风机桩土相互作用的主要模拟手段

4.1.2 桩承式深水桥梁地震响应分析及其桩土相互作用模拟

群桩基础作为支撑体系，在深水桥梁工程中得到了广泛应用，如苏通大桥、金塘大桥、大胜关长江大桥等。当水深较深时，可以采用群桩加高墩的支撑型式，如骑骡沟大桥、云阳长江大桥等。这些跨江海深水桥梁或为国家交通要道的关键节点，或为城际间高速公路的交通枢纽，是连接各地区经济往来的纽带。然而，我国属于地震高发地区，近年来我国乃至全世界范围内强震频发，潜在强震可能导致桥梁发生毁坏，给桥梁在整个服役期的安全运行带来巨大挑战。

由于对桩-土-结构相互作用规律认识的不足，目前在工程设计时对深水桥梁上部结构地震响应的计算大多还是基于刚性基底假定，不考虑桩土相互作用的影响，即便考虑桩土相互作用，世界上大多数国家在抗震设计时仍是将地基土当作线性弹簧简化处理，这在多遇小震下是合理的，但在罕遇强震下，地基土会进入明显的非线性状态，若仍按线性弹簧处理，则与实际情况有较大的出入（Finn，2005；陈兴冲等，2008）。由于目前对深水桥梁基础抗震的理论分析和试验研究还不够充分，尚缺乏适用于工程设计的桩土非线性动力相互作用计算方法，这已逐渐成为困扰桥梁工程科研和设计人员的难题。

群桩基础的桩土动力相互作用问题一直是国际桥梁抗震研究的焦点，在大跨度深水基础桥梁抗震分析中尤为显著，涉及桩土和桩桩之间的动力相互作用、与上部结构之间的惯性相互作用以及桩周土体的非线性等。Zheng 和 Takeda（1995）采用二维有限元模型，分析了桩长、承台宽度、桥梁结构基频、场地卓越周期等因素对斜拉桥桩-土-结构相互作用的影响。戎芹（2005）建立了考虑桩-土-桥梁结构动力相互作用的计算模型，并应用于山东滨州黄河公路斜拉桥的模态分析和动力反应时程分析，通过与刚性地基假定模型进行比较，发现考虑桩土相互作用后斜拉桥地震反应显著增大，若按刚性地基假定，则会降低桥梁结构的抗震设防要求。范立础等（1992）考虑行波效应以及拉索、塔、支座的非线性等因素，针对上海南浦大桥开展了纵向水平地震反应分析，研究发现，若采用简化的塔根固结计算模型，而不考虑桩-土-结构的相互作用，其结果是偏小的，会降低抗震设防要求。武芳文和薛成凤（2010）将桩视为弹性地基梁，而将桩周土体按照等刚度原则简化为等代弹簧杆单元，研究了桩-土-结构动力相互作用对超大跨度桥梁随机地震响应的影响，结果表明，建立在柔性地基上的大跨度桥梁，应当合理考虑基础刚度或桩-土-结构动力相互作用，不能把基础直接考虑为固接模式。段浪和金波（2011）将桩土相互作用理想化为连续分布的水平弹簧和黏滞阻尼器，并采用 ANSYS 有限元分析软件，针对苏通大桥整体建模，开展了其地震响应时程分析，研究发现，桩-土-结构相互作用对苏通大桥地震响应有显著影响，忽略桩-土-结构相互作用将低估其地震动力响应。

综上所述，桩-土-结构动力相互作用对大跨度深水桥梁的地震响应有很大的影响，在抗震设计时必须给予充分考虑。目前深水桥梁桩土相互作用的模拟手段主要包括实体数值模型［图 4.2(a)］、非线性 BNWF 模型［图 4.2(b)］、集总参数模型［图 4.2(c)］、宏单元模型［图 4.2(d)］等（王再荣，2016；梁发云等，2017；Dezi 等，2012）。

y
x
z

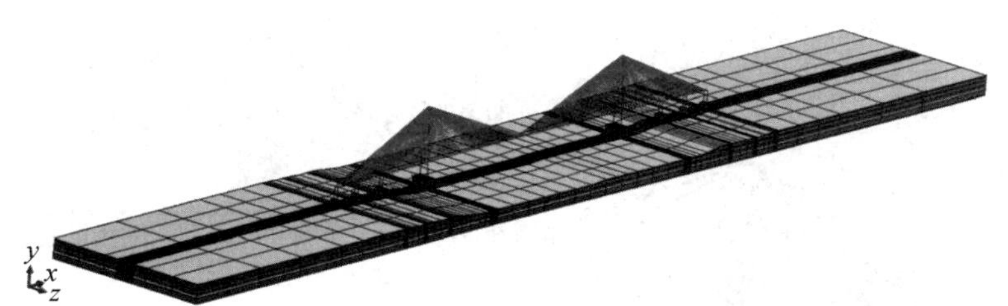

(a) 实体数值模型

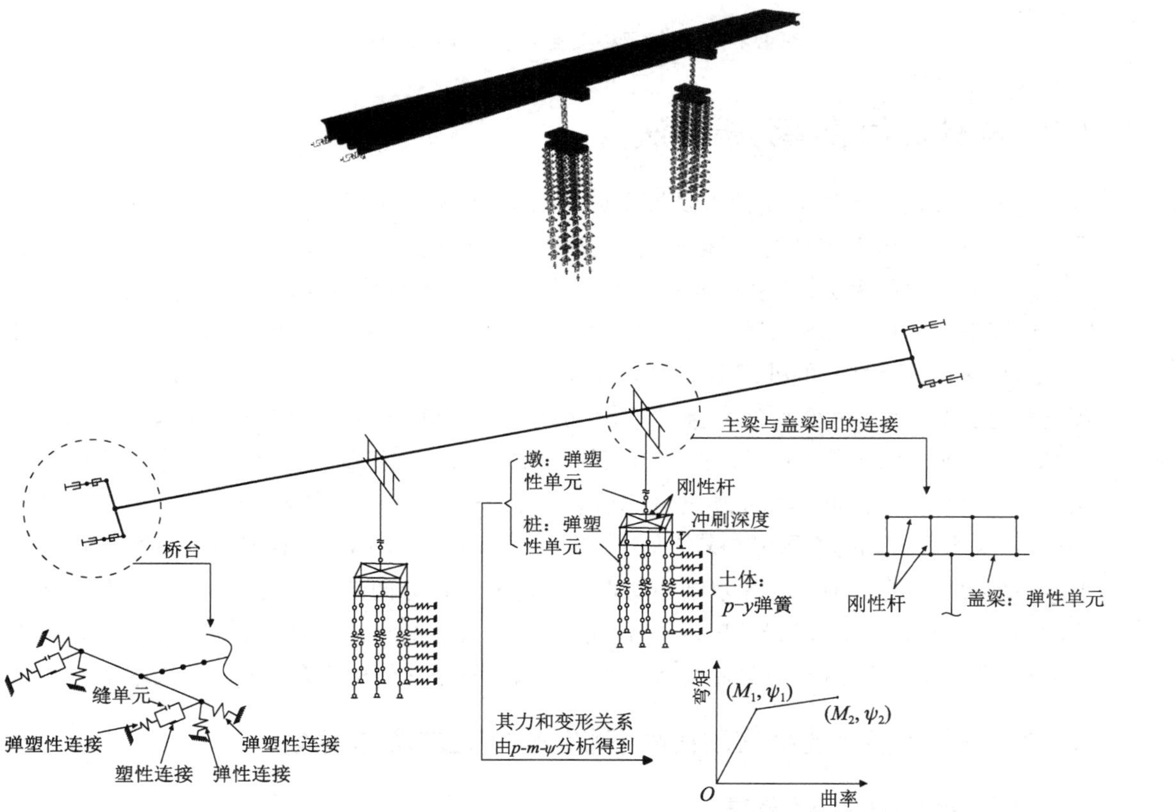

主梁与盖梁间的连接
墩：弹塑性单元
刚性杆
桩：弹塑性单元
冲刷深度
土体：p-y弹簧
桥台
刚性杆
盖梁：弹性单元
缝单元
弹塑性连接
弹塑性连接
塑性连接
弹性连接
其力和变形关系由p-m-ψ分析得到
弯矩
(M1, ψ1)
(M2, ψ2)
O
曲率

(b) 非线性 BNWF 模型

kx
mx
Ix
外部节点
cx
x
y
z
krx
crx
h
刚性连接
ktx
ctx
内部节点
mtx
xz平面
ky
my
Iy
cy
kry
cry
kty
cty
mty
yz平面
mz
Iz
krz
crz
kz
cz
竖向

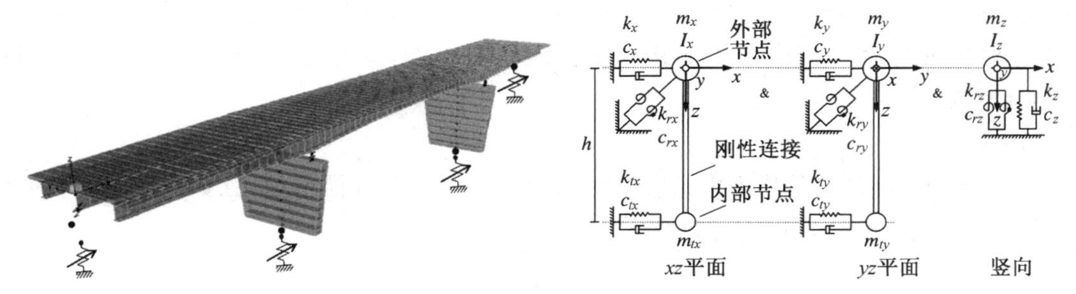

(c) 集总参数模型

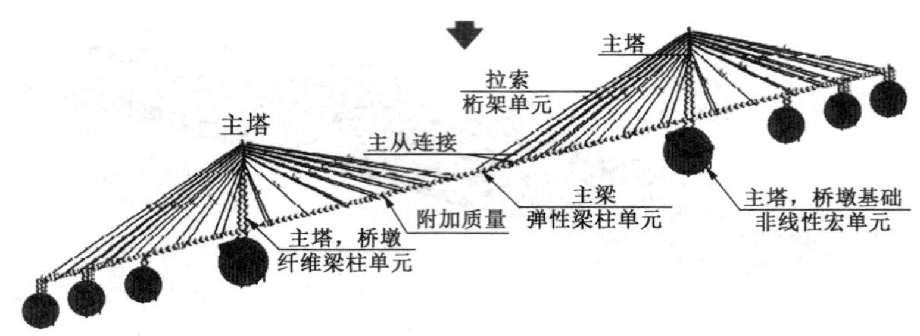

(d) 宏单元模型

图 4.2　深水桥梁桩土相互作用的主要模拟手段

4.2　实体数值建模分析方法

为了合理描述土体非线性以及桩土分离效应，并考虑土层的非均质特性，可以建立三维有限元模型分析上部结构-群桩-土体的动力相互作用。现以 ABAQUS 和 OpenSees 数值建模与分析软件为例，讲述如何进行海洋与深水基础（如桥梁、海上风电塔体系等）的建模。建模平台 ABAQUS 隶属于法国达索公司（SIMULIA），其对各类复杂的非线性计算问题（几何、材料、接触等）的处理效果较好。软件内部材料本构模型多样，单元种类丰富，还有强大的复杂接触、边界和外力条件求解功能。ABAQUS 包含两个常用的模块：其一，ABAQUS/Standard 是一个通用的分析模块，通过求解隐式控制方程，可分析绝大多数线性和非线性问题，包括静力、动力、热传导、流体渗透、应力耦合分析等；其二，ABAQUS/Explicit 采用显式动态有限元格式，适用于模拟短暂或瞬时动态问题，如冲击和爆炸荷载作用下的结构响应等。海洋与深水结构动力响应建模通常分两部分考虑，其一是结构基础建模，需要考虑基础与土体的非线性相互作用，即选取合适的土体本构、接触形式以及边界条件；其二是上部结构建模，通常需要考虑上部结构的复杂几何构型和材料屈服失稳等特性。

4.2.1　常用的反映土体在动荷载下非线性响应的本构模型

1. SANISAND 土体本构模型

Dafalias 和 Manzari（2004）根据砂土的室内三轴试验结果，同时考虑各向异性和组构对砂土剪胀的影响，针对砂土提出了 SANISAND 本构模型，其基于临界状态理论，采用非关联流动法则，在应力空间中定义屈服面和边界面（图 4.3），概念比较明确，得到了国内外许多学者的认可。

1）弹性关系

在 SANISAND 本构模型中，其弹性关系采用的是亚弹性模型，模型中刚度为应力的函数，其应力增量与应变增量之间的关系可表示为

$$\mathrm{d}\boldsymbol{\sigma} = \boldsymbol{E}^{\mathrm{e}}\mathrm{d}\boldsymbol{\varepsilon} \tag{4.1}$$

式中，$\mathrm{d}\boldsymbol{\sigma}$ 为应力增量；$\boldsymbol{E}^{\mathrm{e}}$ 为弹性刚度矩阵；$\mathrm{d}\boldsymbol{\varepsilon}$ 为应变增量。

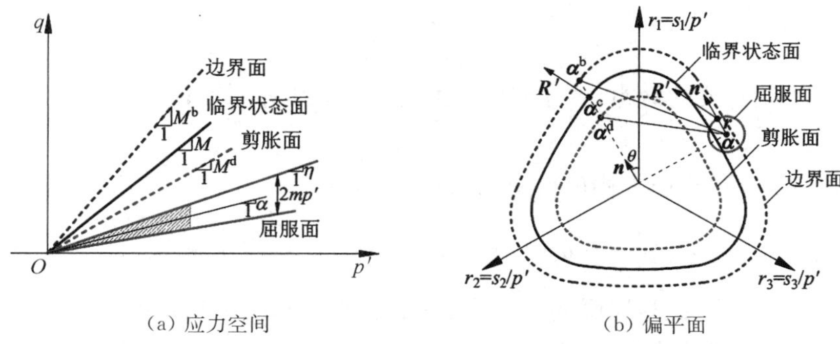

(a) 应力空间　　(b) 偏平面

图 4.3　屈服面、临界状态面、边界面与剪胀面示意图

若将应变增量分解为弹性和塑性两部分，则可得到：

$$d\boldsymbol{\varepsilon} = d\boldsymbol{\varepsilon}^{e} + d\boldsymbol{\varepsilon}^{P} \tag{4.2}$$

式中，$d\boldsymbol{\varepsilon}^{e}$ 和 $d\boldsymbol{\varepsilon}^{P}$ 分别为弹性和塑性应变增量。

弹性偏应变增量为

$$d\boldsymbol{e}^{e} = \frac{d\boldsymbol{s}}{2G} \tag{4.3}$$

式中，$\boldsymbol{e}^{e}$ 为弹性偏应力张量；$\boldsymbol{s}$ 为偏应力张量；G 为剪切模量。

$$G = G_0^e p_{atm} \frac{(2.97 - e)^2}{1 + e} \left(\frac{p'}{p_{atm}} \right)^{1/2} \tag{4.4}$$

式中，G_0^e 为剪切模量常数；p_{atm} 为标准大气压，取 100 kPa；e 为孔隙比；p' 为有效平均主应力。

弹性体积应变增量为

$$d\varepsilon_v^e = \frac{dp'}{K} \tag{4.5}$$

式中，ε_v^e 为弹性体积应变；K 为体积模量。

$$K = \frac{2(1 + v)}{3(1 - 2v)} G \tag{4.6}$$

写成矩阵形式为

$$\begin{bmatrix} dp' \\ ds \end{bmatrix} = \begin{bmatrix} K & 0 \\ 0 & 2G \end{bmatrix} \begin{bmatrix} d\varepsilon_v^e \\ de^e \end{bmatrix} \tag{4.7}$$

2) 临界状态

在 SANISAND 边界面本构模型中，使用状态变量 $\psi = e - e_c$ 来描述当前应力与临界应力状态之间的距离。在 e-p 空间中，临界状态线表示为

$$e_c = e_{c0} - \lambda_c \left(\frac{p'}{p_{atm}} \right)^{\xi} \tag{4.8}$$

式中，e_{c0} 为临界状态线的截距，并非初始孔隙比；λ_c 为压缩系数；ξ 为拟合参数。

3）屈服面

在 SANISAND 边界面本构模型中，屈服面方程为

$$f = [(\boldsymbol{s} - p'\boldsymbol{\alpha}) : (\boldsymbol{s} - p'\boldsymbol{\alpha})]^{1/2} - \sqrt{2/3}\, p' m = 0 \tag{4.9}$$

式中，$\boldsymbol{s}$ 为偏应力张量；$\boldsymbol{\alpha}$ 为屈服面背应力比张量，它表示的是应力空间中屈服面的中心，在应力空间中的更新变化代表了屈服面的随动硬化；m 为屈服面锥体开口大小，取为常数。

为了保证塑性加载时，应力落在屈服面上，根据一致性条件可得：

$$\mathrm{d}f = \frac{\partial f}{\partial \sigma} \mathrm{d}\sigma + \frac{\partial f}{\partial \alpha} \mathrm{d}\alpha = 0 \tag{4.10}$$

在 SANISAND 模型中，屈服面方程假设土体在较小的应力状态下就屈服发生塑性变形，一般 m 取值很小。然而，由于屈服面锥体存在尖角，如果在加载过程中应变方向指向屈服面锥体的尖角，根据流动法则，此处应变的方向是不确定的，造成数值分析难以收敛。

4）临界状态面

在 SANISAND 本构模型中，临界状态面的背应力比 α_θ^e 表达式为

$$\alpha_\theta^e = \sqrt{\frac{2}{3}} [g(\theta, c) M - m] n \tag{4.11}$$

式中，$g(\theta, c)$ 为临界状态面在偏平面的形状；M 为临界状态线的斜率；n 为加载方向。

$$g(\theta, c) = \frac{2c}{(1+c) - (1-c)\cos 3\theta} \tag{4.12}$$

$$n = \frac{s/p' - \alpha}{\sqrt{2/3}\, m} \tag{4.13}$$

式中，c 为拉伸时与压缩时的临界应力比的比值，$c = M_e / M_c$；M_e 为拉伸时的临界应力比；M_c 为压缩时的临界应力比；θ 为应力洛德角。

$$\cos 3\theta = \sqrt{6}\, \mathrm{tr}\, n^3 = \sqrt{6}\, \mathrm{tr} \left(\frac{s/p' - \alpha}{\sqrt{2/3}\, m} \right)^3 \tag{4.14}$$

式中，tr(•) 代表矩阵的迹，即矩阵特征值的总和。

5）边界面

在 SANISAND 本构模型中，边界面的背应力比 α_θ^b 表达式为

$$\alpha_\theta^b = \sqrt{\frac{2}{3}} [g(\theta, c) M \exp(-n^b \psi) - m] n \tag{4.15}$$

式中，n^{b} 为边界面参数；ψ 为状态变量，$\psi = e - e_{\mathrm{c}}$，其中，$e_{\mathrm{c}}$ 为临界状态线孔隙比。

6）剪胀面

在 SANISAND 本构模型中，剪胀面的背应力比 $\alpha_{\theta}^{\mathrm{d}}$ 表达式为

$$\alpha_{\theta}^{\mathrm{d}} = \sqrt{\frac{2}{3}}\left[g(\theta,\ c)M\exp(n^{\mathrm{d}}\psi) - m\right]n \tag{4.16}$$

式中，n^{d} 为剪胀参数。

当 $e = e_{\mathrm{c}}$ 时，$\psi = 0$，$\alpha_{\theta}^{\mathrm{e}} = \alpha_{\theta}^{\mathrm{b}} = \alpha_{\theta}^{\mathrm{d}}$。当 $\psi < 0$ 时，$M^{\mathrm{d}} < M < M^{\mathrm{b}}$；当 $\psi > 0$，$M^{\mathrm{b}} < M < M^{\mathrm{d}}$。

2. 亚塑性土体本构模型

德国学者 Kolymbas(1977)提出了亚塑性(Hypo Plasticity)理论，为构建土体本构模型提供了一个新的有效框架。不同于弹塑性理论，亚塑性理论没有将应变分解为弹性和塑性，且没有屈服面、流动方向、硬化法则等概念，而是通过一个简单的非线性张量方程来描述土体的应力-应变关系，其基本形式可写为

$$\dot{\boldsymbol{\sigma}} = \zeta : \dot{\boldsymbol{\varepsilon}} + N\|\dot{\boldsymbol{\varepsilon}}\| \tag{4.17}$$

式中，$\zeta : \dot{\boldsymbol{\varepsilon}}$ 和 $N\|\dot{\boldsymbol{\varepsilon}}\|$ 表示应力率关于应变率的线性项和非线性项，分别反映了土体的可恢复变形及不可恢复变形。

为了将亚塑性模型与弹塑性模型进行对比，现将它们简化为一维形式进行分析。设加载与卸载的应变率大小均为 $|\dot{\varepsilon}|$，但加载时 $\dot{\varepsilon} > 0$，而卸载时 $\dot{\varepsilon} < 0$。亚塑性模型在这两种情况下的响应可表示为

$$\dot{\sigma} = L\dot{\varepsilon} + N|\dot{\varepsilon}| = \begin{cases} (L+N)\dot{\varepsilon}, & \dot{\varepsilon} > 0 \\ (L-N)\dot{\varepsilon}, & \dot{\varepsilon} < 0 \end{cases} \tag{4.18}$$

因此，模型在加载和卸载时模拟出的刚度分别为 $L+N$ 和 $L-N$。

与亚塑性模型不同，弹塑性模型通过屈服面来判断加卸载。当应力向屈服面外移动时为加载，模型将产生塑性变形，采用弹塑性刚度矩阵 $\boldsymbol{E}^{\mathrm{ep}}$ 计算应力-应变关系；当应力向屈服面内移动时为卸载，模型不会产生塑性变形，采用弹性刚度矩阵 $\boldsymbol{E}^{\mathrm{e}}$ 计算应力-应变关系。上述响应可表示为

$$\dot{\sigma} = \boldsymbol{E}^{\mathrm{e}}\dot{\varepsilon}^{\mathrm{e}} = \boldsymbol{E}^{\mathrm{e}}(\dot{\varepsilon} - \dot{\varepsilon}^{\mathrm{e}}) = \begin{cases} \boldsymbol{E}^{\mathrm{ep}}\dot{\varepsilon}, & \dot{\varepsilon} > 0 \\ \boldsymbol{E}^{\mathrm{e}}\dot{\varepsilon}, & \dot{\varepsilon} < 0 \end{cases} \tag{4.19}$$

对比式(4.18)和式(4.19)可知，亚塑性模型在加载和卸载过程中所模拟出的刚度 $L+N$ 和 $L-N$ 分别相当于弹塑性模型中的刚度 $\boldsymbol{E}^{\mathrm{ep}}$ 和 $\boldsymbol{E}^{\mathrm{e}}$。因此，亚塑性模型不需要定义屈服面以及将应变分解为弹性和塑性便可以成功模拟出加载和卸载时土体刚度的差异，与弹塑性模型相比更加简单。

为了得到式(4.17)中线性项 ζ 和非线性项 N 的具体表达式，首先需要分析它们必须满足的一些限制条件。为了简化分析过程，先假设 ζ 和 N 均只是应力张量 $\boldsymbol{\sigma}$ 的函数，因此可

将式(4.17)写为

$$\dot{\boldsymbol{\sigma}} = \zeta : \dot{\boldsymbol{\varepsilon}} + N \| \dot{\boldsymbol{\varepsilon}} \| = H(\boldsymbol{\sigma}, \dot{\boldsymbol{\varepsilon}}) \tag{4.20}$$

Wu 和 Bauer(1994)结合砂土的响应特点，指出 ζ 和 N 的表达式需要满足以下条件：率无关、客观性以及归一性

率无关：由于本构模型暂时不考虑加载速率的影响，因此，$H(\boldsymbol{\sigma}, \dot{\boldsymbol{\varepsilon}})$ 必须是 $\dot{\boldsymbol{\varepsilon}}$ 的一阶各向同性函数，即

$$H(\boldsymbol{\sigma}, \lambda\dot{\boldsymbol{\varepsilon}}) = \lambda H(\boldsymbol{\sigma}, \dot{\boldsymbol{\varepsilon}}) \tag{4.21}$$

客观性：本构模型的响应不随坐标系的变化而改变，即

$$H(\boldsymbol{Q}\boldsymbol{\sigma}\boldsymbol{Q}^{\mathrm{T}}, \boldsymbol{Q}\dot{\boldsymbol{\varepsilon}}\boldsymbol{Q}^{\mathrm{T}}) = \boldsymbol{Q}H(\boldsymbol{\sigma}, \dot{\boldsymbol{\varepsilon}})\boldsymbol{Q}^{\mathrm{T}} \tag{4.22}$$

式中，$\boldsymbol{Q}$ 表示任意坐标系的转换矩阵。为了满足客观性的要求，$\dot{\boldsymbol{\sigma}} = H(\boldsymbol{\sigma}, \dot{\boldsymbol{\varepsilon}})$ 必须表示成以下形式：

$$\begin{aligned}\dot{\boldsymbol{\sigma}} = {} & \alpha_0 \boldsymbol{I} + \alpha_1 \boldsymbol{\sigma} + \alpha_2 \dot{\boldsymbol{\varepsilon}} + \alpha_3 \boldsymbol{\sigma}^2 + \alpha_4 \dot{\boldsymbol{\varepsilon}}^2 + \alpha_5 (\boldsymbol{\sigma}\dot{\boldsymbol{\varepsilon}} + \dot{\boldsymbol{\varepsilon}}\boldsymbol{\sigma}) + \\ & \alpha_6 (\boldsymbol{\sigma}^2 \dot{\boldsymbol{\varepsilon}} + \dot{\boldsymbol{\varepsilon}}\boldsymbol{\sigma}^2) + \alpha_7 (\boldsymbol{\sigma}\dot{\boldsymbol{\varepsilon}}^2 + \dot{\boldsymbol{\varepsilon}}^2 \boldsymbol{\sigma}) + \alpha_8 (\boldsymbol{\sigma}^2 \dot{\boldsymbol{\varepsilon}}^2 + \dot{\boldsymbol{\varepsilon}}^2 \boldsymbol{\sigma}^2)\end{aligned} \tag{4.23}$$

式中，系数 $\alpha_i (i = 0, 1, \cdots, 8)$ 为 $\boldsymbol{\sigma}$ 和 $\dot{\boldsymbol{\varepsilon}}$ 的不变量以及它们之间联合不变量的函数，即

$$\begin{aligned}\alpha_i = f[& \mathrm{tr}\,\boldsymbol{\sigma}, \mathrm{tr}\,\boldsymbol{\sigma}^2, \mathrm{tr}\,\boldsymbol{\sigma}^3, \mathrm{tr}\,\dot{\boldsymbol{\varepsilon}}, \mathrm{tr}\,\dot{\boldsymbol{\varepsilon}}^2, \mathrm{tr}\,\dot{\boldsymbol{\varepsilon}}^3, \mathrm{tr}\,(\boldsymbol{\sigma}\dot{\boldsymbol{\varepsilon}}), \mathrm{tr}\,(\boldsymbol{\sigma}^2\dot{\boldsymbol{\varepsilon}}), \\ & \mathrm{tr}\,(\boldsymbol{\sigma}\dot{\boldsymbol{\varepsilon}}^2), \mathrm{tr}\,(\boldsymbol{\sigma}\dot{\boldsymbol{\varepsilon}}^2), \mathrm{tr}\,(\boldsymbol{\sigma}^2\dot{\boldsymbol{\varepsilon}}^2)]\end{aligned} \tag{4.24}$$

归一性：$H(\boldsymbol{\sigma}, \dot{\boldsymbol{\varepsilon}})$ 必须是 $\boldsymbol{\sigma}$ 的一阶各向同性函数，即

$$H(\lambda\boldsymbol{\sigma}, \dot{\boldsymbol{\varepsilon}}) = \lambda H(\boldsymbol{\sigma}, \dot{\boldsymbol{\varepsilon}}) \tag{4.25}$$

3. 莫尔-库仑土体本构模型

对于土体这类弹塑性材料，需同时定义弹性、塑性行为，以模拟桩土相互作用过程中的弹塑性应力-应变关系，砂土的非线性特征及破坏由其所定义的塑性模型控制。莫尔-库仑（Mohr-Coulomb)模型适合砂土等粒状材料的塑性分析，基于地基土的物理指标黏聚力 c 和内摩擦角 φ 构建，在 $R_{mc}q$-p 平面中的屈服面函数为式(4.26)，形状如图 4.4(a)所示。

$$F = R_{mc}q - p\tan\varphi - c = 0 \tag{4.26}$$

式中，q 为广义的材料剪应力；p 为等效的材料压应力；R_{mc} 为材料的偏应力系数，其主要用于调整图 4.4(b)所示的屈服面轮廓形状，表示如下：

$$R_{mc} = \frac{1}{\sqrt{3}\cos\varphi}\sin\left(\Theta + \frac{\pi}{3}\right) + \frac{1}{3}\cos\left(\Theta + \frac{\pi}{3}\right)\tan\varphi \tag{4.27}$$

$$\cos(3\Theta) = \frac{r^3}{q^3}\left(0 \leqslant \Theta \leqslant \frac{\pi}{3}\right) \tag{4.28}$$

式中，Θ 为极偏角，在三轴拉伸时角度为 0，在三轴压缩时角度为 $\pi/3$；r 为材料偏应力的第三不变量。

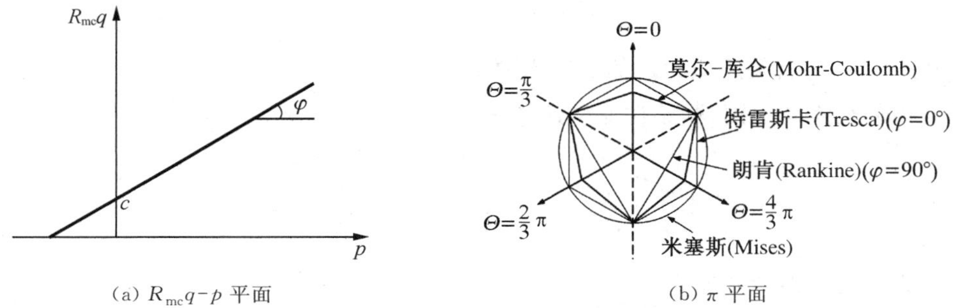

(a) $R_{mc}q-p$ 平面　　　(b) π 平面

图 4.4　莫尔-库仑模型屈服面形状

在主应力三维空间中，屈服面为一个非正六棱锥体的表面，存在尖角，塑性流动方向并非唯一，这将可能导致计算不收敛。故 ABAQUS 将塑性势面替换为椭圆函数[式(4.29)]，尖角变得光滑且连续，以保证塑性流动方向唯一。

$$G^{*}=\sqrt{(\varepsilon c_{0}\tan\psi)^{2}+(R_{mw}q)^{2}}-p\tan\psi \tag{4.29}$$

式中，ψ 为剪胀角；ε 为控制 G^{*} 在 $R_{mc}q-p$ 平面上几何形状的参数，取 0.1；c_{0} 为初始黏聚力；R_{mw} 用于决定 G^{*} 在 π 平面上的轮廓。

$$R_{mw}=\frac{4(1-e^{2})(\cos\theta)^{2}+(2e-1)^{2}}{2(1-e^{2})\cos\theta+(2e-1)\sqrt{4(1-e^{2})(\cos\theta)^{2}+5e^{2}-4e}}R_{mc}\left(\frac{\pi}{3},\varphi\right) \tag{4.30}$$

式中，e 为决定 π 平面上 $\Theta=0\sim\frac{\pi}{3}$ 区间的塑性势面轮廓的参数，可近似按式(4.31)计算，也可自行指定 e 值的大小，其取值范围限于 0.5～1.0；φ 为 $q-p$ 应力面上莫尔-库仑屈服面的倾斜角，称为材料的摩擦角。

$$e=\frac{3-\sin\varphi}{3+\sin\varphi} \tag{4.31}$$

另外，莫尔-库仑模型的硬化规律依赖于黏聚力 c 值，可通过导入表格数据的形式，给定 c 对应的等效塑性应变，来考虑土体的硬化或软化。

4. 组合各向同性与运动硬化的土体本构模型

为模拟土体在动力荷载下的非线性行为，基于 Armstrong 和 Frederick(1966)的成果，Lemaitre 和 Chaboche(1990)针对黏土在不排水条件下的力学行为提出了一个非线性运动硬化模型，此模型使用了米塞斯(Von Mises)失效准则并考虑了相关联流动规则。Anastasopoulos 等(2011)改进了上述运动硬化模型，使其能够适用于砂土的力学特征模拟。

应力的演变过程被定义为

$$\sigma=\sigma_{0}+\alpha \tag{4.32}$$

式中，σ_0 为零应变时的应力大小；α 为反应力，其决定了屈服面在应力空间中的运动学演化规律，这一过程通过下面定义的屈服面函数 F 实现：

$$F = f(\sigma - \alpha) - \sigma_0 \tag{4.33}$$

式中，$f(\sigma - \alpha)$ 为有关反应力 α 的等效米塞斯应力。

对于相关联流动规则，其塑性流动速率为 $\dot{\varepsilon}^{\mathrm{pl}}$：

$$\dot{\varepsilon}^{\mathrm{pl}} = \dot{\bar{\varepsilon}}^{\mathrm{pl}} \frac{\partial F}{\partial \sigma} \tag{4.34}$$

式中，$\dot{\bar{\varepsilon}}^{\mathrm{pl}}$ 为等效塑性应变速率。

应力的演化分为以下两部分：第一部分是各向同性硬化部分，其描述了等效应力的变化，定义屈服面尺寸 σ_0 作为塑性变形的函数；第二部分是非线性运动硬化部分，其描述了屈服面在应力空间中的移动，并由一个纯运动项和一个松弛项（引入非线性行为）的叠加来定义。其中，各向同性硬化部分定义屈服面尺寸 σ_0 为等效塑性应变 $\bar{\varepsilon}^{\mathrm{pl}}$ 的函数：

$$\sigma_0 = \sigma_0 + Q_\infty (1 - \mathrm{e}^{-b\bar{\varepsilon}^{\mathrm{pl}}}) \tag{4.35}$$

式中，Q_∞ 和 b 都是模型参数，定义了屈服面尺寸变化的最大值及其随 $\bar{\varepsilon}^{\mathrm{pl}}$ 的变化速率。

运动硬化模型以及米塞斯失效准则和莫尔-库仑失效准则的屈服面及其在 π 平面上的投影如图 4.5 所示。

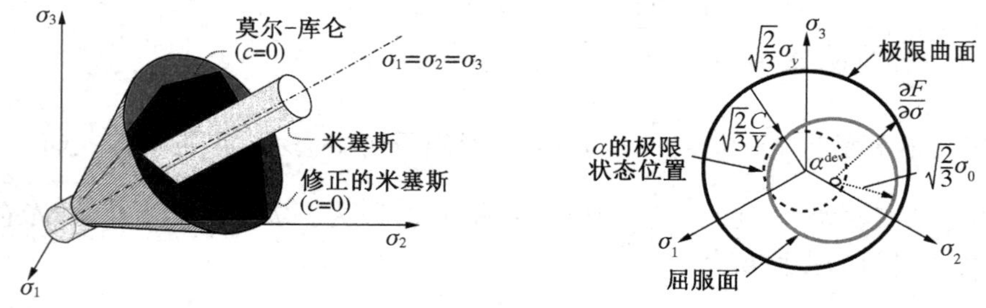

（a）三种失效准则的屈服面　　　　（b）屈服准则在 π 平面上的投影

图 4.5　三种本构模型屈服面对比

对于黏土，最大屈服应力 σ_γ 和参数 γ 可定义为

$$\sigma_\gamma = \sqrt{3}S_{\mathrm{u}}; \quad \gamma = \frac{C}{\sqrt{3}S_{\mathrm{u}} - \sigma_0} \tag{4.36}$$

对于常见的黏土，可以得到 $\sigma_0 = \lambda\sqrt{3}S_{\mathrm{u}}$，$C = E = \kappa S_{\mathrm{u}}$，其中，$\lambda$ 为折减系数；S_{u} 为黏土的不排水抗剪强度；C 为土体的初始刚度；E 为土体的弹性模量；κ 为经验系数。结合 γ 的表达式可知，此运动硬化模型应用在黏土中，其主要参数均与黏土的不排水抗剪强度相关，因此，黏土的不排水抗剪强度分布以及模型关键参数的取值验证是应用此模型的关键。

对于砂土，抗剪强度取决于围压和内摩擦角 φ，因此其屈服应力 σ_{γ} 和 γ 可表示为

$$\sigma_{\gamma}=\sqrt{3}\left(\frac{\sigma_1+\sigma_2+\sigma_3}{3}\right)\sin\varphi;\quad \gamma=\frac{C}{\sqrt{3}\left(\dfrac{\sigma_1+\sigma_2+\sigma_3}{3}\right)\sin\varphi-\sigma_0} \tag{4.37}$$

式中，σ_1，σ_2，σ_3 为三个主应力；σ_0 代表土体的初始非线性行为，$\sigma_0=\lambda\sigma_{\gamma}$。

运动硬化模型已被成功应用于海上风机基础在循环荷载和地震荷载下的非线性响应分析，基于 ABAQUS 有限元软件和用户子程序 UMAT 可以实现其对基础-土非线性响应特性的模拟。

5. 边界面模型

边界面塑性理论最先由 Dafalias 和 Popov(1975，1976)提出，用于描述循环荷载下金属材料的滞回特性，由于其能够在应力空间中构建出塑性模量场，以较为简便的数学机制实现对材料循环动力特性的模拟，因此被大量国内外研究者广泛应用于黏土、砂土等各类岩土材料的循环动力特性模拟。

基于 Dafalias 在 1986 年提出的边界面模型，可得到如下理论计算过程。

在改进的各向异性剑桥黏土模型中，土体在广义应力条件下的屈服轨迹可表示为

$$f=p^2-pp_0+\frac{3}{2M^2}[(s_{ij}-p\alpha_{ij})(s_{ij}-p\alpha_{ij})+(p_0-p)p\alpha_{ij}\alpha_{ij}] \tag{4.38}$$

式中，p 为平均主应力；p_0 为 p-q 空间中 $q=0$ 时 p 的值，在静水压力线上，$p=p_0$；M 为临界状态线在 p-q 空间中的斜率；s_{ij} 为 s 在 ij 方向上的分量；α_{ij} 为 α 在 ij 方向上的分量；偏应力 $q=\left(\frac{3}{2}s_{ij}s_{ij}\right)^{1/2}$；各向异性硬化参数 $\alpha=\left(\frac{3}{2}\alpha_{ij}\alpha_{ij}\right)^{1/2}$。

由此得到塑性一致性条件：

$$\mathrm{d}f=\frac{\partial f}{\partial p}\mathrm{d}p+\frac{\partial f}{\partial s_{ij}}\mathrm{d}s_{ij}+\frac{\partial f}{\partial p_0}\mathrm{d}p_0+\frac{\partial f}{\partial \alpha_{ij}}\mathrm{d}\alpha_{ij} \tag{4.39}$$

由屈服函数的表达式可以求得 $\frac{\partial f}{\partial p}$，$\frac{\partial f}{\partial s_{ij}}$，$\frac{\partial f}{\partial p_0}$ 和 $\frac{\partial f}{\partial \alpha_{ij}}$，并且：

$$\mathrm{d}p=\frac{\delta_{ij}}{3}\mathrm{d}\sigma'_{ij};\quad \mathrm{d}s_{ij}=\mathrm{d}\sigma'_{ij}-\frac{\delta_{mn}\mathrm{d}\sigma'_{mn}}{3}\delta_{ij} \tag{4.40}$$

$$\mathrm{d}\alpha_{ij}=\langle\Lambda\rangle\bar{\alpha}_{ij}=\langle\Lambda\rangle\frac{1+e}{\lambda-\kappa}\left|\frac{\partial f}{\partial p'}\right|\frac{c}{p'_{\mathrm{c}}}(s_{ij}-xp'\alpha_{ij});\quad \mathrm{d}p_0=\langle\Lambda\rangle\bar{p} \tag{4.41}$$

式中，〈〉为麦考利框架；〈Λ〉为加载指数，Λ 为从 e-p 曲线中得到的压缩指数；K_{p} 为塑性模量，$K_{\mathrm{p}}=\frac{\partial f}{\partial p_0}\mathrm{d}\bar{p}_0+\frac{\partial f}{\partial \alpha_{ij}}\mathrm{d}\bar{\alpha}_{ij}$，进一步可得：

$$K_{\mathrm{p}}=-\left[\frac{1+e}{\lambda-\kappa}p'_{\mathrm{c}}p'\left(\frac{3\alpha_{ij}\alpha_{ij}}{2M^2}-1\right)\frac{\partial f}{\partial p'}+\frac{3p'}{M^2}\cdot\frac{1+e}{\lambda-\kappa}\left|\frac{\partial f}{\partial p'}\right|\frac{c}{p'_{\mathrm{c}}}(p'_{\mathrm{c}}\alpha_{ij}-s_{ij})(s_{ij}-xp'\alpha_{ij})\right] \tag{4.42}$$

根据相关联流动规则，应变增量可表示为

$$D\varepsilon_{ij}=\langle\Lambda\rangle\left(\frac{\partial f}{\partial p'}\cdot\frac{\delta_{ij}}{3}+\frac{\partial f}{\partial s_{ij}}\right) \tag{4.43}$$

在主应力空间中，改进的各向异性剑桥模型的屈服面形状为椭圆形，如图 4.6(a)所示。改进的各向异性剑桥模型屈服面在 p-q 空间中的运动硬化特性如图 4.6(b)所示。

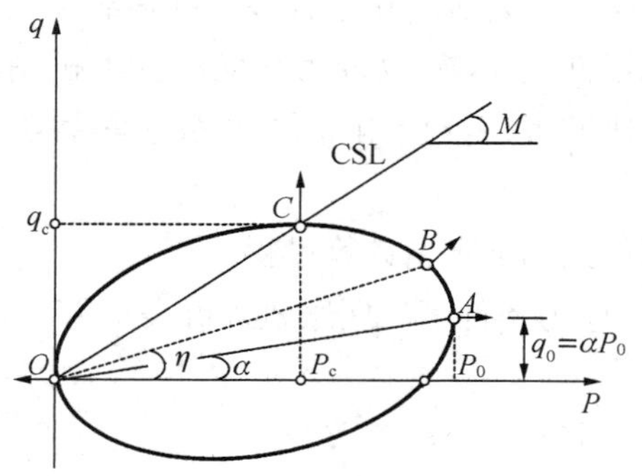

(a) 主应力空间中改进的各向异性剑桥模型

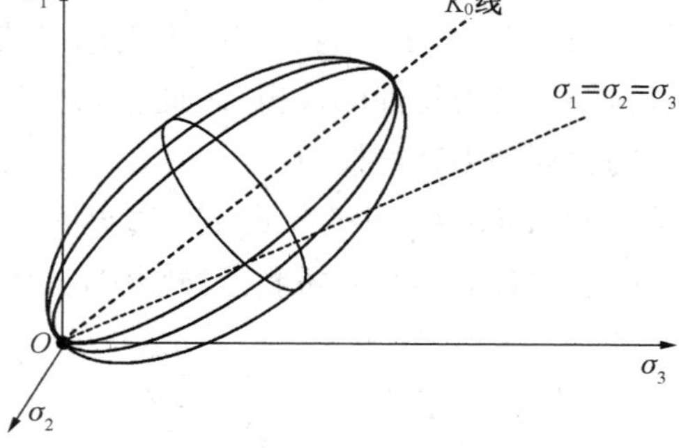

(b) p-q 空间中改进的各向异性剑桥模型的运动硬化特性

图 4.6 边界面模型的屈服面

4.2.2 常见风、浪荷载模拟理论方法

1. 风荷载

在风荷载计算过程中，风速剖面是一个关键因素，通常分为两个主要组成部分：平均风速和脉动速度。平均风速的确定依赖于以下对数定律(Holmes，2007)：

$$\frac{\bar{U}(z)}{\bar{U}(z_{\mathrm{ref}})}=\frac{\ln(z/z_0)}{\ln(z_{\mathrm{ref}}/z_0)} \tag{4.44}$$

式中，z 为平均海平面以上的高度；$\bar{U}(z)$ 和 $\bar{U}(z_{\mathrm{ref}})$ 分别为高度 z 处和参考高度 z_{ref} 处的平均风速。在本研究中，粗糙度长度 z_0 平均值假定为 0.003，z_{ref} 取 10 m。

为了模拟波动风，使用 Kaimal 谱(Hansen，2015)：

$$S_{\mathrm{K}}(f,z)=\frac{I^2\bar{U}(z)l}{\left[1+1.5\dfrac{fl}{\bar{U}(z)}\right]^{5/3}} \tag{4.45}$$

式中，I 为湍流强度，取值为 0.11；f 为频率；l 为长度标度，当 $z<30$ m 时，定义 $l=20z$，当 $z>30$ m 时，定义 $l=600$ m。

计算出的光谱密度可以深入了解风湍流中能量在一系列频率上的分布。根据 Hansen（2015）提出的方法确定波动分量：

$$u(t,\ z)=\sum_{n=1}^{N/2}\sqrt{\frac{2S_{\mathrm{K}}(f_n,\ z)}{T}}\cos(2\pi f_n t-\varphi_n) \tag{4.46}$$

式中，总时间为 $T=N\Delta t$，其中 Δt 为时间间隔，T 取 Δt，$2\Delta t$，$3\Delta t$，…，$N\Delta t$；频率 f_n 假定为 $1/T$，…，$(N/2)/T$；随机相位角 φ_n 在 $0\sim2\pi$ 的范围内生成。

总风速通过将平均分量和波动分量相结合来获得：

$$U(t,\ z)=\bar{U}(z)+u(t,\ z) \tag{4.47}$$

海上风力涡轮机上的风荷载由两个分量组成：作用在塔架上的分布力和作用在转子上的推力。塔架上的分布力根据 Van Binh 等（2008）提出的方法确定。

$$F_i=0.5\rho_{\mathrm{a}}C_{\mathrm{D}}D_i\Delta lU^2(t,\ z) \tag{4.48}$$

式中，F_i 为作用在平均海平面以上的海上风力涡轮机每个分段上的力；空气密度 ρ_{a} 和阻力系数 C_{D} 分别假定为 1.29 kg/m³ 和 1.2；D_i 为分段直径，$D_i=(D_i+D_{i+1})/2$；Δl 为塔架每个节段的长度。计算出的 F_i 作为节点荷载应用于位于平均海平面以上的相应塔架节点。

作用在涡轮机转子上的推力采用简化方法确定（Arany 等，2017）：

$$F_{\mathrm{T}}=0.5\rho_{\mathrm{a}}A_{\mathrm{R}}C_{\mathrm{T}}U_{\mathrm{hub}}^2 \tag{4.49}$$

式中，F_{T} 施加在象征转子-机舱组件的节点上；A_{R} 为转子的扫掠面积；U_{hub} 为轮毂高度处的风速；C_{T} 为推力系数，当风速介于切入点（U_{in}）和额定速度（U_{R}）之间时，该系数适用，C_{T} 的计算式为

$$C_{\mathrm{T}}=\frac{3.5(2U_{\mathrm{R}}+3.5)}{U_{\mathrm{R}}^2}\approx\frac{7}{U_{\mathrm{R}}} \tag{4.50}$$

2. 波浪荷载

为了模拟作用在导管架结构上的波浪载荷，通过 JONSWAP 谱可采用随机波浪理论：

$$S_{\mathrm{J}}(f)=\frac{ag^2}{(2\pi)^4}f^{-5}\exp\left[-1.25\left(\frac{f}{f_{\mathrm{p}}}\right)^{-4}\right]\gamma^{\exp\left[-0.5\left(\frac{f-f_{\mathrm{p}}}{\sigma f_{\mathrm{p}}}\right)^2\right]} \tag{4.51}$$

式中，f 为波浪频率，$f=1/T$，其中 T 为波浪周期；f_{p} 为频谱峰值频率，波峰周期 T_{p} 取 6.5 s；g 为重力加速度；广义菲利普斯常数 a 根据 $a=5(H_{\mathrm{S}}^2f_{\mathrm{p}}^4/g^2)(1-0.287\ln\gamma)\pi^4$ 来计算，其中 H_{S} 为有效波高；当 $f\leqslant f_{\mathrm{p}}$ 时，光谱宽度参数 $\sigma=0.07$，当 $f>f_{\mathrm{p}}$ 时，$\sigma=0.09$；当 $T_{\mathrm{p}}/\sqrt{H_{\mathrm{S}}}\leqslant3.6$ 时，峰值增强因子 $\gamma=5$，当 $3.6<T_{\mathrm{p}}/\sqrt{H_{\mathrm{S}}}\leqslant5$ 时，$\gamma=\exp(5.75-$

$1.15T_p/\sqrt{H_S}$)，当 $T_p/\sqrt{H_S}>5$ 时，$\gamma=1$。

根据波谱的定义，可以根据 Zhou 等(2018)的研究成果计算波高：

$$H_i=2\sqrt{2S_J(f_i)\Delta f} \tag{4.52}$$

基于线性波动理论(Faltinsen，1993；Cao 等，2017)，水分子在 x 轴方向上的速度和加速度可以分别表示如下：

$$\begin{cases} u_x=\sum_{i=1}^{n}\dfrac{H_i\omega_i}{2}\dfrac{\cosh k_i z_w}{\sinh k_i d}\cos(k_i x-\omega_i t+\varphi_i) \\ \dfrac{\partial u_x}{\partial t}=\sum_{i=1}^{n}\dfrac{H_i\omega_i^2}{2}\dfrac{\cosh k_i z_w}{\sinh k_i d}\sin(k_i x-\omega_i t+\varphi_i) \end{cases} \tag{4.53}$$

式中，k_i 为波数；ω_i 为圆频率，基于色散方程，$\omega^2=gk\tanh(kd)$；z_w 和 d 分别为到海床的垂直距离和水深；φ_i 为从 $0\sim2\pi$ 的随机相位角。

海浪荷载可以利用 Morison 公式进行计算，采用式(4.54)来确定单位长度的水平波浪荷载 $\mathrm{d}F_W$：

$$\mathrm{d}F_W=\mathrm{d}F_D+\mathrm{d}F_I=0.5C_D\rho_W Du_x|u_x|\mathrm{d}z+C_M\rho_W\frac{\pi D^2}{4}\cdot\frac{\partial u_x}{\partial t}\mathrm{d}z \tag{4.54}$$

式中，$\mathrm{d}F_D$ 为阻力；$\mathrm{d}F_I$ 为惯性力；水密度 ρ 假设为 1 030 kg/m^3；阻力系数 C_D 取 1.2；惯性系数 C_M 取 2；D 为涡轮机水中结构构件的直径；u_x 为水在水平方向上的波浪诱导速度。

4.2.3 基础-土体接触设置、边界条件以及建模步骤

基础承载力的发挥离不开其与土体的相互作用，在外力作用下，基础-土体界面处可能出现脱开、滑移等非连续变形，其相互作用关系相当复杂。在进行有限元分析时，为避免简单变形协调处理导致的计算结果失真，通常需将不同物体设为不同部件进行建模，但这会造成整个模型并非是一个变形协调的整体，故准确模拟基础-土体界面接触特性，是确保计算结果准确的关键条件。

基础-土体界面接触模型主要包括设置接触对和定义接触面力学关系两部分。前者是对模型中存在接触的表面进行查找识别，确定接触主从面，构建接触对，明确接触状态；后者是定义界面接触的力学传递算法。

1. 接触对设置

根据基础-土体界面接触的特点，可采用面-面离散。为防止接触面不正常刺入，主从面的分配应遵从以下原则：以刚度较大的部件表面为主面，刚度较小的部件相对应的表面为从面；当两部件刚度相近时，将网格较稀疏的部件表面当作主面。在外力作用下，相互接触的部件在接触界面上会出现相对滑移，关于该滑移的追踪计算，可采用有限滑动法或小滑动法两种方法。其中，有限滑动法会在计算中不断判断部件之间的接触状态，实时更新接触域，但也会因此带来比较高昂的计算成本；小滑动法在计算开始前就明确了接触状态，在

计算过程中保持不变，仅限于相对滑移或转动不显著时。本模型中钢管桩-土体界面选用有限滑动法进行接触面追踪。

2. 界面接触力学模型

构建基础-土体界面接触属性时，法向、切向两部分属性都需定义。当模型的法向设为硬接触时，界面的法向压力仅在桩与土体表面相互贴合时传递，反之则不会传递，这比较符合桩基的承载特点，但其存在的接触突变行为会对计算的收敛性有一定影响。对于桩与土体界面的切向接触关系，可使用"罚函数"模拟，其基于库仑定律，计算基础-土体切向摩擦时的极限剪应力 τ_{crit}（式 4.55）。当剪应力值小于 τ_{crit} 时，桩与土体相互黏结，而当剪应力大于 τ_{crit} 后，界面将发生相对滑移，故该函数能较好地模拟桩与土体界面的切向接触行为。

$$\tau_{crit}=\mu p \tag{4.55}$$

式中，μ 为摩擦系数；p 为计算点处的法向压力，当法向压力过大时，可能会导致 τ_{crit} 大于实际值，故必要时可定义允许最大剪应力 τ_{max}。

3. 土体单元边界设置

土体单元边界设置可以选用的边界条件有等位移约束边界、无限元边界、海绵边界等。

4. 风、波、流等环境荷载的施加

1）ABAQUS 中的 AQUA 模块

在进行海洋工程的相关分析时，可以调用 ABAQUS 中的 AQUA 模块，使用"编辑关键字"定义流体性质以及稳态风、波、流的分布。然后在分析步中定义集中荷载或分布荷载，将环境荷载引起的拖曳力、流体惯性力等施加到海洋结构上，其中，风荷载仅作用于海平面以上的结构，海平面以下的结构承受流体拖曳力和惯性力，适用的结构单元包括梁单元、管单元或某些刚性单元等。AQUA 模块定义的波流荷载可在静力和动力分析步中施加，并考虑非线性效应。稳态流定义包括流体密度、重力常数和与高程相关的流速，其随时间变化的特性通过调用幅值函数来实现。AQUA 模块可直接调用线性波和非线性斯托克斯（Stokes）五阶波，定义的波浪在流体表面生成连续波，不受流体-结构相互作用的影响。

2）随机风场与波浪场理论

基于上文提到的随机风场与波浪场理论，计算得到作用在海洋结构上的风荷载和波浪荷载，通过散点以分布力的形式施加于海洋结构上，如海上风电塔等。

5. 建模步骤

（1）按照海洋结构物的几何尺寸进行建模，可以针对具体的结构进行简化，例如钢索和塔筒可以选择梁单元进行简化。地基土体尺寸需要考虑边界效应。

（2）设置模型材料属性。

（3）划分网格，设置单元类型和网格属性。

（4）阻尼设置：在数值模拟过程中采用动态显式计算方法。在分析地震响应之前，首先计算桩土结构的基本频率，然后根据一阶、三阶频率确定土壤和各部分结构的瑞利阻尼。基础-土体的相互作用存在非线性，即包含了最主要的能量耗散机制，此时，其他阻尼耗散

的能量与土体阻尼耗散效应相比通常较小，可忽略。而对于不与地基土接触的悬臂段、塔筒部分以及风机叶片轮毂等，其能量则依赖于结构阻尼、材料阻尼、空气阻尼等进行耗散，故需要定义其阻尼。一般瑞利矩阵 $\boldsymbol{C}$ 设置如下：

$$\boldsymbol{C}=\alpha_1\boldsymbol{M}+\alpha_2\boldsymbol{K} \tag{4.56}$$

式中，$\boldsymbol{M}$ 为质量矩阵；$\boldsymbol{K}$ 为刚度矩阵；α_1，α_2 为待确定的两个系数，需要根据结构前两阶频率（f_1，f_2）进行计算：

$$\alpha_1=\frac{2\omega_1\omega_2\xi}{\omega_1+\omega_2}=\frac{2(2\pi f_1)(2\pi f_2)\xi}{2\pi f_1+2\pi f_2}=\frac{4\pi f_1 f_2\xi}{f_1+f_2} \tag{4.57}$$

$$\alpha_2=\frac{2\xi}{\omega_1+\omega_2}=\frac{2\xi}{2\pi f_1+2\pi f_2}=\frac{\xi}{\pi(f_1+f_2)} \tag{4.58}$$

式中，ξ 为阻尼比，为结构阻尼比与空气动力学阻尼比之和，$\xi=5\%$；ω_1，ω_2 为系数。

随后，按照以下三个步骤进行地震动力学分析：

（5）步骤1：地应力平衡分析，即对土壤施加重力，在初始位移场基本为0时得到初始应力场。

（6）步骤2：对结构施加重力，考虑结构自重的影响。

（7）步骤3：根据选定的地震加速度时程以及风浪荷载参数，将地震荷载和风浪荷载应用于场地，采用动态显式法或动态隐式法分析基础系统的地震动力响应。

直接法是将真实的桩周土体作为桩的约束介质而出现，同时土体被离散为通过节点联系的一系列单元的集合体，通常采用数值法或半解析半数值法求解。常用的方法有有限元法、边界元法、无限元法等。

有限元法是一种对结构动、静力分析都十分有效的方法，可以较真实地模拟地基与结构的力学性能，处理各种复杂的几何形状和荷载，能够考虑结构周围土体变形及加速度沿土剖面的变化，适当地考虑土体的非线性特点，可以计算邻近结构的影响，分析桩-土-结构动力相互作用对上部结构和地基土体地震反应的影响。美国加州大学伯克利分校地震工程研究中心在20世纪70年代开始了岩土工程抗震有限元的系统研究，编制了不少有限元程序，其中有一些可用于土-结构地震反应的分析。目前，土-结构地震反应的有限元分析已经从线性发展到非线性、从频域发展到时域、从二维发展到三维、从总应力法发展到有效应力法。有限元法的优点是显然的，它可以模拟任意土层剖面，研究三维效应；对群桩的桩-土-结构相互作用分析可以以全耦合的方式，不必单独计算场地或上部结构的反应，也无须应用群桩相互作用因子。另外，有限元法可以进行真正的非线性动力相互作用分析，而不是采用等效线性化方式。但成功应用有限元法的挑战在于必须提供合适的土体本构模型，它必须能够模拟土体从小到非常大的应变行为、反力退化。另外，在时域内进行整体分析时，计算量相当大。有限元法的缺点在于力学建模复杂，计算工作量大，因此没有得到充分应用。

边界元法是运用格林（Green）定理，通过基本解将支配物理现象的域内微分方程转化成边界上的积分方程，然后在边界上离散化进行数值求解。由于边界元法自动满足远场上的辐射条件，无须引入人工边界，具有适用于无限域和半无限域的特点，在土-结构动力相互作用分析中得到了广泛应用。

无限元法是半解析半数值法的一种，是在有限元法的基础上，将无限地基与结构接触部分的有限区域划分为通常的有限单元网格，将无限地基的其余部分划分为沿外法线伸向无穷远的无限元，无限元的形函数通常由插值函数和一个适当的衰减函数的乘积构造而成，这一衰减函数要求能反映场变量在无穷介质中的分布规律并保证单元刚度矩阵的广义积分满足收敛条件。

耦合法是利用各种方法的优势，将两种或两种以上不同的方法结合起来求解问题。

4.2.4　利用 OpenSees 软件平台建模

OpenSees 是开源非线性有限元计算平台，由美国太平洋地震工程研究中心资助，加州大学伯克利分校等十多所高校共同开发。从 1997 年开始研究发至今，OpenSees 已经建立起丰富的材料本构和单元类型，并开发了众多高效的算法和收敛法则，可用于静力非线性分析、模态分析、动力线弹性及非线性分析等。在岩土体地震响应计算方面，OpenSees 具有丰富的岩土体本构，能较精确地模拟土体复杂的非线性特征。

OpenSees 采用模块化编译形式，运行代码主要包括 Domain、ModelBuilder、Analysis、Recorder 等模块，各模块之间既能相互独立亦能相互调用。Domain 模块是运行代码的主程序，主要负责存储。ModelBuilder 模块主要将研究对象数值离散化，建立模型的节点单元，进行材料、约束的指定以及荷载工况的设置，为 Analysis、Recorder 模块提供读取、分析对象。Analysis 模块主要对数值模型的计算算法进行指定，包括非线性方程组求解的约束方法、积分法则、迭代准则、容差判断收敛精度等。OpenSees 通过 TCL 脚本语言输入计算指令，采用开源架构，避免数值模拟中的黑箱操作，适合学术研究与开发。OpenSees 平台目前并没有自带的前处理和后处理界面，需要与其他软件如 OpenSeesPL、GID 配合使用。

4.3　非线性 BNWF 模型及其 p-y 曲线

p-y 曲线法由弹性地基反力法改进演化而来，如图 4.7 所示，它将弹性地基反力法中沿深度分布的线弹性土弹簧替换为非线性土弹簧，使其能够反映桩周土体受荷的非线性特性。不同深度的土弹簧力学特性用非线性的 p-y 曲线描述，其中 p 为单位桩长土反力，y 为桩体水平位移。p-y 曲线法考虑了土体变形过程中的非线性，能够便捷且较为准确地计算水平受荷桩的静力响应，已被美国石油协会的 API 规范以及挪威船级社的 DNV GL 规范所采用，并广泛应用于实际工程设计中，是目前最主流的设计方法。

如图 4.8 所示，桩基础受到水平荷载的作用发生变形，在深度 z 处，桩身产生的变形为 y，为抵抗桩身变形，桩前土体发挥抗力作用，沿桩周对土抗力积分即得到等效作用在桩径范围内的土反力 p。p-y 曲线法给出了土反力与桩身变形之间的关系。

为了求解桩在受到桩头水平荷载作用下的桩身位移以及桩身应力，基于梁的弯曲理

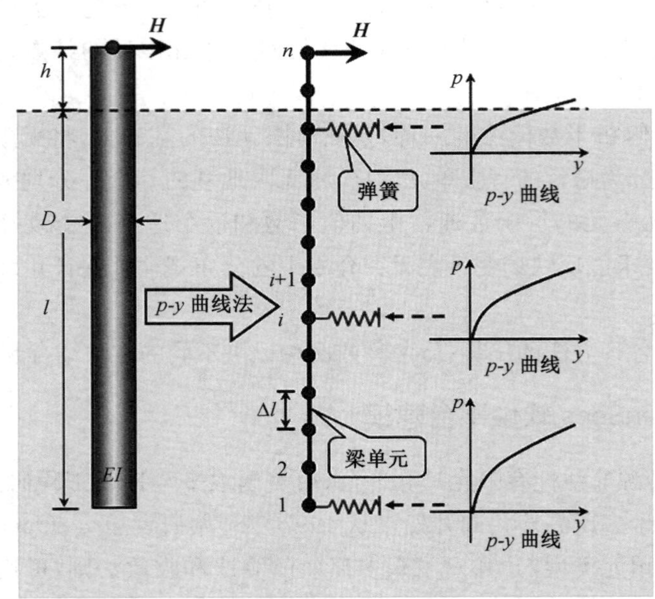

图 4.7　p-y 曲线法示意图

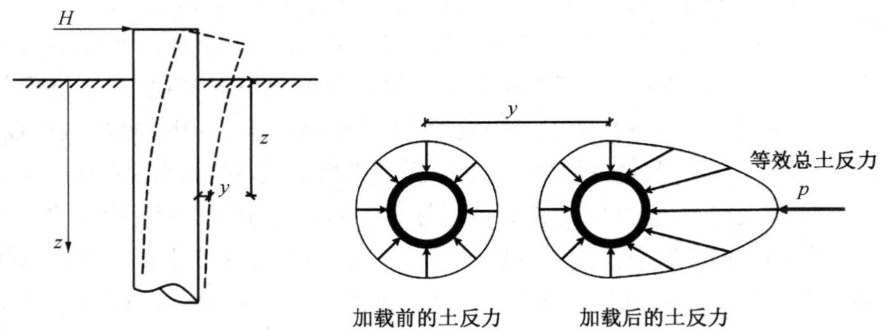

图 4.8　水平受荷桩桩身变形与桩周土反力

论，采用微元的方法，选取水平受荷桩的一个长度为 dz 的微元体，其受力情况如图 4.9 所示。根据弯矩的受力平衡可得：

$$(M+\mathrm{d}M)-M+P_z\mathrm{d}y+S\mathrm{d}z=0 \tag{4.59}$$

整理可得：

$$\frac{\mathrm{d}M}{\mathrm{d}z}+P_z\frac{\mathrm{d}y}{\mathrm{d}z}+S=0 \tag{4.60}$$

对式(4.60)关于 z 求导得到：

$$\frac{\mathrm{d}^2M}{\mathrm{d}z^2}+P_x\frac{\mathrm{d}^2y}{\mathrm{d}z^2}+\frac{\mathrm{d}S}{\mathrm{d}z}=0 \tag{4.61}$$

基于梁理论：

$$\frac{\mathrm{d}^2 M}{\mathrm{d}z^2} = E_\mathrm{p} I_\mathrm{p} \frac{\mathrm{d}^4 y}{\mathrm{d}z^4} \tag{4.62}$$

$$\frac{\mathrm{d}S}{\mathrm{d}z} = p \tag{4.63}$$

$$p = E_\mathrm{py} y \tag{4.64}$$

式中，$E_\mathrm{p}I_\mathrm{p}$ 为桩截面抗弯刚度；E_py 为对应深度处 p-y 曲线割线刚度。

联立上述等式，得到水平受荷桩的控制方程：

$$E_\mathrm{p} I_\mathrm{p} \frac{\mathrm{d}^4 y}{\mathrm{d}z^4} + P_x \frac{\mathrm{d}^2 y}{\mathrm{d}z^2} + E_\mathrm{py} y = 0 \tag{4.65}$$

对于水平受荷桩而言，轴向荷载并不是控制荷载，忽略轴向荷载项，可得：

$$E_\mathrm{p} I_\mathrm{p} \frac{\mathrm{d}^4 y}{\mathrm{d}z^4} + E_\mathrm{py} y = 0 \tag{4.66}$$

利用有限元法或有限差分法等数值方法对控制方程进行求解，最终计算得到桩身变形和弯矩等响应。

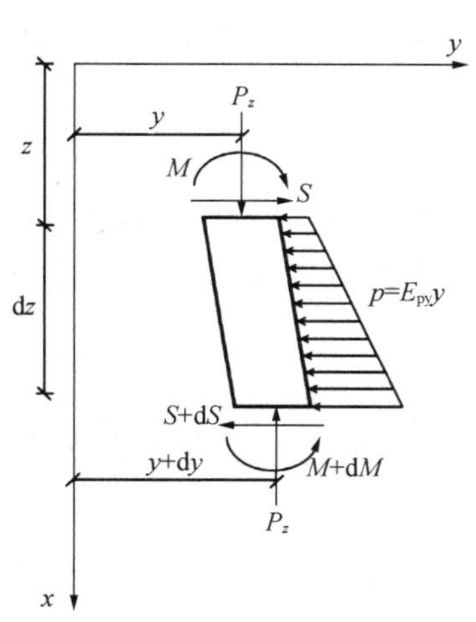

图 4.9　水平受荷桩单元分析

4.3.1　API 规范中黏土的 p-y 曲线

Matlock(1970)基于软黏土地基中的水平受荷桩静力加载现场试验，得到了适用于软黏土地基的 p-y 曲线，其形式为

$$p = \begin{cases} \dfrac{p_\mathrm{u}}{2}\left(\dfrac{y}{y_\mathrm{c}}\right)^{1/3}, & y \leqslant 8y_\mathrm{c} \\ p_\mathrm{u}, & y > 8y_\mathrm{c} \end{cases} \tag{4.67}$$

式中，p_u 为桩侧极限土阻力(kN/m)；y 为桩周土发挥一半极限土阻力时所需的桩的水平位移(m)，按 $y = 2.5\varepsilon_\mathrm{c}D$ 计算，其中 ε_c 为三轴不排水试验中达到 50%最大剪应力时的应变值，无实测数据时可根据土体不排水抗剪强度 s_u 按表 4.1 取值。

表 4.1　　**ε_c 取值**

s_u/kPa	0～24	24～48	48～96
ε_c	0.02	0.01	0.006

API 规范推荐的 p-y 曲线极限土阻力 p_u 按下式计算：

$$p_\mathrm{u} = N_\mathrm{p} S_\mathrm{u} D \tag{4.68}$$

$$N_\mathrm{p} = \begin{cases} 3 + \dfrac{\gamma' z}{s_\mathrm{u}} + \dfrac{Jz}{D}, & 0 < z \leqslant z_\mathrm{cr} \\ 9, & z > z_\mathrm{cr} \end{cases} \tag{4.69}$$

式中，γ' 为地基土的有效重度（kN/m^3）；J 为经验系数，通常取 0.25～0.5，对于正常固结黏土可取 $J=0.5$；z_{cr} 为极限土阻力转折点的临界深度，按下式计算：

$$z_{cr}=\frac{6s_uD}{\gamma'D+Js_u} \tag{4.70}$$

4.3.2 API 规范中砂土的 p-y 曲线

Cox 等（1974）在 Mustang 岛地区进行了大量钢管桩（打入桩）的横向加载试验。桩径为 0.6 m，埋深 21 m。所选土体为单一砂土，内摩擦角为 39°，有效重度为 10 kN/m³。在整个试验过程中，水位线位于泥面以上数英尺（1 英尺≈30.48 cm）。通过对试验数据的分析拟合，Reese 等学者（1974）提出了砂土的 p-y 曲线，但该 p-y 曲线应用起来非常麻烦，于是 O'Neill 和 Murchison（1983）对其进行了简化。经证明，该简化方法仍可得到与原方法相近的结果。该方法被列入美国 API 规范，并得到广泛应用。API 规范中砂土的 p-y 曲线用双曲正切函数表示：

$$p=Ap_u\tanh\left(\frac{kz}{Ap_u}y\right) \tag{4.71}$$

式中，A 为荷载修正系数，对循环荷载，$A=0.6$，对短期静载，$A=(3-0.8z/b)\geqslant 0.9$；$k$ 为初始地基模量；p_u 为极限抗力，可按下式计算：

$$p_u=\min\{p_{us},\ p_{ud}\} \tag{4.72}$$

式中，p_{us} 和 p_{ud} 分别为浅层、深层土体的极限抗力，按下式计算：

$$p_{us}=(C_1z+C_2D)z\gamma' \tag{4.73}$$

$$p_{ud}=C_3Dz\gamma' \tag{4.74}$$

该方法的简化体现在将极限承载力用系数 C_1、C_2 和 C_3 表示，省去了大量繁复的公式。这些系数均是内摩擦角的函数，可以通过图 4.10(a)查得。初始地基模量可以通过图 4.10(b)查得。

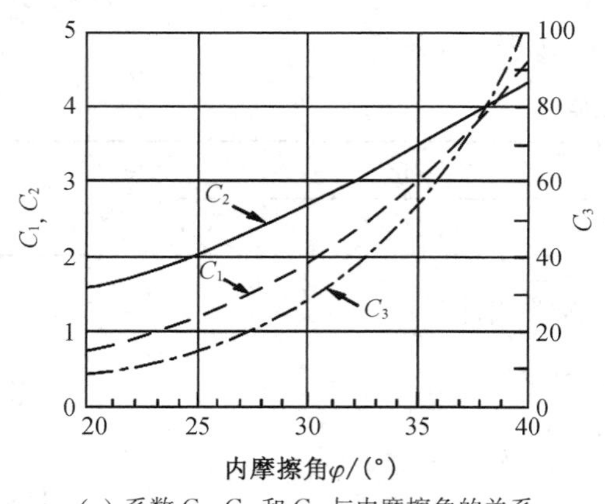

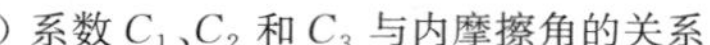

(a) 系数 C_1、C_2 和 C_3 与内摩擦角的关系

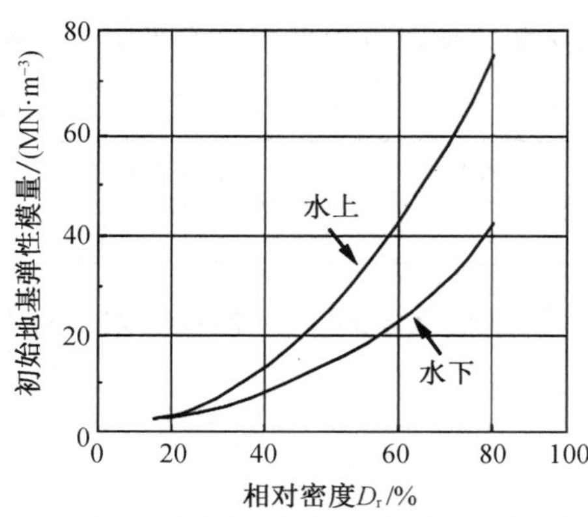

(b) 砂土初始地基弹性模量与相对密度的关系

图 4.10　砂土 p-y 曲线的确定

4.4　集总参数模型及其动力阻抗函数

已有许多研究证明了土-结构动力相互作用效应对海洋与深水基础结构的动力行为有显著影响，本节引入子结构法，一种相对更简便高效的用于海洋与深水基础结构地震响应分析的方法，已被广泛应用于海洋工程、岩土工程等领域。

子结构法将土体、桩基础及上部结构之间的动力相互作用分解为惯性相互作用和运动相互作用。整个土体-桩基础-上部结构沿着结构与土体交界面划分为两个子结构，可以分别对这两个子结构采用不同的模型和求解程序进行分析，通过在上部结构的运动方程中引入阻抗函数的方法来考虑地基介质对结构地震反应的影响(在界面处引入合适的阻抗)。Lin 等(2018)提出一种子结构替换方法，也是从桩土动力相互作用的基本理论出发建立地震响应分析方程。

为便于进行桩基础-结构地震响应(惯性相互作用)时域分析，也有学者引入与频率无关的可反映土-结构动力相互作用的结构底部约束来代替原有基础，构建多自由度集总参数模型(Lumped Parameter Models, LPMs)。集总参数法实际上也属于子结构法，由于这一方法在土-结构动力相互作用模拟方面应用广泛，故将其单独作为一种方法加以讨论。

集总参数模型的研究目的是将考虑土-结构动力相互作用的计算方法纳入海洋与深水结构设计体系中，通过开发等效模型的通用程序，从而实现土体-桩基础-上部结构地震响应分析。Wolf 于 1991 年提出使用多项式拟合法对阻抗函数进行处理，在此基础上得到相对应的集总参数模型，用来描述土与基础动力的相互作用效应。该方法的本质是用由多个与频率无关的质量元、阻尼器、弹簧按照某种形式组合起来的多自由度集总参数模型来等效地基土对结构的动力作用，以实现阻抗函数的时域化分析(阻抗函数具有频率依赖性，而上部结构动力分析只能通过傅里叶变换在频域内求解)。

Cong 等(2020)采用集总参数模型(旋转弹簧、水平弹簧、旋转阻尼器)研究土-结构相互作用，并开发了一种基于实测数据更新海上风机结构阻尼系数和土体与海上风机结构界面刚度/阻尼参数的新方法。Damgaard 等(2015)基于随机线性黏弹性土层中单桩动力阻抗，拟合并建立集总参数模型研究土体性质(如阻尼、刚度)的不确定性对海上风机及其支撑结构的动力特性的影响。Wang 等(2016)提出一种由与频率无关的弹簧和阻尼器组成的嵌套集总参数模型，采用具有收敛性及稳定性的切比雪夫(Chebyshev)多项式拟合基础动力阻抗，结果表明，该模型可以用较少的单元表达阻抗，并减少了简单多项式拟合时出现的解的振荡问题。Andersen 等(2018)利用格林函数分析层状土中的谐波传播，给出了单个基础和两个基础之间交叉耦合相关的归一化动刚度，为时域分析开发了与频率无关的集总参数模型，提出确定该模型所需的组件，并利用其分析结构-土-结构动力相互作用。

4.4.1　地震动的输入

在结构的时程反应分析中，除了采用在某一次大地震中记录到的实际地震波之外，再就是利用抗震规范的地震反应谱所生成的人造波。地震波从震源出发向四周传播，在传播过程中不仅有时间上的变化，而且有空间上的变化。这些变化都是随机的，它造成了地震波沿地基的输入不再是均匀的，对于平面尺寸较小的建筑物，地震动的时空变化对其影响不大，但对于核电站、海洋石油平台、水坝、桥梁等具有大平面尺寸的建筑物，地震动的时空变化将对其产生重要影响，是不能忽略的。在土-结构的动力相互作用过程中，结构基础的运动可以看作由自由场的地震动以及上部结构惯性力引起的附加地震动所产生。过去的一些观点认为地震动由基岩输入，而忽视了场地土层对输入地震动的滤波和放大作用。目前，土-结构动力相互作用体系的地震动输入方式有地表地震记录地面输入、基岩地震记录基岩输入、地表地震记录基岩输入以及以地表地震记录作为自由场地震反应的输入求解土层地震反应作为土-结构相互作用的输入。

4.4.2 基础动力阻抗函数

阻抗函数一般定义为施加在桩头上的谐波激励力与其产生的位移之间的比值，它是有效解决土-结构之间动力相互作用问题的关键。Novak 等(1983)引入平面应变假设，分别提出了竖向、水平向、摆动、水平-摆动耦合、旋转情况下的桩基动力阻抗函数中的动刚度(ReK)及阻尼(ImK)表达式，研究并分析了无量纲频率、桩土相对刚度、质量比、长细比、桩土材料阻尼、桩土特性随深度的变化等对阻抗系数的影响。孔德森等(2005)针对动力 Winkler 模型整理文献，介绍了用于线性桩土动力分析的 Matlock(与频率无关的非线性弹簧+线性阻尼器)、Novak 模型、Nogami 模型(非线性弹簧、非线性阻尼器、裂隙模型和摩擦块)等。不难发现，正确模拟桩周土对桩身的作用，计算基础阻抗函数的关键在于建立合理的桩土相互作用模型，下面简要介绍几个常用的桩土相互作用计算模型。

1. Winkler 地基模型

1) Matlock 模型

Matlock 基本模型(孔德森等，2005)包含了一组与频率无关的非线性弹簧和线性阻尼器。在该模型中，非线性弹簧的荷载-位移关系由单位荷载传递曲线确定。图 4.11 展示了两种不同激振频率 ($\omega_1 < \omega_2$) 条件下的力-位移关系曲线。其中，非线性弹簧对地基反力的

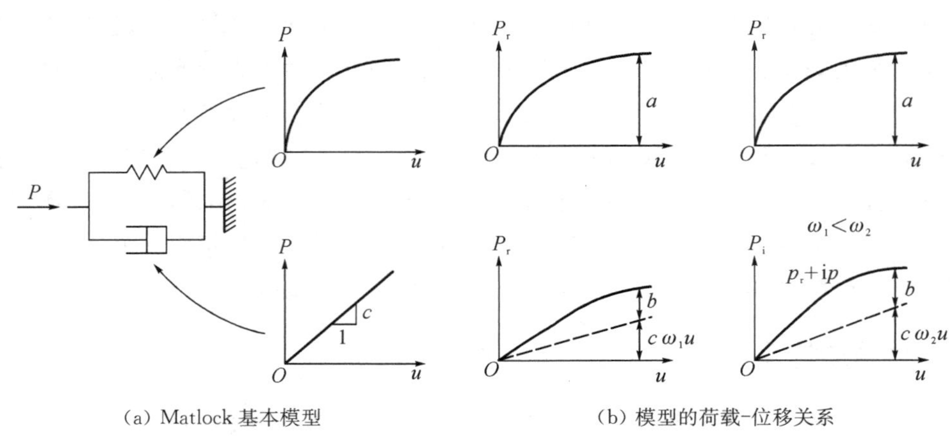

(a) Matlock 基本模型　　(b) 模型的荷载-位移关系

图 4.11　Matlock 基本模型及力学关系示意图(燕斌等，2011)

实部和虚部均有显著贡献，而阻尼器仅对反力虚部起作用。Matlock 基本模型的总反力为弹簧力和阻尼力的总和。在弹性阶段，反力的虚部主要由阻尼器贡献；而当位移超过弹性阶段时，由于弹簧的滞后效应，反力的虚部会显著增加。

2）Novak 模型

在 Novak 基本模型(Novak 等，1976)中，地基阻抗被一个与频率相关的复杂弹簧所代替，弹簧刚度可由嵌入无限弹性介质中的竖向无限长圆柱的振动公式计算得到。此时按照平面应变问题处理，桩侧土介质的位移沿竖向没有变化，剪切波仅沿水平方向传播。图 4.12 给出了两种不同频率（$\omega_1 < \omega_2$）下 Novak 基本模型的荷载-位移关系曲线。可以看出，非线性弹簧实质上是线性弹簧和线性阻尼器的合体，在给定频率的条件下，荷载随位移线性变化。Novak 基本模型是基于平面应变假设提出的，仅适用于线弹性条件和稳态简谐振动状态，不能用于非线性分析，无法模拟非线性振动特性，但该模型在弹性范围内可提供较满意的结果。

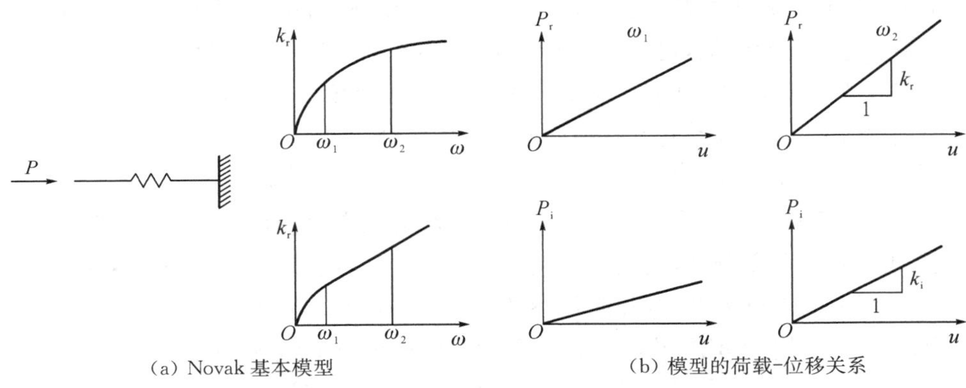

图 4.12　Novak 基本模型及力学关系示意图(燕斌等，2011)

3）Nogami 模型

Nogami 基本模型可以看作是 Matlock 基本模型和 Novak 基本模型的综合，该模型由近场单元和远场单元两部分构成。其中，近场单元由非线性弹簧和代表桩周土质量的集中质量块组成，非线性弹簧的确定方法与 Matlock 基本模型相同，即由单位荷载传递曲线确定，质量块用来模拟近场区参与振动土体的惯性效应；远场单元由与频率无关的弹簧、阻尼器和质量块组成，用来模拟远场土的阻抗。远场单元模型借鉴了 Matlock 基本模型，在稳态简谐运动时，其动力行为与 Matlock 基本模型相近。

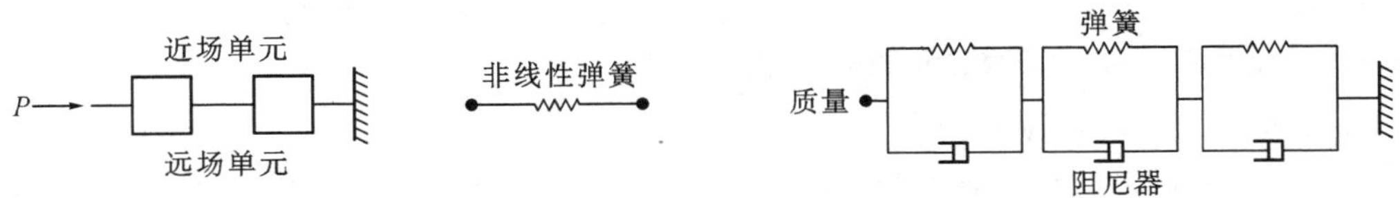

图 4.13　Nogami 基本模型示意图(肖晓春等，2002)

4）Penzien 模型

为了在沼泽地上设计建造桥梁基础，Penzien 等(1964)对地震作用下的土-结构系统提出了一套非线性分析方法，即 Penzien 模型。该模型把土-结构离散成一个理想化的集中质量参数系统，用三元件模型模拟黏土介质的动力性状，连接毗邻两个质量块的每一装置由一个双线性滞后型弹簧和一个非线性阻尼器组成，两者相互并联，然后再与非线性阻尼器串联。连接装置的这三个组成部分分别表示黏土介质的弹塑性特性、阻尼特性和蠕变特性。用弹性半空间的 Mindlin 理论计算地基土的弹性系数；用 Winkler 假设确定地基基床系数；从黏土介质底面输入给定的水平加速度，用数值方法求解自由场的地震反应和控制土-桩-桥梁系统地震反应的耦联非线性微分方程组。研究结果表明，当桩较长、土又较硬时，桩土相互作用对桥梁的动力特性影响不大；只有当土较软、桩又较短时，桩土相互作用对桥梁的影响才显著。之后，孙利民等(2002)对 Penzien 模型做了一定修正，使其物理概念更为明确，应用更为方便。

2. 连续介质模型

为了更好地模拟桩土之间的相互作用关系，考虑土体在振动过程中弹性波向外辐射而产生的材料阻尼和几何阻尼，可以将桩周土看作三维连续介质，并且假设波沿径向和竖向传播。这种方法在理论上更加严密，计算速度快，应用性强，但其数学和力学计算过于复杂，一直发展缓慢。下面介绍几种常用的连续介质模型。

1）平面应变连续介质模型

基于平面应变的连续介质模型是 Novak(1977)首先提出的，其最初假设桩是等截面圆柱体，桩周土体均质无限延伸，满足平面应变条件，土体中位移、应力分量沿深度无变化，得出桩土相互作用时桩顶的动刚度和阻尼参数表达式(Novak 等，1978)，从而通过解析方法求解得出桩的振动特性平面应变模型。在平面应变连续介质模型中(图 4.14)，采用复刚度代替弹簧阻尼模拟桩周土的作用，进行桩土相互作用的动力特性分析。平面应变模型可以近似表达出土层在波动过程中的效应及能量传递和阻尼消散，还可以广泛应用到水平、纵向、扭转等受力情况，也可以分别应用在时域和频域范围内。但是该模型忽略了竖向土层与土层之间的联系、桩土之间的三维动力耦合作用，即未考虑桩周土体应力、位移分量沿深度的变化，波只能沿水平方向传播，土体应力位移在竖向上的变化并未考虑，也不能完全描述真实的三维应力状态，与实际情况有一定的偏差。

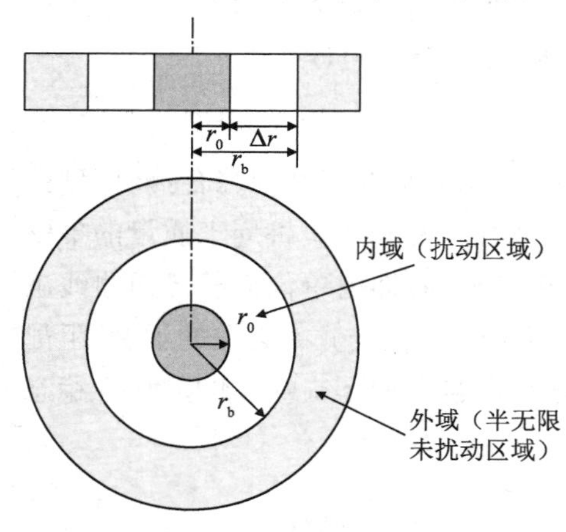

图 4.14　平面应变连续介质模型示意图

2）三维连续介质模型

三维连续介质模型将桩周土看作是三维连续的，波的传递也是三维的，即竖向应力、应变是有变化的，并且采用的求解方法是根据最基础的弹塑性力学方面的原理，能很好地考虑桩土之间的耦合作用，并能考虑桩周土体在深度方向上的应力变化对桩土动力相互作用系统的影响。胡昌斌等(2004)以三维轴对称连续介质模型为基础，推导了均质土中弹性支撑桩的纵向振动特性。但是该模型是简化的三维模型，并未考虑径向位移的影响。王奎华等(2005)考虑土体在真三维情况下的波动效应，土体在竖向和径向都产生位移，对桩基动力振动问题进行了更严密的解析研究。

4.5　宏单元模型

有限元实体建模分析高度依赖合适但较为复杂的本构模型，需要使用较多的三维网格和复杂的荷载组合，这些都将导致巨大的计算成本，既需要使用高性能计算机并花费大量时间，同时还要求工程师必须熟练使用力学模型和有限元法，而其由于复杂性，必定难以被工程师正确掌握和熟练使用。动力 Winkler 地基(dynamic Beam on Nonlinear Winkler Foundation，BNWF)模型在建模阶段就需要丰富的单元类型和正确的边界条件，所需附加的弹簧和阻尼器数量庞大、自由度较多，模型参数取值也较为复杂，其用于布桩密集的深水桥梁群桩基础和海上风机大直径单桩基础静、动力分析时，仍存在着明显不足。例如，桩周土弹簧的刚度取值大多源于传统经验取值法(m 法或 $p-y$ 曲线法)，易出现过高或过低的估计，且难以考虑群桩效应。与上述有限元实体建模和 BNWF 模型($p-y$ 曲线法)相比，尽管集总参数模型因所需自由度更少而具有更高的计算效率，但它本质上是一种线弹性边界单元模型，并不能反映深水桥梁群桩基础和海上风机大直径单桩基础的非线性和塑性累积等力学行为。

鉴于此，研究人员提出了一种称为宏单元(Macro-element)的新方法，该方法类似于广义的二维或三维力学模型。在该方法中，整个桩土相互作用系统被认为是一个受竖向外加力、水平力和弯矩($V-H-M$)的单元，对应于竖向位移、水平位移和扭转角度($v-h-\theta$)。与应力-应变力学模型一样，它可以为整个桩土系统建立一个力-位移模型，即所谓的宏单元模型，以兼顾计算效率和精度，其概念在钢筋混凝土结构非线性分析、浅基础或近海基础与土的相互作用领域有着较为广泛的应用。具体而言，宏单元模型将基础与地基耦合系统看作一个结构单元，把已有的破坏包络面作为该单元的屈服面(或破坏面)，基于各种弹塑性理论及相应加载路径的模型试验，确定宏单元模型的硬化定律、流动规则及屈服面内的弹性变形规律，从而建立基础与地基耦合系统的广义力-位移关系，如图 4.15 所示。这样在对上

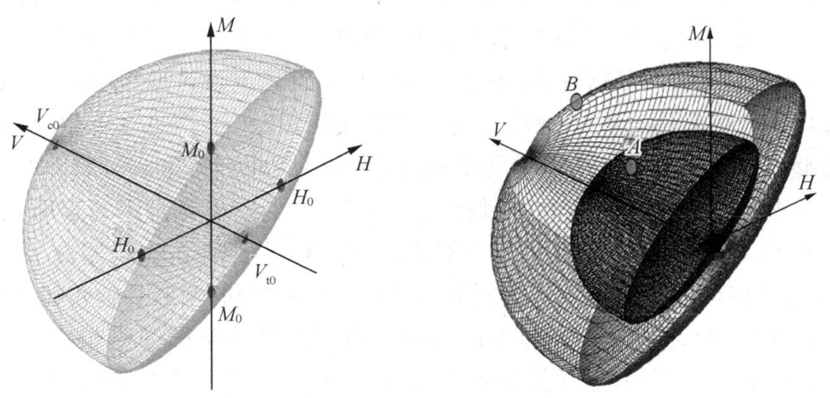

图 4.15　荷载-破坏包络面-宏单元示意图(Li 等,2016)

部结构进行静动力分析时，以一个宏单元来代替整个基础与地基耦合系统，就可以有效避免一些传统做法的弊端。

4.5.1 深水桥梁群桩基础宏单元模型

群桩基础非线性动力宏观响应分析实质上是将承台群桩结构、周边范围内的土体以及桩土界面耦合为一个无几何尺度的抽象力学单元，建立起承台群桩基础顶面广义荷载与位移之间的动力弹塑性关系，如图 4.16 所示。宏单元法是近 20 年来工程抗震领域发展起来的一种方法，其对描述群桩基础宏观响应具有明显的优势。然而，上述涉及的宏单元法将垫层隔震基础整体简化为刚性宏单元，并不能应用到其他型式的基础-地基-桥梁结构的动力相互作用分析中。从土动力学理论上讲，将宏单元法应用到群桩基础广义力与位移弹塑性分析中，可为解决结构与群桩基础之间相互牵制问题提供重要途径。

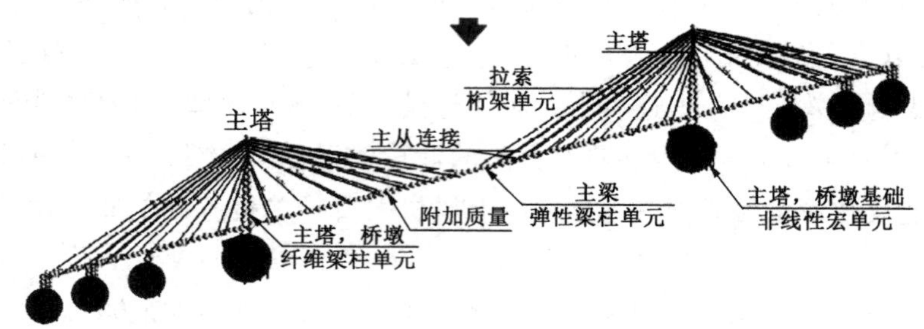

图 4.16　基于群桩基础宏单元模型的深水桥梁建模分析示意图

然而，在桥梁桩基抗震领域中应用弹塑性宏单元模型鲜有报道。Li 等(2016)采用宏单元法研究了单桩在循环荷载下的响应。这对于认识群桩基础的宏观响应机制具有参考价值。群桩基础宏单元的力学概念直观清晰，可以避免 BNWF 模型庞大且复杂的弹簧阻尼参数设定，能够在宏观上描述群桩基础的非线性响应，对桥梁抗震弹塑性分析来说简单易行。

4.5.2 海上风电基础宏单元模型

近年来，基于风机基础的承载力包络面，在弹塑性或亚塑性理论框架下构建的宏单元模型也越来越多地被用于海上风机一体化分析，如图 4.17 所示。例如，国际能源署资助的 OC6 项目(Bergua 等，2022)联合国际上诸多高校与海上风电设计研究机构，针对宏单元模型在风机设计中的可靠性开展了验证研究。结果表明，相比于其他桩土相互作用模型，宏单元模型能够更好地反映桩土体系的刚度和阻尼特性。Page 等(2018，2019)在弹塑性理论框架下提出了一种能够较好模拟海上风机大直径单桩-土体相互作用的宏单元模型，并将其用于风机单桩基础承载特性及整机一体化分析，取得了良好的应用效果。陈佳莹等(2020)和 Li 等(2016)基于亚塑性理论框架，分别针对黏土中的桶形基础和砂土中的单桩基础构建宏单元模型，验证了其在模拟单调和循环荷载条件下基础强度与变形响应的有效性。根据已有研究成果可知，宏单元模型能体现桩底剪力、弯矩和桩侧摩阻力对大直径单桩水平承载力的贡献，可准确模拟海上风机单桩基础的刚度和滞回阻尼，仅通过一个单元的广义力-位移关系就能合理表征桩土相互作用。

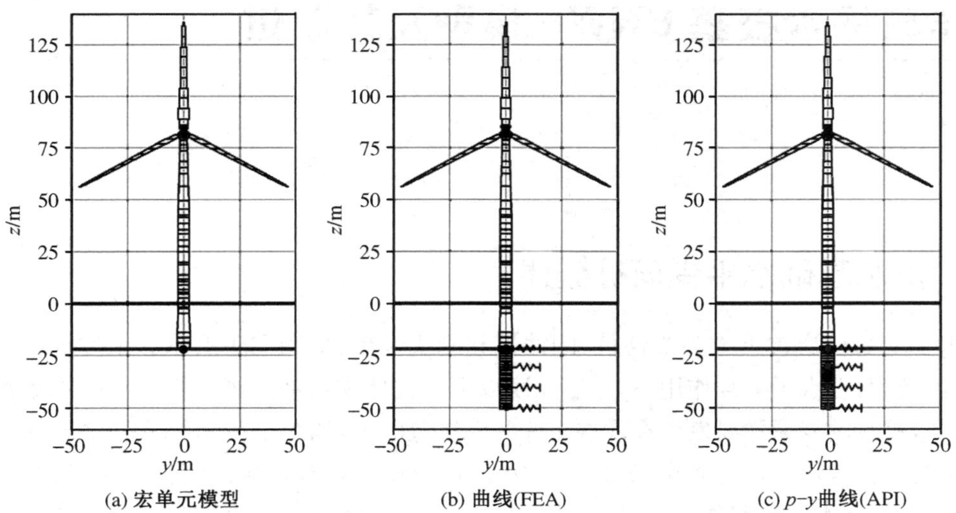

(a) 宏单元模型 (b) 曲线(FEA) (c) p-y曲线(API)

图 4.17 基于大直径单桩基础宏单元模型的海上风机建模分析示意图(Page 等,2019)

第 5 章
海洋与深水桩基 BNWF 模型及其改进

5.1 深水基础水平受荷桩概述

水平受荷桩通常可分为柔性桩、刚性桩和刚柔性桩，如图 5.1 所示。柔性桩长径比较大，埋深较深，在水平荷载作用下，一定深度以下的桩体在深部土体较强的约束下不产生变形，因此，桩身的变形主要发生在浅层土体的深度范围内，如图 5.1(a)所示。柔性桩的承载特性主要以桩身弯矩作为判定条件，出现塑性铰可认为达到屈服。刚性桩长径比较小，桩身刚度较大，在水平荷载作用下基本不产生桩身变形，而表现为绕着某一深度的一点发生刚性转动，转动点以下会出现与水平荷载方向相同的土阻力，如图 5.1(b)所示。刚性桩的承载破坏主要以土体发生屈服作为判定条件。介于柔性桩和刚性桩之间的为刚柔性桩，其表现为浅层柔性变形和深层刚性转动的结合体(Hong 等，2017)，如图 5.1(c)所示。

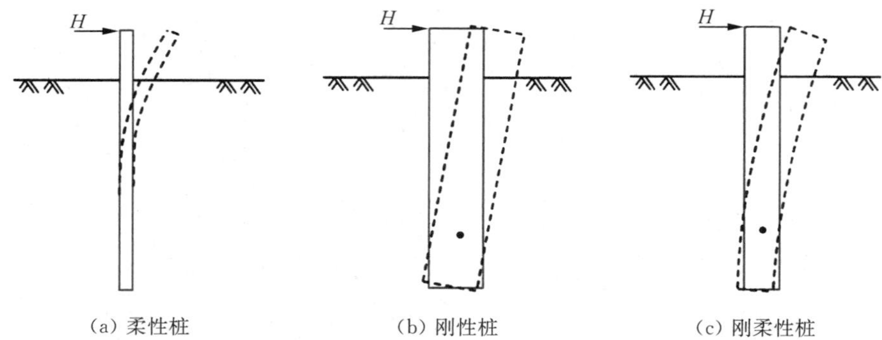

图 5.1 水平受荷桩变形模式

Poulos 和 Hull(1989)提出了桩土相对刚度概念，即 $E_pI_p/(E_sL^4)$，其中，E_pI_p 为桩截面抗弯刚度，E_s 为土体杨氏模量，L 为桩入土深度，该表达式被众多学者广泛采用。由该表达式可知，当桩径与桩身材料模量增大时，桩土相对刚度增大，表现出刚性桩的特性；当桩长较大、埋深较深时，会逐渐表现出柔性桩的特性；刚柔性桩则介于两者之间。具体的判断条件如下：

$$\frac{E_pI_p}{E_sL^4} < 0.0025\text{，为柔性桩} \tag{5.1}$$

$$0.0025 < \frac{E_pI_p}{E_sL^4} < 0.208\text{，为刚柔性桩} \tag{5.2}$$

$$\frac{E_{\mathrm{p}} I_{\mathrm{p}}}{E_{\mathrm{s}} L^{4}} > 0.208, \text{为柔性桩} \tag{5.3}$$

需指出的是，上述判断条件仅适用于土体杨氏模量随深度线性变化的均一地层。非均一地层对桩体刚柔性的表现有明显影响，此时需根据桩身变形模式进一步判断其刚柔性。

实际上，深水桥梁工程所采用的桩基一般为柔性的。目前海上风电机组装机容量逐渐增大，大直径单桩基础应用愈加广泛，其桩径可达 5～8 m，甚至超过 10 m，其长径比主要在 4～8 范围内，甚至可能小于 3。因此，海上风机大直径单桩多表现为刚柔性桩和刚性桩特性。下面在 5.2 节中将介绍一种适用于深水桥梁桩基的改进 p-y 模型，在 5.3 节中将简要介绍当前比较有代表性的适用于海上风机大直径单桩基础的多弹簧模型。

5.2　考虑土体退化的非线性 p-y 模型

5.2.1　模型描述

考虑土体退化的非线性 p-y 模型单元的骨干曲线基于双曲线方程，与桩侧土体的初始刚度 K_{in} 和土体抗力 p_{ult} 两个参数有关。双曲线型 p-y 骨干曲线形式和参数简单明确，在研究中被广泛使用(Kondner，1963)，其表达式可以写成：

$$p = \frac{y}{\dfrac{1}{K_{\mathrm{in}}} + \dfrac{y}{p_{\mathrm{ult}}}} \tag{5.4}$$

式中，K_{in} 由初始塑性屈服出现时 p/p_{ult} 的状态参数比值 C_{r} 确定。对于特定的桩身刚度、桩截面形状和边界条件可以采用不同的方法确定初始刚度 K_{in} 和土体抗力 p_{ult}。

以下分析 Matlock(1970)和 API 规范对黏土和砂土 p-y 骨干曲线的说明。

在黏土中，由 p-y 曲线方程(Matlock，1970)可以得到初始刚度：

$$K_{\mathrm{in}} = \frac{p_{\mathrm{ult}}}{8 C_{\mathrm{r}}^{2} y_{50}} \tag{5.5}$$

式中，y_{50} 为 $1/2 p_{\mathrm{ult}}$ 时的桩身水平变形；C_{r} 值可取 0.35(Wang 等，1998)。

当 $C_{\mathrm{r}} \leqslant 0.35$ 时，砂土的 p-y 曲线方程初始线性段较强，对初始刚度的影响较小。为了使双曲线型 p-y 骨干曲线的初始刚度更接近于 API 规范中的 p-y 曲线形态，引入刚度修正系数 η 对初始刚度进行修正：

$$K_{\mathrm{in}} = \frac{\eta K^{*} z}{5 \operatorname{atanh} 0.2} \tag{5.6}$$

式中，$\eta=3$；z 为计算深度；$K^{*} = K\sqrt{50/\sigma_{\mathrm{v}}'}$，$\sigma_{\mathrm{v}}'$ 为土层竖向有效应力，K 参考 API 规范推荐的 K 关于内摩擦角 φ 的函数得到。

黏土中的桩极限承载力 p_{ult} 和 y_{50} 采用 Matlock(1970)建议的方法进行计算(见 4.3 节)。

砂土中桩极限承载力 p_{ult} 根据桩周砂土楔体平衡得到，y_{50} 由 $1/2p_{\mathrm{ult}}$ 时的桩身水平变形得到：

$$p_{\mathrm{ult}}=\min\{p_{\mathrm{us}},\ p_{\mathrm{ud}}\} \tag{5.7}$$

$$p_{\mathrm{us}}=\sigma'_{\mathrm{v}}\left[\frac{K_0 z\tan\varphi\tan\beta}{\tan(\beta-\varphi)\cos\alpha}+\frac{\tan\beta}{\tan(\beta-\varphi)}(d+z\tan\beta\tan\alpha)+\right.$$
$$\left.K_0 z\tan\beta(\tan\varphi\sin\beta-\tan\alpha)-K_0 d\right] \tag{5.8}$$

$$p_{\mathrm{ud}}=\sigma'_{\mathrm{v}}d\left[K_{\mathrm{a}}(\tan^8\beta-1)+K_0\tan\varphi\tan^4\beta\right] \tag{5.9}$$

$$y_{50}=\operatorname{atanh}0.5\frac{p_{\mathrm{ult}}}{K^{*}z} \tag{5.10}$$

式中，φ 为土体内摩擦角；$\alpha=\varphi/2$；$\beta=45+\varphi/2$；$K_0=1-\sin\varphi$；$K_{\mathrm{a}}=\tan^2(45-\varphi/2)$。

5.2.2 单元组成

桩土非线性单元以双曲线型 $p-y$ 骨干曲线为基础，加卸载和再加载行为遵循拓展的 Masing 法则，建立土体抗力-桩身位移的 $p-y$ 滞回环。为模拟水平向桩土接触面的动力相互作用，如图 5.2 所示，单元分别由串联的弹性和塑性弹簧元件以及串联的拖拽和间隙元件，两者并联而成。其中，弹性和塑性弹簧元件模拟桩周土的非线性特性，间隙和拖拽元件用于考虑桩土界面的往复分离和闭合效应，桩周土体退化区域限定在内部弹塑性元件上。

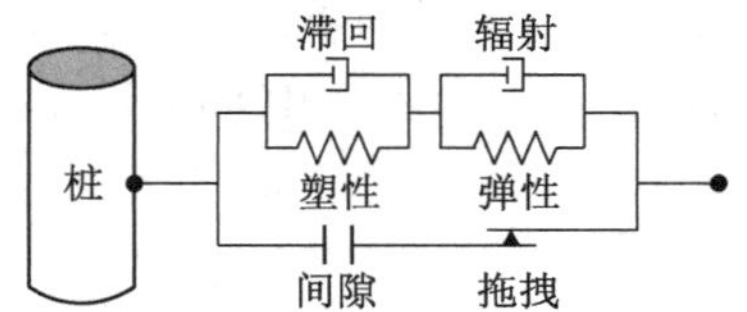

图 5.2　桩土接触模型单元

单元滞回环构成方式应能反映桩土在往复加卸载过程中的非线性变形特征以及土体退化效应。如图 5.3 所示，当桩变形向 oa 单向增加时，正方向桩周土体与桩相互接触并发生初始弹塑性变形；当桩变形在 a 点发生反转时，土体发生不可恢复的塑性变形；经过 ab 段卸载后，桩变形未完全恢复至初始状态，土体抗力已经卸载至零，但在 b 点，桩土依然处于接触阶段，土体对桩有拖拽作用；在 bc 段，桩身变形恢复，达到拖拽力最大值；在 cd 段，桩土发生分离直至桩身变形恢复至 d 点的初始状态。类似地，在负方向经过 $defg$ 段发生加卸载至桩身变形恢复至 g 点的初始状态。当再次向桩正方向加载时，只有当桩变形返回至桩土分离面 ch 时，桩土才会再次发生接触，然后再加载，出现 hj 段的弹塑性变形；经过再卸载 ji 段后，可以判断桩土分离是否扩大，并以较大的分离点 i 作为下一阶段再加载的起始点。在往复加卸载作用下，弹塑性元件描述了土体初始加卸载和再加卸

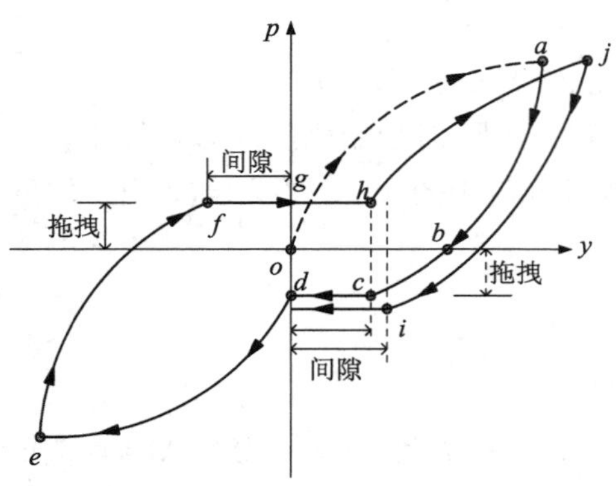

图 5.3　土体抗力-桩身位移加卸载滞回环

载阶段的刚度变化，间隙和拖拽元件保证了桩土分离和闭合阶段有平缓的过渡。

综上所述，在往复加卸载的变形中，桩周土体抗力与桩身变形组成滞回圈，每一周都包含了桩周土体抗力 p 及桩身变形 y：

$$p=\begin{cases}p^{ep}+p^{g}, & p^{d}=0\\ p^{ep}+p^{d}, & p^{g}=0\end{cases} \tag{5.11}$$

$$y=y^{ep}=y^{g}+y^{d} \tag{5.12}$$

式中，p^{ep}、p^{d} 和 p^{g} 分别为弹塑性元件、拖拽元件和间隙元件中的力；y^{ep}、y^{d} 和 y^{g} 分别为弹塑性元件、拖拽元件和间隙元件的变形。

结合式(5.4)所示的双曲线型 p-y 骨干曲线，可以得到在加卸载和再加载阶段的 p_{load}^{ep}-y^{ep} 曲线以及在卸载阶段的 p_{unload}^{ep}-y^{ep} 曲线：

$$p_{load}^{ep}=p_{o}+\frac{y^{ep}-(1-\alpha)y_{o}}{\dfrac{1}{K_{o}}+\dfrac{y^{ep}-(1-\alpha)y_{o}}{p_{ult}}} \tag{5.13}$$

$$p_{unload}^{ep}=p_{r}+\frac{y^{ep}-y_{r}}{\dfrac{1}{(1+C_{d})K_{in}}-\dfrac{y^{ep}-y_{r}}{(1+C_{d})p_{ult}}} \tag{5.14}$$

式中，p_{o} 和 y_{o} 分别为当前加载阶段的初始土体抗力和桩身位移，采用桩土间隙参数 $\alpha(0<\alpha<1)$ 对桩变形在再加载起始点 y_{o} 的位置进行修正；p_{r} 和 y_{r} 分别为当前加载阶段发生反转时的土体抗力和桩身位移；C_{d} 为桩土拖拽参数，为最大拖拽力与极限抗力的比值 p^{d}/p_{ult}；K_{o} 为初始 p_{o} 和 y_{o} 对应的切线刚度，与土体退化有关。

桩土拖拽阶段的 p^{d}-y^{g} 曲线可写成如下形式：

$$p_{load}^{d}=p_{o}^{d}+\frac{y^{d}-y_{o}^{d}}{\dfrac{1}{2C_{d}K_{in}}+\dfrac{y^{d}-y_{o}^{d}}{2C_{d}p_{ult}}} \tag{5.15}$$

$$p_{unload}^{d}=p_{r}^{d}+\frac{y^{d}-y_{r}^{d}}{\dfrac{1}{2C_{d}K_{in}}+\dfrac{y^{d}-y_{r}^{d}}{2C_{d}p_{ult}}} \tag{5.16}$$

式中，p_{o}^{d} 和 y_{o}^{d} 分别为当前拖拽发生加载时的初始土体拉拽力和桩身间隙位移；p_{r}^{d} 和 y_{r}^{d} 分别为当前加载发生反转时的土体拉拽力和桩身间隙位移。

模型单元使用有限元迭代计算，随着滞回环的变化，采用切线刚度进行计算。弹塑性元件的切线刚度 K_{load}^{ep} 和 K_{unload}^{ep} 以及拖拽元件的切线刚度 K_{load}^{d} 和 K_{unload}^{d} 分别表示如下：

$$K_{\mathrm{load}}^{\mathrm{ep}}=\frac{\partial p_{\mathrm{load}}^{\mathrm{ep}}}{\partial y^{\mathrm{ep}}}=\frac{1}{\frac{1}{K_{\mathrm{o}}}+\frac{y^{\mathrm{ep}}-(1-\alpha)y_{\mathrm{o}}}{p_{\mathrm{ult}}}}-\frac{y^{\mathrm{ep}}-(1-\alpha)y_{\mathrm{o}}}{p_{\mathrm{ult}}\left[\frac{1}{K_{\mathrm{o}}}+\frac{y^{\mathrm{ep}}-(1-\alpha)y_{\mathrm{o}}}{p_{\mathrm{ult}}}\right]^{2}} \tag{5.17}$$

$$K_{\mathrm{unload}}^{\mathrm{ep}}=\frac{\partial p_{\mathrm{unload}}^{\mathrm{ep}}}{\partial y^{\mathrm{ep}}}=\frac{1+C_{\mathrm{d}}}{\frac{1}{K_{\mathrm{in}}}-\frac{y^{\mathrm{ep}}-y_{\mathrm{r}}}{p_{\mathrm{ult}}}}+\frac{(1+C_{\mathrm{d}})(y^{\mathrm{ep}}-y_{\mathrm{r}})}{p_{\mathrm{ult}}\left(\frac{1}{K_{\mathrm{in}}}+\frac{y^{\mathrm{ep}}-y_{\mathrm{r}}}{p_{\mathrm{ult}}}\right)^{2}} \tag{5.18}$$

$$K_{\mathrm{load}}^{\mathrm{d}}=\frac{\partial p_{\mathrm{load}}^{\mathrm{d}}}{\partial y^{\mathrm{g}}}=\frac{2C_{\mathrm{d}}}{\frac{1}{K_{\mathrm{in}}}+\frac{y^{\mathrm{d}}-y_{\mathrm{o}}^{\mathrm{d}}}{p_{\mathrm{ult}}}}-\frac{2C_{\mathrm{d}}(y^{\mathrm{d}}-y_{\mathrm{o}}^{\mathrm{d}})}{p_{\mathrm{ult}}\left(\frac{1}{K_{\mathrm{in}}}+\frac{y^{\mathrm{d}}-y_{\mathrm{o}}^{\mathrm{d}}}{p_{\mathrm{ult}}}\right)^{2}} \tag{5.19}$$

$$K_{\mathrm{unload}}^{\mathrm{d}}=\frac{\partial p_{\mathrm{unload}}^{\mathrm{d}}}{\partial y^{\mathrm{d}}}=\frac{2C_{\mathrm{d}}}{\frac{1}{K_{\mathrm{in}}}-\frac{y^{\mathrm{d}}-y_{\mathrm{r}}^{\mathrm{d}}}{p_{\mathrm{ult}}}}-\frac{2C_{\mathrm{d}}(y^{\mathrm{d}}-y_{\mathrm{r}}^{\mathrm{d}})}{p_{\mathrm{ult}}\left(\frac{1}{K_{\mathrm{in}}}+\frac{y^{\mathrm{d}}-y_{\mathrm{r}}^{\mathrm{d}}}{p_{\mathrm{ult}}}\right)^{2}} \tag{5.20}$$

5.2.3 土体退化

Idriss 等(1978)认为在较少次数的非规则剪切循环荷载作用下软黏土的强度和刚度也会发生显著退化现象，主要是因为土体的强度和刚度退化与土体内部的应变、孔隙水压力或者两者共同作用相关(Heidari 等，2014)。在不规则循环剪切荷载作用下，循环次数难以确定，基于循环次数的退化模型的适用性有待确认或改进。在不规则往复加卸载时，桩周土体中的应变不断累积，要求采用与土体应变相适应的侧向刚度。p-y 滞回环在形态上应能适应上述不规则加卸载带来的土体退化。针对卸载和再加载阶段的 $p_{\mathrm{load}}^{\mathrm{ep}}$-$y^{\mathrm{ep}}$ 曲线，桩土刚度 K_{o} 是与土体退化有关的参数，可以由刚度退化指数 δ_{k} 和初始刚度 K_{in} 得到，其表达式如下：

$$K_{\mathrm{o}}=\delta_{\mathrm{k}}K_{\mathrm{in}} \tag{5.21}$$

式中，刚度退化指数 δ_{k} 与桩周土体应变有关。

为了解决不规则荷载下循环次数不易确定的难点，采用双曲线方程描述刚度退化指数 δ_{k} 随平均剪应变 $\varepsilon_{\mathrm{avg}}$ 的衰退关系：

$$\delta_{\mathrm{k}}=\frac{1}{1+\varepsilon_{\mathrm{avg}}/\varepsilon_{\mathrm{r}}} \tag{5.22}$$

式中，ε_{r} 可参考剪应变(Poulos，1982)，使用 y_{50} 代替。为了实际应用方便，假设刚度退化指数 δ_{k} 与桩周土体的平均剪应变 $\varepsilon_{\mathrm{avg}}$ 有关，并近似认为平均剪应变 $\varepsilon_{\mathrm{avg}}$ 与桩身位移 y_{o} 成比例关系(Klar，2008；Knappett 和 Madabhushi，2009；黄茂松等，2015)，即

$$\varepsilon_{\mathrm{avg}}=\zeta y_{\mathrm{o}} \tag{5.23}$$

式中，y_{o} 为当前加载阶段在开始时刻的桩身位移；ζ 为退化修正系数。在弹性加载阶段开

始时，$y_o=0$，土体不发生退化，只有桩周土体抗力进入塑性阶段，在再加载阶段的起始桩身位移处，$y_o\neq0$(如图 5.3 中的 h 点)，土体才发生退化。当间隙不断增大时，起始阶段的 y_o 增加，土体退化行为增强。如图 5.4 所示，在桩半径 $r=10y_{50}$ 时，刚度退化指数 δ_k 随 y_o/r 的增大逐渐减小，退化修正系数 ζ 增大，曲线下降趋势明显。

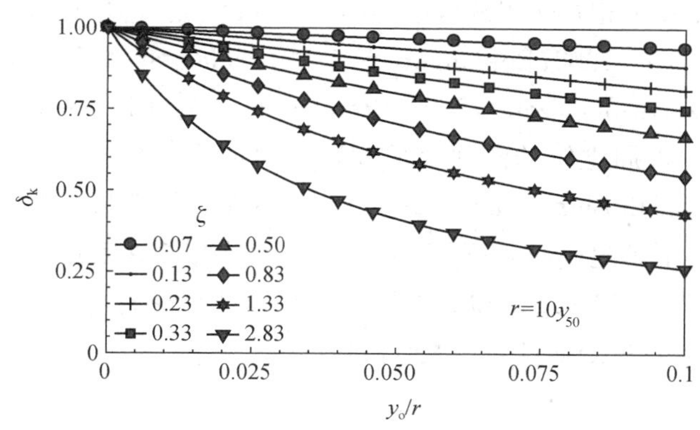

图 5.4　退化修正系数 ζ 对刚度退化指数 δ_k 的影响

5.2.4　单元算法

非线性计算采用切线刚度法进行求解。如图 5.5 所示，在单个位移步 $\Delta y=y_{t+1}-y_t$ 内，均分 n 个位移步 $\Delta y=n\mathrm{d}y$，$\mathrm{d}y$ 为小增量步。修正切线刚度法是将抗力 $p^{(1)}$，$p^{(2)}$，…，$p^{(n)}$ 逐渐逼近 p-y 滞回曲线的真值 p_0，p_1，…，p_n。

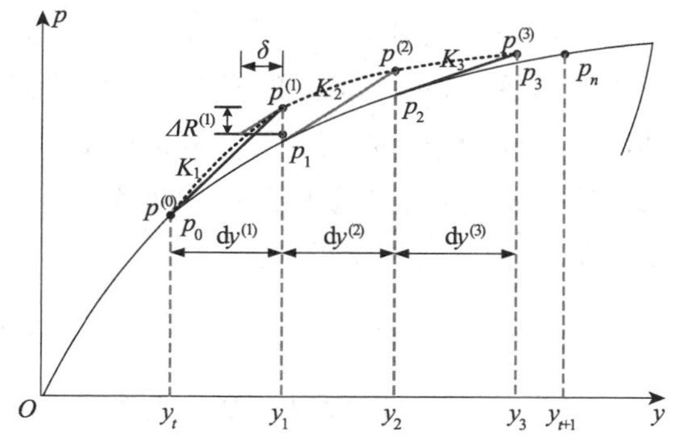

图 5.5　增量步修正刚度迭代过程

第 1 步，位移步起始点 y_t 对应土体抗力 $p^{(0)}=p_0$ 和切线刚度 K_1，当计算步长为 $\mathrm{d}y^{(1)}$ 时，位移 $y_1=y_t+\mathrm{d}y^{(1)}$，荷载 $p^{(1)}=p_0+K_1\mathrm{d}y^{(1)}$。

第 2 步，在反复加卸载作用下，先判断 $\mathrm{d}y$ 是否发生反转，然后结合式(5.13)—式(5.20)得到位移点 y_1 对应弹塑性元件或拖拽间隙元件的抗力 f_1 和刚度 G_1，计算不平衡荷载量 $\Delta R^{(1)}=p^{(1)}-f_2$。

第 3 步，判别 $\Delta R^{(1)}$ 是否满足计算精度(tolerance，可简写为 TOL)：若满足 TOL，则土体抗力 $p_1=p^{(1)}$，切线刚度 $K_2=G_2$；若不满足 TOL，则计算不平衡荷载量 $\Delta R^{(1)}$ 对应的负向残余位移 $\delta=\Delta R^{(1)}/G_1$，其中 $\delta<0$，重新计算 $p^{(1)}=p_0+K_1\mathrm{d}y^{(1)}+K_2\delta$，直至满足计算精度 TOL。

第 4 步，位移步起始点变为 y_1，重复第 1 步～第 3 步，得到土体抗力 $p_2=p^{(2)}$ 和切线刚度 $K_3=G_3$。

重复第 4 步，可以得到 y_0，y_1，…，y_n 对应的真解 p_0，p_1，…，p_n。切线刚度法的计

算精度与增量步数量有关，当增量步 n 足够多时，切线刚度法的计算结果接近真解。

5.2.5 土体与桩身阻尼

在桩-土-结构动力相互作用时，土体作为振动能量耗散的载体，主要包括辐射阻尼和滞后阻尼。在已有桩土动力相互作用分析中，普遍采用弹性波以辐射阻尼形式将桩身振动能量向土中传播(Wang 等，1998；Boulanger 等，1999；ElNaggar 和 Bentley，2000；Tabesh 和 Poulos，2001；Gerolymos 和 Gazetas，2005；Brandenberg 等，2013；Heidari 等，2014)。然而，在动力荷载作用下的桩周土体的滞回阻尼和辐射阻尼是相互耦合作用的(Gerolymos 和 Gazetas，2005；Shadlou 和 Bhattacharya，2014)。土体弹性元件与辐射阻尼并联，可以最大限度地符合弹性波传播理论(Wang 等，1998)；塑性元件与滞回阻尼并联，表明塑性变形受到滞后阻尼的影响较大(ElNaggar 和 Bentley，2000)。土体辐射阻尼 c_r 和滞后阻尼 c_h 可以由以下公式(Makris 和 Gazetas，1993)近似得到：

$$c_r = 6\left(\frac{\omega d}{V_s}\right)^{-0.25} \rho_s V_s d \tag{5.24}$$

$$c_h = 2\eta \frac{k_h}{\omega} \tag{5.25}$$

式中，ρ_s 为土体密度；V_s 为剪切波速；d 为桩的直径；ω 为运动频率；η 为滞后阻尼比；k_h 为侧向刚度(一般地，$k_h = 1.2E_s$，E_s 为土体弹性模量)。

式(5.24)和式(5.25)是与频率 ω 有关的土体阻尼形式，其中 ω 为外荷载频率，当应用到地震作用下桩周土体的阻尼分析时，频率 ω 可取为土体的自振频率。Makris 和 Gazetas (1993)的研究表明，当 ω 低于土体自振频率时，式(5.24)得到的辐射阻尼 c_r 变得非常小，土体阻尼主要为滞后阻尼 c_h。土体的非线性变形、桩土分离以及土体强度和刚度退化等因素都会影响辐射阻尼在塑性阶段发生作用(Heidari 等，2014)。此外，Wang 等(1998)建议辐射阻尼 c_r 由下式简化得到：

$$c_r = 4\rho_s V_s d \tag{5.26}$$

在动力 p-y 滞回环模型中，土体阻尼刚度 K_d 采用下式得到：

$$K_d = \frac{K_r K_h}{K_r + K_h} \tag{5.27}$$

式中，

$$K_r = c_r \frac{y_e}{y} \tag{5.28}$$

$$K_h = c_h \frac{y_p}{y} \tag{5.29}$$

式中，辐射阻尼刚度 K_r 或滞后阻尼刚度 K_h 分别与弹性位移 y_e 或塑性位移 y_p 对应总位移 y 的比率成正比。

5.2.6　计算平台

计算平台采用开源软件 OpenSees，实现桩-土-结构的动力相互作用计算，研究主要关注动力非线性滞回环单元的适用性和动力 p-y 分析方法的准确性。为描述高频非规则循环荷载作用下的桩土相互作用关系，将动力 p-y 滞回环单元添加到 OpenSees 的 uniaxial 材料库中，以材料 pyTJ 的形式实现。构建材料 pyTJ 的命令如下：

uniaxialMaterial pyTJ $tag $soiltype $pult $y50 $dragratio $alpha $zeta $dashpot <$damp_ratio $omiga>

$tag	材料整型标识
$soiltype	p-y 骨干曲线整型标识（黏土＝1 或砂土＝2）
$pult	桩侧土体极限承载力
$y50	$1/2p_{ult}$ 时的桩身水平变形
$dragratio	拖拽参数 C_d
$alpha	间隙修正参数 α
$zeta	退化修正系数 ζ
$dashpot	土体阻尼
$damp_ratio	土体滞后阻尼比，默认为 0
$omiga	当 $damp_ratio 不为 0 时，取为土体自振频率

桩身可采用 dispBeamColumn 梁单元进行模拟，滞回环单元采用 zeroLength 零单元。零单元的一个节点与桩节点采取主从连接，即在荷载作用方向上具有相同的位移。零单元的另一端作用土层运动位移。桩单元可以发生水平方向的运动，zeroLength 零单元仅可以在水平方向运动，约束桩节点和土节点自由度。采用 Newmark 积分算法（$\gamma=0.6$，$\beta=0.3025$）或 HHT 积分算法（Zhang 等，2005）对地震位移时程进行自适应时间步计算，对时间增量步内的总刚度矩阵进行 Newtown-Raphson 迭代计算，采用位移残差范数小于 10^{-4} 控制收敛条件。

5.2.7　动力 p-y 分析方法验证

1. 验证案例一

Tuladhar 等（2008）对预应力混凝土桩进行现场水平循环荷载试验，结果表明，针对循环荷载下的水平桩计算应考虑桩土分离和土体退化效应。

测试采用的预应力桩外径 300 mm，壁厚 60 mm，桩长 26 m，混凝土的抗压强度为 $f'_c=69$ MPa，纵向钢筋的屈服应力为 $f_y=1\,325$ MPa，混凝土有效预应力为 5 MPa。桩截面的屈服弯矩为 $M_y=42$ kN • m，极限弯矩为 $M_u=51.2$ kN • m，应变硬化率（屈服后切线与初始弹性正切之比）为 0.26，桩的弹性模量可以通过由实测的弯矩曲率关系得到的短期刚度除以截面的惯性矩得到。桩埋入土中 24.8 m，测试荷载采用位移控制（图 5.6），作用在桩顶

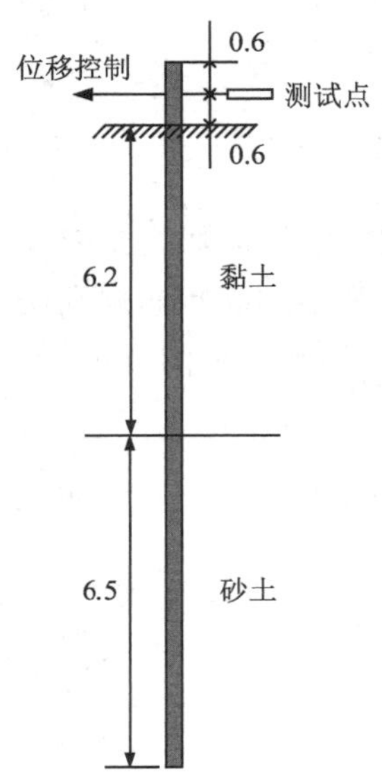

图 5.6　试验概况

下方 1.2 m 处，位移加载方式如图 5.7 所示，水平循环加载采用位移控制，加载模式为周期型三角位移加载，且位移加载幅值逐渐增加，共设置 7 个加载周期。模型计算深度取至 12.6 m（Tuladhar 等，2008；Heidari 等，2014），土层深度在 0～6 m 时为黏土，重度为 15.7 kN/m³，剪切强度为 33 kPa；土层深度在 6～12.5 m 时为砂土，重度为 18.6 kN/m³，剪切强度为 140 kPa，内摩擦角为 39°。

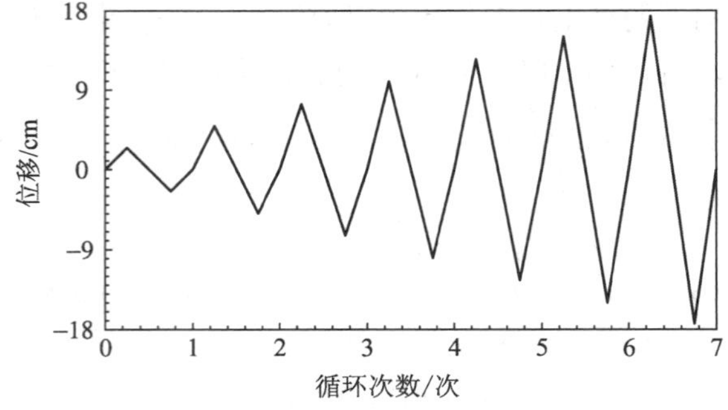

图 5.7　位移加载控制

在计算时，桩身水平方向运动偏微分方程如下：

$$EI\frac{\partial^4 u}{\partial z^4}+K_h u=p \tag{5.30}$$

式中，EI 为桩的抗弯刚度，梁单元的刚度 $EI\left(\frac{\partial^4 u}{\partial z^4}\right)$ 可以通过 Gauss-Legendre 积分规则得到；u 为桩身的水平变形；z 为深度；K_h 为土体侧向切线刚度，由滞回环的切线刚度得到；p 为桩顶循环荷载。式(5.30)可以通过非线性有限元法进行解算，计算平台采用开源软件 OpenSees，桩身采用 dispBeamColumn 梁单元，滞回环采用 zeroLength 零单元，单元的一个节点与桩节点相连接，约束桩节点和零单元节点自由度，满足桩在荷载平面内运动。

在水平双向循环荷载作用下，可以观察到桩身两侧接触面有明显的分离，表明已发生桩土分离，土体退化现象显著（Tuladhar 等，2008）。滞回环参数取值为 $\alpha=0.4$，$\zeta=2.5$ 和 $C_d=0.05$。图 5.8 为测试点的荷载-位移曲线，对比表明：理论与试验结果吻合较好，在形态上接近，滞回环均为梭形。图 5.9 为理论与实测的桩身曲率分布对比图，计算结果可以反映桩身曲率分布。

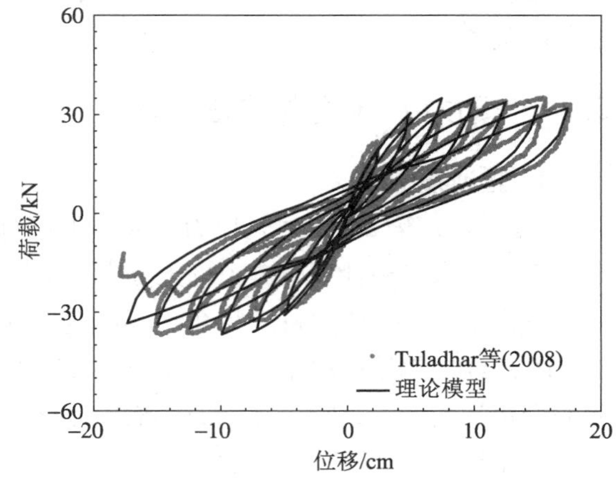

图 5.8　实测荷载-位移曲线

2. 验证案例二

Wilson 等（1997）在加州大学戴维斯

分校的旋转半径为 9 m 的动力离心机中进行了桩-土-结构相互作用的试验。本节采用试验编号为 Csp4 的单桩-土-结构相互作用的试验数据，验证不同地震动输入强度下单桩动力 p-y 分析方法的准确性。图 5.10 所示为桩土地震响应离心试验模型，离心加速度为 30g。除了特别说明，本节计算均采用换算后的原型尺寸。桩为空心管，长度为 20.57 m，外径为 0.67 m，截面积为 0.135 m^2，单位长度的质量为 0.37 Mg，弹性模量为 68.9 GPa，抗弯刚度为 417 MN • m^2，转动惯量为 6.06×10^{-3} m^4，泊松比为 0.3。SP1 柱顶刚接质量为 49.1 Mg 的方形质量块 SS1，结构和柱的高度为 3.81 m；SP2 柱顶刚接质量为 45.1 Mg 的方形质量块 SS2，结构和柱的高度为 7.32 m。底部土层砂土厚度为 11.4 m，重度为 16.9 kN/m^3，内摩擦角约为 38°，相对密度为 75%～80%，不均匀系数为 1.5，平均粒径为 0.15 mm；上部为正常固结的海相淤泥，厚度为 6.1 m，重度为 15.7 kN/m^3，液限为 88%，塑限为 48%，含水率为 140%，不排水剪切强度为 2.8～14.9 kPa。

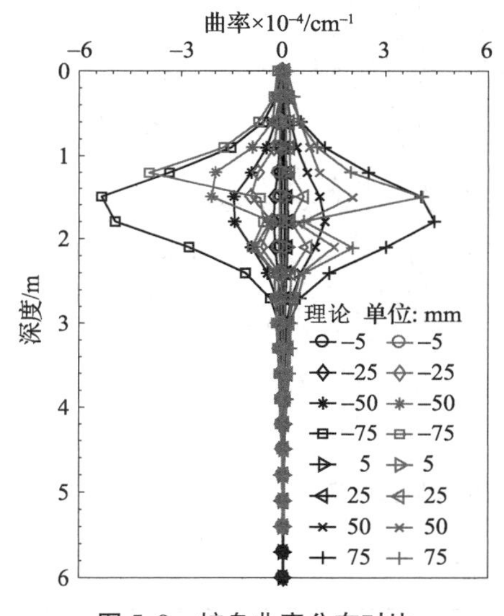

图 5.9　桩身曲率分布对比

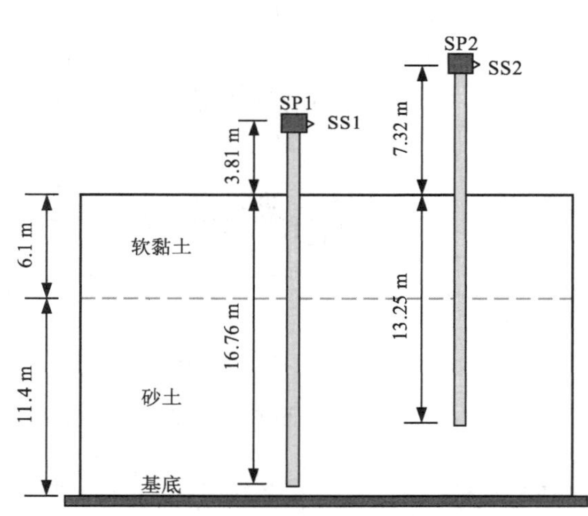

图 5.10　桩土地震响应离心试验模型

试验剪切箱基座输入的地震波来自 1995 年的 Kobe 地震，峰值加速度从 0.016g 到 0.58g，共 4 个地震事件，模拟了不同振动水平下的桩-土-结构相互作用，如表 5.1 所示。当对加速度信号进行积分变换求位移时域时，振动信号中的低频成分对位移振动幅值的大小有决定作用，测试信号在加速度传感器频率范围外的不稳定和传感器周围环境干扰都会造成位移漂移，因此需要对振动信号进行预处理。图 5.11 所示试验 Csp4 中剪切箱基底实测加速度响应（a）和傅里叶谱幅值（F）如，其中加速度信号经过了频域为 0.2～25 Hz 的带通滤波。在试验时，基底实测的加速度信号形态基本上一致，频率成分也基本保持一致。其中，试验 Csp4 实测加速度的卓越频率分量为 0～4 Hz。

动力 p-y 滞回环由 7 个参数确定：桩侧极限抗力 p_{ult}，桩身水平变形 y_{50}，桩土拖拽参数 C_d，间隙修正参数 α，退化修正系数 ζ，辐射阻尼 C_r 和滞后阻尼 C_h。模型参数确定和计算公式如表 5.2 所示。

表 5.1　　　　基座输入地震波信息分析

试验编号	序号	地震名称	试验基底输入 a_{max}/g	持续时间 t/s
Csp4	B	Kobe	0.055	20
	C		0.016	20
	D		0.20	20
	E		0.58	20

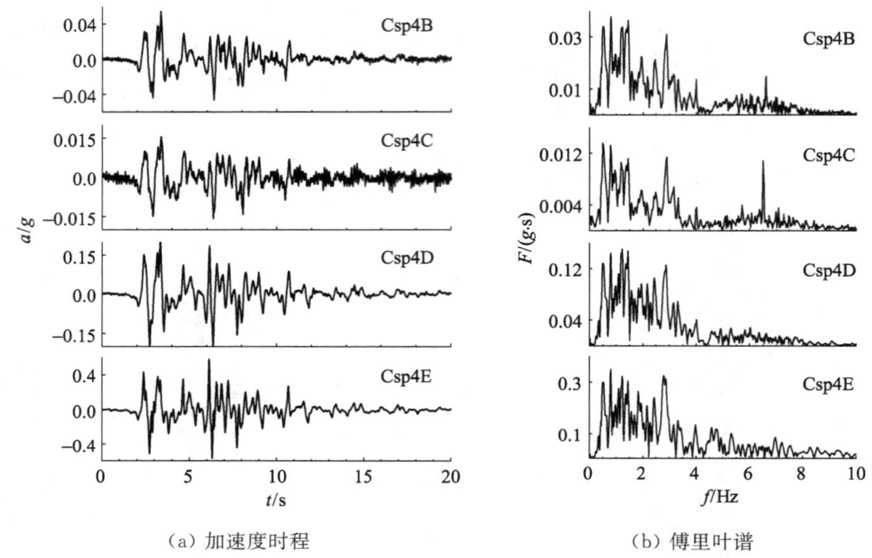

图 5.11　试验 Csp4 基底实测加速度及傅里叶谱

表 5.2　　　　动力 p-y 滞回环模型参数

参数	软黏土	砂土
p_{ult}	$N_p c_u d$ (Matlock,1970) $N_p = \begin{cases} 3+\dfrac{\gamma' z}{d}+\dfrac{Jx}{d}, & z \leqslant z_r \\ 9, & z > z_r \end{cases}$ 其中,d 为桩宽度,z 为深度,c_u 为不排水抗剪强度,γ' 为土体平均有效重度,$z_r = 6d/(\gamma' d/c_u + J)$,一般黏土 $J = 0.5$,稍硬黏土 $J = 0.25$	$A_s \cdot \min\{p_{us}, p_{ud}\}$(API,2000) $p_{us} = \gamma z\left[\dfrac{K_o z\tan\varphi\tan\beta}{\tan(\beta-\varphi)\cos\alpha}+\dfrac{\tan\beta}{\tan(\beta-\alpha)}(d+z\tan\beta\tan\alpha)+K_o z\tan\beta(\tan\varphi\sin\beta-\tan\alpha)-K_o d\right]$ $p_{ud} = \gamma z d[K_a(\tan^8\beta-1)+K_o\tan\varphi\tan^4\beta]$ 其中,γ 为土体重度,φ 为土体内摩擦角,A_s 为修正系数(Reese 等,2002),$\alpha = \varphi/2$, $\beta = 45° + \varphi/2$, $K_o = 1 - \sin\varphi$, $K_a = \tan^2(45° - \varphi/2)$
y_{50}	$2.5\varepsilon_{50} d$ 其中,ε_{50} 为最大主应力差一半时的应变值	$\operatorname{atanh} 0.5\dfrac{p_{ult}}{K^* z}$, $K^* = K\sqrt{50/\sigma'_v}$ (Boulanger 等,2003),其中,σ'_v 为有效应力,K 为关于 φ 的函数
C_d	0.1	

（续表）

参数	软黏土	砂土
α	0.25	
ζ	Csp4：SP1 取值 0.2，SP2 取值 0.4；Csp5：SP1 取值 0.4，SP2 取值 0.6	
c_r	$4\rho_s V_s d$	
c_h	$2\eta\dfrac{k_h}{\omega}$，阻尼比 $\eta=0.02$，土体平均剪切波速 $V_{avg}=\dfrac{H}{\sum_{i=1}^{n}\dfrac{H_i}{V_{si}}}$，土体自振频率 $\omega=2\pi\dfrac{V_{avg}}{4H}$ 软黏土 $k_h=\dfrac{p_{ult}}{8\times0.35^2 y_{50}}$，砂土 $K_{in}=\dfrac{3Kz\sqrt{50/\sigma'_v}}{5\text{atanh}\,0.2}$	

图 5.12 和图 5.13 是 SP1 上部结构 SS1 的加速度时程 a 和阻尼比为 5%的反应谱 S_a 的计算结果与实测结果对比，图 5.14 是 SP1 的桩身峰值弯矩 M_{max} 和峰值位移 D_{max} 的计算结果与实测结果对比。结果表明：①SS1 加速度的计算结果与实测响应比较一致，计算结果能够很好地描述上部结构的惯性响应；②当输入振动水平逐渐增大时，计算结果能够反映上部结构等效成单质点时周期从 1.0 s 到 2.0 s 的变化；③桩身峰值弯矩和峰值位移随输入振动水平的增大而增大。

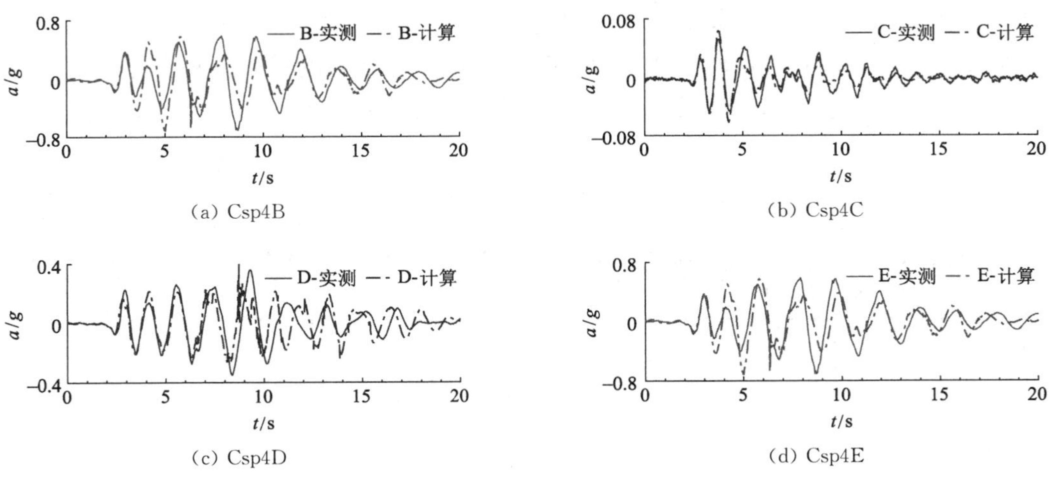

图 5.12 SP1 上部结构 SS1 的加速度时程对比

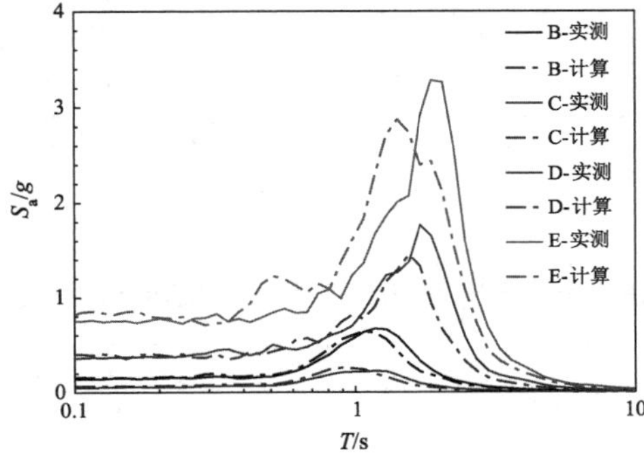

图 5.13 SP1 上部结构 SS1 反应谱对比（阻尼比为 5%）

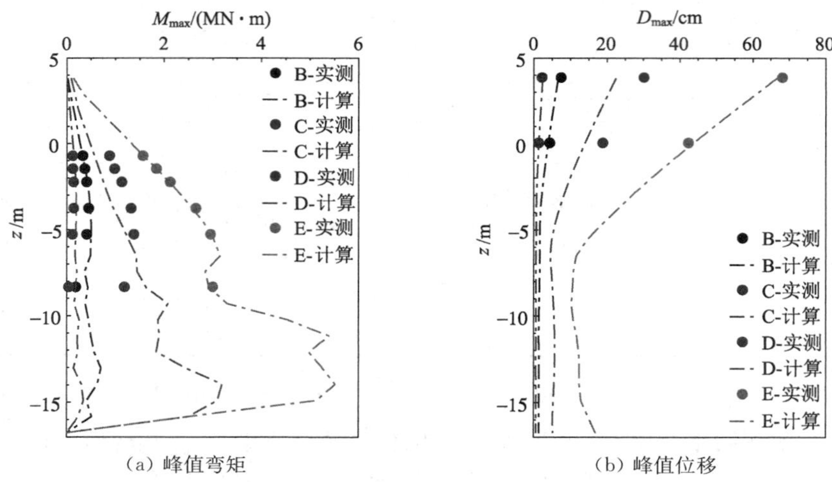

(a) 峰值弯矩　　(b) 峰值位移

图 5.14　SP1 峰值弯矩和峰值位移对比

图 5.15 和图 5.16 是 SP2 上部结构 SS2 的加速度时程 a 和阻尼比为 5%的反应谱 S_a 的计算结果与实测结果对比，图 5.17 是 SP2 的桩身峰值弯矩 M_{max} 和峰值位移 D_{max} 的计算结果与实测结果对比。结果表明：①SS2 加速度的计算结果与实测响应比较一致；②计算结果反映了上部结构的等效周期在 2.0 s 附近，输入振动水平并没有显著改变上部结构的等效周期；③桩身峰值弯矩和峰值位移随输入振动水平的增大而增大。

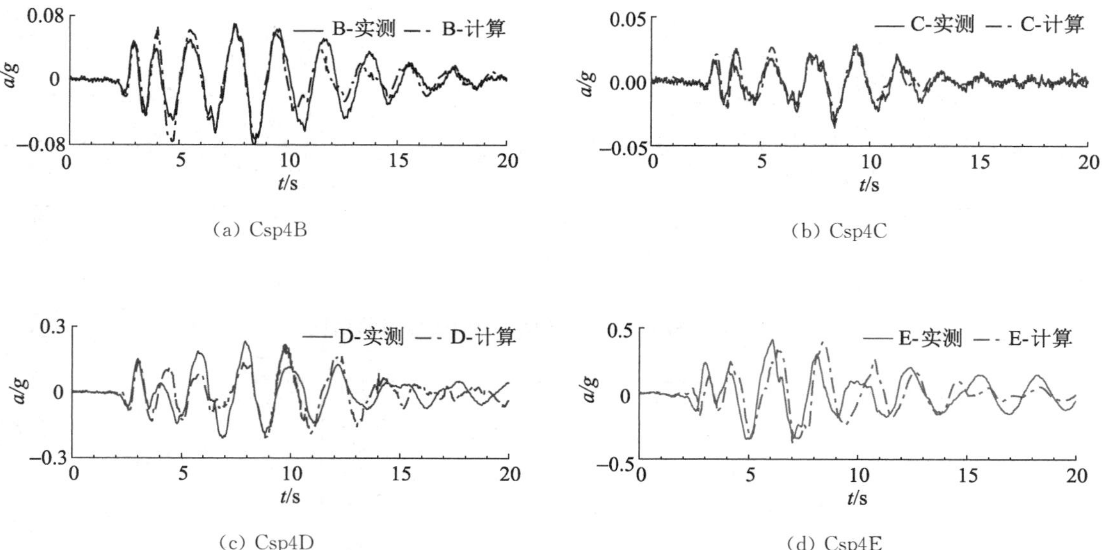

(a) Csp4B　　(b) Csp4C

(c) Csp4D　　(d) Csp4E

图 5.15　SP2 上部结构 SS2 的加速度时程对比

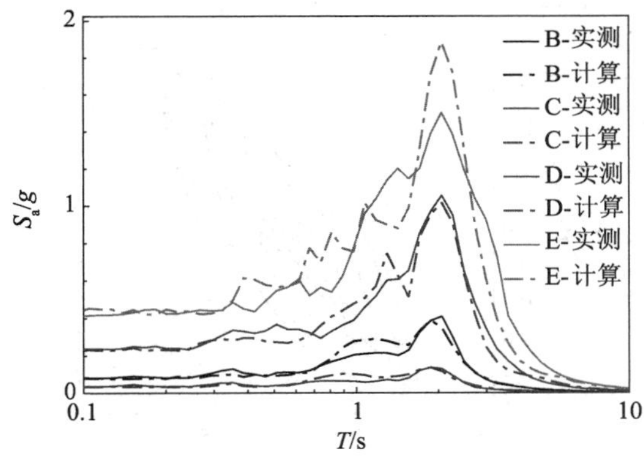

图 5.16　SP2 上部结构 SS2 反应谱对比(阻尼比为 5%)

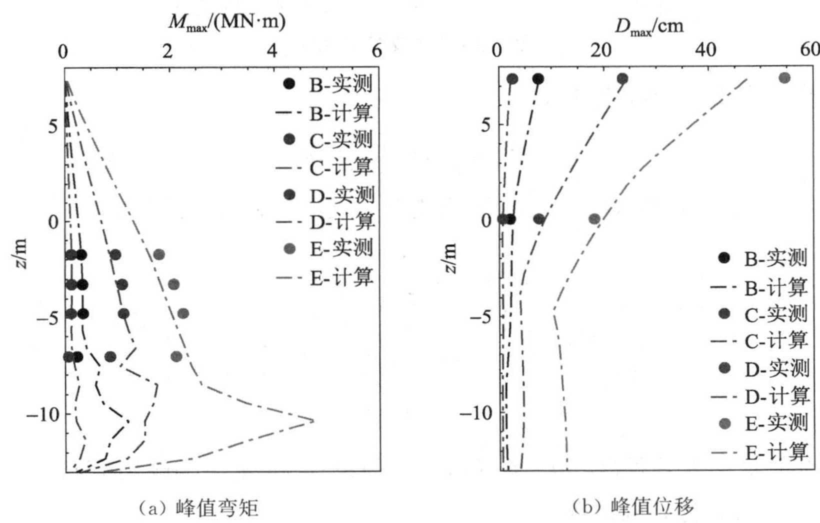

图 5.17　SP2 峰值弯矩和峰值位移对比

5.2.8　滞回圈输出程序

如图 5.18 所示，建立两个节点(节点 1 和节点 101)，节点 101 各自由度均被约束，节点 1 水平方向自由，在这两个节点之间建立 p-y 弹簧，并在节点 1 上施加循环位移荷载，输出弹簧力与弹簧位移，绘制滞回圈(图 5.19)。

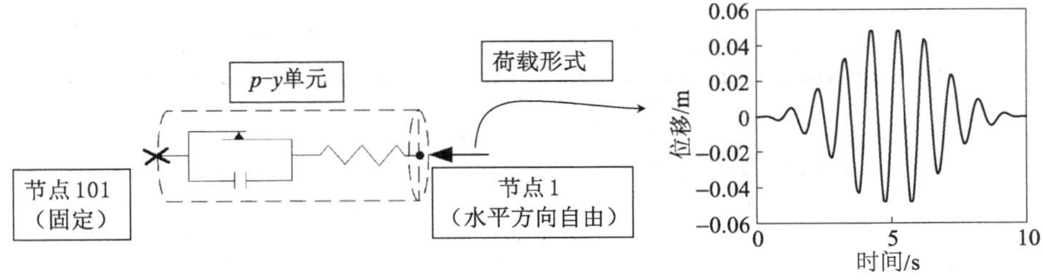

图 5.18　滞回圈生成模型示意图

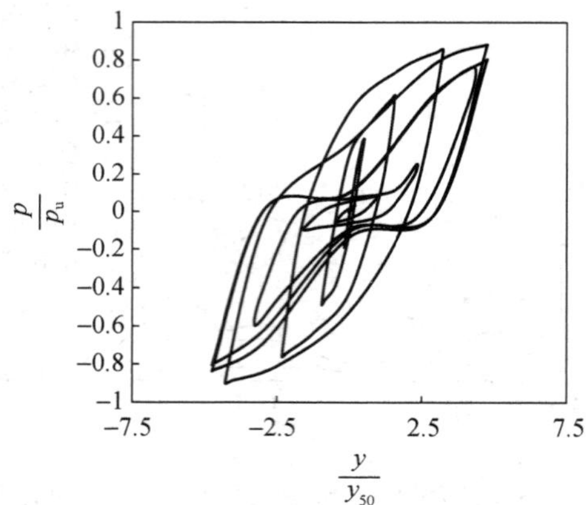

p_u—极限抗力；y_{50}—土抗力发挥到50%极限抗力时对应的位移。

图 5.19　生成的滞回圈

荷载时程按照下面的规则进行构造：

$$a(t)=F(t)\cdot A\cdot \sin(2\pi f\cdot t) \tag{5.31}$$

式中，A 为荷载峰值；f 为频率；$F(t)$ 为强度包络线的函数，其形式如下：

$$F(t)=\begin{cases}\left(\dfrac{t}{t_1}\right)^2, & 0\leqslant t<t_1\\ 1, & t_1\leqslant t<t_2\\ e^{-c(t-t_2)}, & t\geqslant t_2\end{cases} \tag{5.32}$$

式中，$0\sim t_1$ 为峰值的上升段；$t_1\sim t_2$ 为峰值的平稳段；t_2 时刻后为峰值衰减段；e 为自然常数（e ≈2.718 28）；c 为衰减系数。

以下 tcl 代码可以输出循环荷载作用下的 p-y 单元滞回圈（以 OpenSees 材料库中的 PySimple1 材料为例）。

```
##########################################################################
#####
#####                    滞回圈输出程序
#####
#####             Units: m, s, kN, kPa, Mg
#####
##########################################################################
wipe
model BasicBuilder -ndm 2 -ndf 2

# 建立节点
node 1       0 0   # fixed spring nodes
```

```
node 101    0 0   # slave spring nodes
# 建立约束
fix 1         0    1
fix 101       1    1

# 建立材料
uniaxialMaterial PySimple1 33 2 1000 0.005 0.1

puts "Finished creating all p-y material objects..."

# 建立单元
element zeroLength 1 1 101 -mat 33   -dir 1

# 输出记录
eval "recorder   Node   -file pyForce.out   -time   -node 1   -dof 1      reaction"
eval "recorder   Node   -file pyDisps.out   -time   -node 1   -dof 1      disp"
puts "Finished creating Recorders..."

# 荷载时间曲线
timeSeries Path 1 -dt 0.1 -filePath DispNode.txt -factor 1
# 施加荷载
pattern   MultipleSupport    1   {
              groundMotion         1    Plain    -disp       1
              imposedMotion       1       1           1
  }

# 计算参数
constraints Penalty 1.e18
test             NormDispIncr 1.0e-4 35 1
algorithm    KrylovNewton
numberer      RCM
system          UmfPack
integrator TRBDF2
analysis      Transient
puts "Finished creating computing options..."

# 计算
analyze   102   0.1
##################################################################
```

5.3 基于单一弹簧 p-y 模型拓展的多弹簧模型

研究表明，利用 API 规范推荐的 p-y 曲线分析单桩基础时，会严重低估桩体刚度和极限承载力，低估程度将随着单桩桩径 D 的增大（即长径比 L/D 减小）而越发显著。造成这种“桩径效应”的原因在于：海上风机大直径单桩通常为刚柔性桩或刚性桩，显著区别于柔性长桩桩底几乎无变形的特性，其桩底往往存在反向踢脚，并表现出较明显的位移和转角。在这种情况下，桩底剪力、桩底弯矩和桩侧摩阻力对水平抗力的贡献不可忽略，且这些贡献占比将随着 D 的进一步增大、L/D 的进一步减小而凸显。API 规范中的 p-y 曲线仅考虑了水平土阻力，忽略了上述额外抗力贡献，导致对大直径单桩桩体刚度和承载力的低估。为解决这个问题，基于单一弹簧 p-y 模型拓展的多类弹簧桩土分析模型，考虑了上述额外抗力贡献，成为目前主流使用的模型。下面将对四弹簧模型和双弹簧模型进行简要介绍。

5.3.1 四弹簧模型

英国碳信托公司联合牛津大学、帝国理工大学和都柏林大学等顶尖科研院校，开展了一项工业界与学术界联合项目——PISA（PIle Soil Analysis project）项目，旨在开发新的海上风机单桩基础分析模型。该项目针对黏土地基单桩基础开展了系统性的现场试验和精细化有限元数值模拟分析，如图 5.20 所示。

(a) 试验现场

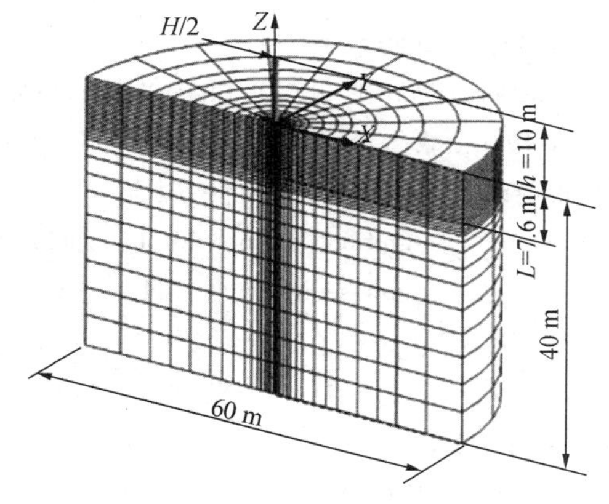

(b) 三维有限元模型

图 5.20 PISA 项目试验现场与三维有限元模型

基于现场实测结果与数值模拟结果，PISA 提出了四弹簧模型用于单桩分析，如图 5.21 所示（Byrne 等，2020；Burd 等，2020）。相比于传统的单一弹簧 p-y 模型，PISA 模型在其基础上引入了考虑桩底剪力的集中水平弹簧 H_B-y_B、考虑桩底反力弯矩的集中转动弹簧 M_B-ψ_B 和沿桩身分布考虑桩侧摩阻力的分布式转动弹簧 M_z-ψ_z，形成了四弹簧模型。四弹簧模型能够充分考虑上述额外抗力贡献，全面地描述复杂桩土相互作用。

在四弹簧模型中，各弹簧所代表的桩土反力曲线均采用圆锥函数来表示：

$$-n\left(\frac{\bar{y}}{\bar{y}_u}-\frac{\bar{x}}{\bar{x}_u}\right)^2+(1-n)\left(\frac{\bar{y}}{\bar{y}_u}-\frac{\bar{x}k}{\bar{x}_u}\right)\left(\frac{\bar{y}}{\bar{y}_u}-1\right)=0 \tag{5.33}$$

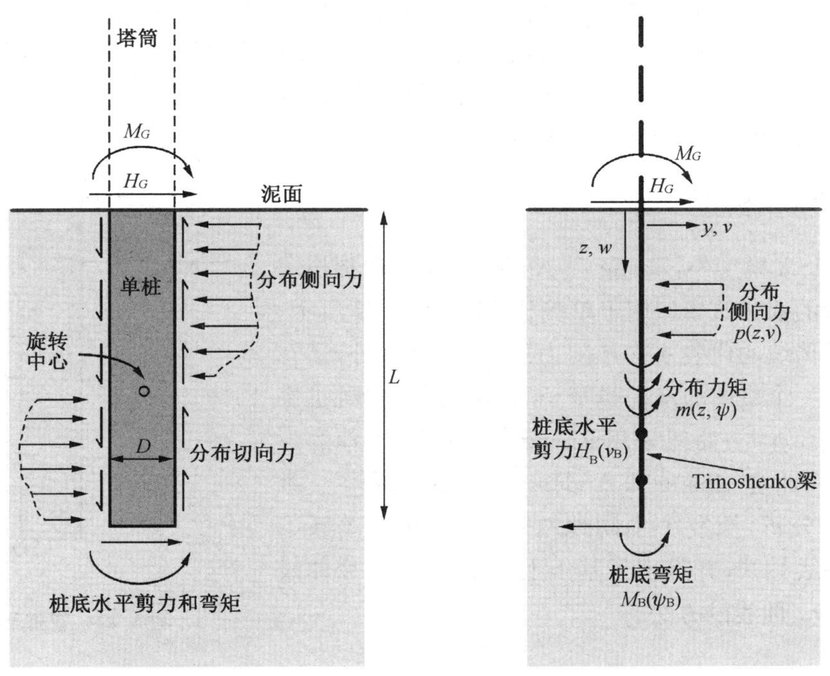

图 5.21　PISA 项目提出的四弹簧模型

式中，n 为控制曲线从初始段到极限状态间过渡段的非线性程度的模型参数；$\bar{y}$ 和 $\overline{y_u}$ 分别为无量纲的弹簧抗力和极限抗力；$\bar{x}$ 和 $\overline{x_u}$ 为无量纲的变形和极限抗力对应的变形；k 为无量纲曲线的初始刚度。

求解式(5.33)可得以下显式表达：

$$\bar{y}=\begin{cases}\overline{y_u}\dfrac{2c}{-b\pm\sqrt{b^2-4ac}}, & \bar{x}\leqslant\overline{x_u}\\ \overline{y_u}, & \bar{x}>\overline{x_u}\end{cases} \tag{5.34}$$

式中，

$$a=1-2n \tag{5.35}$$

$$b=2n\frac{\bar{x}}{\overline{x_u}}-(1-n)\left(\frac{\bar{y}}{\overline{y_u}}-\frac{\bar{x}k}{\overline{y_u}}\right) \tag{5.36}$$

$$c=(1-n)\frac{\bar{x}k}{\overline{y_u}}-n\frac{\bar{x}^2}{\overline{x_u}^2} \tag{5.37}$$

各分量所对应的无量纲表达式详见 Burd 等(2020)的研究文献，在此不再赘述。

必须指出的是，PISA 模型运用 4 种类型的土弹簧综合考虑了水平土阻力、桩底剪力、桩底反力弯矩和桩侧摩阻力贡献，克服了“桩径效应”的问题。但是，四弹簧模型中桩土反力曲线参数较多(共 16 个模型参数),导致应用起来复杂繁琐。虽然 PISA 项目基于大量有限元参数分析推荐了针对特定土质条件、桩基尺寸和加载特性的模型参数取值,但其仅能作为参考,在进行实际工程设计分析时,仍需根据实际情况开展三维有限元分析,标定具体的模型参数,这也给工程设计人员带来不小的挑战。

5.3.2 双弹簧模型

除了 PISA 模型外,Zhang 和 Andersen(2019)提出了一个简化版的双弹簧模型用于单桩分析,如图 5.22 所示。该模型除了传统的代表水平土阻力的 $p-y$ 弹簧外,还在桩底增加了一个集中的水平弹簧 $s-u$ 用于描述单桩桩底剪力的影响。$p-y$ 曲线采用 Zhang 等(2017)推荐的形式;对于 $s-u$ 曲线,Zhang 和 Andersen(2019)开展了三维有限元参数分析,探究了不同地基土应力-应变关系下 $s-u$ 弹簧的表达式,并提出了基于土单元应力-应变曲线缩放得到 $s-u$ 曲线的方法。

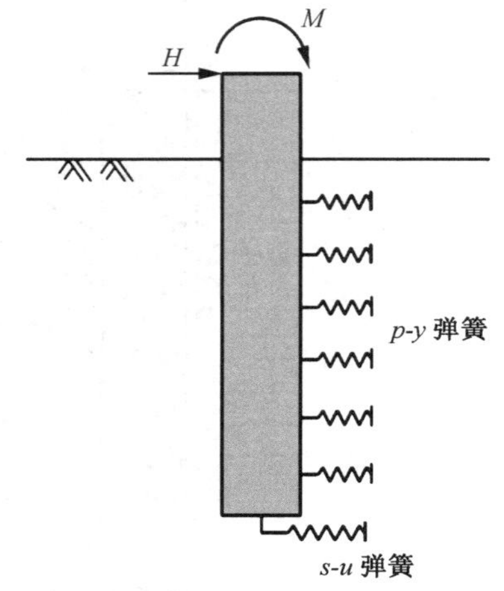

图 5.22 双弹簧模型

第 6 章
海洋与深水桩基集总参数模型及其改进

为详细展示海洋与深水桩基集总参数模型及其动力阻抗函数的改进过程，本章将结合 Dezi 等(2010)针对完全埋入单桩地震响应的研究成果，基于达朗贝尔原理和动力 Winkler 地基模型，将桩基划分为有限梁单元，假设土体为相互独立的薄层，并将水流冲刷效应纳入考虑范畴，修正了地基模型的关键土体参数，建立了频域中考虑应力历史影响的冲刷条件下的单桩三维动力分析模型(6.1 节)；在所关心的上部结构频率范围内，通过最小二乘法对上述分析模型给出的桩基动力阻抗函数进行拟合，得到了由多个与频率无关的质量块、阻尼器、弹簧等物理元件组合而成的集总参数模型(6.2.1 节)；基于 OpenSees 平台搭建了集总参数模型，并建立了上部结构模型，进而在时域中对冲刷条件下的单桩-结构地震响应进行分析(6.2.2 节)；最后，本章在结尾处分别展示了桥梁(6.3.1 节)及海上风机(6.3.2 节)的实际工程应用案例。

6.1 冲刷条件下的基础动力阻抗函数

冲刷是一个在较长时间内持续存在的状态，因此，位于地震与冲刷频发地带的桥梁结构在长期冲刷状态下同时遭遇地震作用的概率相当高。例如，2009 年 1 月，美国华盛顿州在发生洪水冲刷灾害后的第三周，遭受了 4.5 级地震，造成的经济和社会损失远高于单一地震作用造成的损失。海洋与深水基础在服役期间经常受到冲刷作用，冲刷效应会导致桩周土体的流失，引起桩基承载力及整体结构抗震性能的降低，严重威胁结构的正常运行。

洪水冲刷在带走桥梁桩基附近土层的同时，增加了其裸露长度，改变了桩周残余土体的应力状态及物理力学性质，从而将影响桩基乃至整个桥梁结构的动力特性。此外，从桥梁体系设计的角度出发，考虑地震和冲刷双重作用的一个难点在于：洪水冲刷通过改变基础的线弹性阻抗而对其动力特性乃至整个结构的抗震性能造成不利影响。已有许多研究提出，冲刷会使得地震作用中的桥梁稳定性进一步降低，桥梁基础同时受到地震和洪水威胁的实例也表明冲刷不仅影响桩基础在静力荷载下的水平响应，还会影响桩基础在地震作用下的动力响应。

对于水流条件更为复杂的海洋来说，海上风机较大的基础结构尺寸会产生更大的旋涡破坏，使得流速更快、淘刷作用更强，所以海上风机基础附近的冲刷作用更加显著。另外，近海风机的正常运行对下部基础的水平变形相较于桥梁也有着更高的要求，DNV GL 规定风机安装及水平受荷下的总变形转角不能超过 0.5°，但在当前规范中，尚未阐明局部冲刷效应对风机基础地震响应的影响，特别是对于高烈度区域，冲刷效应不可忽视。

综上所述，冲刷会进一步加剧结构的地震响应，基于 4.4 节已有的研究成果，本节将通过修正冲刷后地基模型的关键土体参数，建立频域中考虑应力历史影响的冲刷条件下的桩基三维动力分析模型，从而引入考虑冲刷作用的桩基动力阻抗，并基于子结构法提出一种可简便有效地用于冲刷作用下土-群桩-桥梁结构的地震响应分析的简化动力分析方法。

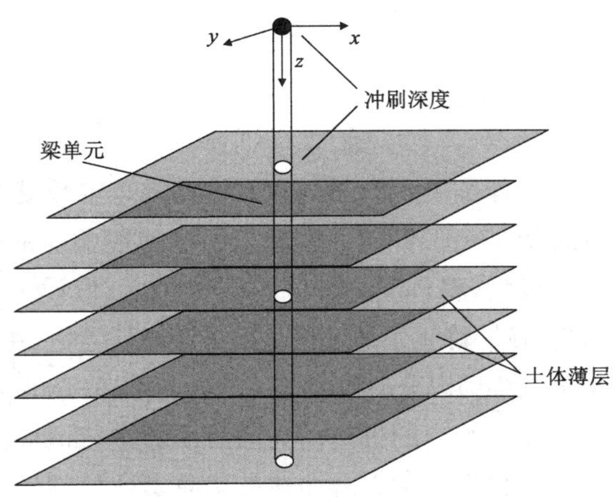

图 6.1　考虑冲刷深度的单桩三维动力分析模型

6.1.1　单桩动力阻抗函数

结合 Dezi 等(2010)的研究成果，将单桩划分为有限梁单元，并假设土体为相互独立的薄层，建立考虑冲刷深度的单桩三维动力分析模型，如图 6.1 所示。其中，桩长为 L，桩径为 d，冲刷深度为 S_d。

考虑右手坐标系{0; x, y, z}和冲刷深度 S_d，并基于达朗贝尔原理，建立频域中考虑冲刷深度的单桩动力平衡方程：

$$\int_0^L \boldsymbol{KDu}\cdot\boldsymbol{D}\hat{\boldsymbol{u}}\,\mathrm{d}z+\int_{S_d}^L \boldsymbol{K}_S\boldsymbol{u}\cdot\hat{\boldsymbol{u}}\,\mathrm{d}z-\omega^2\int_0^L \boldsymbol{Mu}\cdot\hat{\boldsymbol{u}}\,\mathrm{d}z=\int_{S_d}^L \boldsymbol{K}_S\boldsymbol{u}_{ff}\hat{\boldsymbol{u}}\,\mathrm{d}z,\ \forall\,\hat{\boldsymbol{u}}\neq\boldsymbol{0} \tag{6.1}$$

式中，$\boldsymbol{K}$ 和 $\boldsymbol{M}$ 分别为与频率无关的桩身刚度矩阵和质量矩阵[式(6.2)]；$\boldsymbol{u}(z)$ 为深度 z 处的桩身轴线变形向量[式(6.3)]；$\boldsymbol{D}$ 表示用以计算桩身应变的微分算子[式(6.4)]；$\hat{\boldsymbol{u}}(z)$ 为虚位移向量；$\boldsymbol{u}_{ff}(z)$ 为地震波作用下的土体自由场位移响应向量，其包含的土体自由场位移 $u_{ff}(z)$ 可通过一维(或三维)场地分析确定，也可简单由式(6.5)(一维)给出(Makris 和 Gazetas, 1992; Zhong 和 Huang, 2014)；$\boldsymbol{K}_S$ 为与频率相关的土体复刚度矩阵[式(6.6)]。为表达式的简洁，式中隐去了变量 z。

$$\boldsymbol{K}=E\begin{bmatrix}I&0&0\\0&I&0\\0&0&A\end{bmatrix},\quad \boldsymbol{M}=\rho\begin{bmatrix}A&0&0\\0&A&0\\0&0&A\end{bmatrix} \tag{6.2}$$

式中，E 为桩基杨氏模量；ρ 为桩基密度；I 和 A 分别为桩截面惯性矩和面积。

$$\boldsymbol{u}^{\mathrm{T}}(\omega;\ z)=[u_1\quad u_2\quad u_3] \tag{6.3}$$

$$\boldsymbol{Du}^{\mathrm{T}}(\omega;\ z)=\begin{bmatrix}\dfrac{\partial^2 u_1}{\partial z^2} & -\dfrac{\partial^2 u_2}{\partial z^2} & \dfrac{\partial u_3}{\partial z}\end{bmatrix} \tag{6.4}$$

式中，ω 为圆频率；u_1，u_2 和 u_3 分别为桩基轴线沿 x，y，z 方向的位移。

$$u_{ff}(z)=\frac{u_g}{\cos[(\omega/V_s)H_{soil}]}\cos\left(\frac{\omega}{V_s}z\right)=u_{ff0}\cos\left(\frac{\omega}{V_s}z\right) \tag{6.5}$$

式中，V_s 为土体剪切波速；H_{soil} 为土层厚度；u_g 和 u_{ff0} 分别为基岩和地表的位移。

$$\boldsymbol{K}_S(\omega;z)=\begin{bmatrix} k_h(\omega)+i\omega c_h(\omega) & 0 & 0 \\ 0 & k_h(\omega)+i\omega c_h(\omega) & 0 \\ 0 & 0 & k_v(\omega)+i\omega c_v(\omega) \end{bmatrix} \tag{6.6}$$

式中，沿水平向（h）和竖向（v）与频率相关的土体刚度和阻尼可根据以下公式（Makrix 和 Gazetas，1992，1993）得到：

$$k_h=1.2E_s \tag{6.7}$$

$$c_h(\omega)=2d\rho_s V_s\left[1+\frac{3.4}{\pi(1-\nu)}\right]\left(\frac{\omega d}{V_s}\right)^{-0.25}+2\xi\frac{k_h}{\omega} \tag{6.8}$$

$$k_v(\omega)=0.6E_s\left(1+\frac{1}{2}\sqrt{\frac{\omega d}{V_s}}\right) \tag{6.9}$$

$$c_v(\omega)=1.2\pi d\rho_s V_s\left(\frac{\omega d}{V_s}\right)^{-0.25}+2\xi\frac{k_v(\omega)}{\omega} \tag{6.10}$$

式中，ξ 为土体阻尼比；ν 为土体泊松比；E_s 和 ρ_s 分别为土体深度 z 处的杨氏模量和密度。

上述分析模型涉及的土体参数包括：阻尼比 ξ，剪切波速 V_s，泊松比 ν，密度 ρ_s 和杨氏模量 E_s。其中，剪切波速与杨氏模量、密度和泊松比有关，即 $V_s=\{E_s/[2\rho_s(1+\nu)]\}^{1/2}$（Novak，1974；Poulos 和 Davis，1980）。此外，桩基动力分析中的泊松比和阻尼比一般取常量。因此，杨氏模量和密度为上述分析模型的主要土体参数。其中，土体杨氏模量可通过经验公式与不排水抗剪强度 c_u 相关联，而土体密度随冲刷的变化较小。因此，结合 Lin 等（2014a，b）的研究成果，通过求解冲刷后残余土体的超固结比、有效重度和不排水抗剪强度等物理力学指标，进而对模型的关键土体参数（杨氏模量）进行修正，以考虑应力历史的影响。具体来说，参照前文的相关内容，冲刷后的残余土体的超固结比 OCR、有效重度 γ'_{sc} 和不排水抗剪强度 c_u^{sc} 的计算公式如下：

$$OCR=\frac{\gamma'_{int}H_{int}}{\gamma'_{sc}H_{sc}} \tag{6.11}$$

$$\gamma'_{sc}=v_{int}\gamma'_{int}\left[v_{int}+\kappa\ln\frac{(3-2\sin\varphi')OCR}{1+2(1-\sin\varphi')OCR^{\sin\varphi'}}\right]^{-1} \tag{6.12}$$

$$c_u^{sc}=c_u^{int}\left[\frac{(3-2\sin\varphi')OCR}{1+2(1-\sin\varphi')OCR^{\sin\varphi'}}\right]^{-\frac{C_{ur}}{C_c}} \tag{6.13}$$

式中，γ'_{int} 为冲刷前土体的有效重度；H_{int} 和 H_{sc} 分别为冲刷前后计算点到泥面的距离；φ' 为土体的有效内摩擦角；v_{int} 为冲刷前土体的比体积（与含水率 w 相关）；κ 为由各向同性固结试验得到的回弹指数；C_c 和 C_{ur} 分别为由一维固结试验得到的压缩指数和回弹指数；c_u^{int}

为冲刷前土体的不排水抗剪强度。

将式(6.13)代入土体杨氏模量与不排水抗剪强度的关系式，即 $E_s=\delta c_u$(δ 的确定详见前文相关内容)，即可得到冲刷后修正的土体杨氏模量：

$$E_s^{sc}=\delta c_u^{int}\left[\frac{(3-2\sin\varphi')OCR}{1+2(1-\sin\varphi')OCR^{\sin\varphi'}}\right]^{-\frac{C_{ur}}{C_c}} \tag{6.14}$$

式中，超固结比 OCR 可由式(6.11)和式(6.12)迭代计算得到。

由上述分析过程可知，若冲刷前土体参数(如土体的有效重度、有效内摩擦角、含水率和不排水抗剪强度)和冲刷深度已知，则可利用式(6.11)、式(6.12)和式(6.14)对冲刷条件下单桩三维动力分析模型的关键土体参数(杨氏模量)进行修正，以考虑应力历史的影响，同时也可得到冲刷后残余土体的其他物理力学指标。

基于冲刷后修正的模型土体参数(即修正的土体杨氏模量)，将桩身离散划分为 E 个单元，采用标准有限元法对上述考虑冲刷深度的单桩三维动力分析模型进行数值计算，动力平衡方程式(6.1)可表示为

$$\begin{aligned}&\sum_{e=1}^{E}\int_0^{L_e}\boldsymbol{K}(\boldsymbol{DN})\boldsymbol{d}^e\cdot(\boldsymbol{DN})\hat{\boldsymbol{d}}^e\mathrm{d}z+\sum_{e=(S_d/L)E+1}^{E}\int_0^{L_e}\boldsymbol{K}_S^{sc}\boldsymbol{N}\boldsymbol{d}^e\cdot\boldsymbol{N}\hat{\boldsymbol{d}}^e\mathrm{d}z-\\&\omega^2\sum_{e=1}^{E}\int_0^{L_e}\boldsymbol{M}\boldsymbol{N}\boldsymbol{d}^e\cdot\boldsymbol{N}\hat{\boldsymbol{d}}^e\mathrm{d}z\\&=\sum_{e=(S_d/L)E+1}^{E}\int_0^{L_e}\boldsymbol{K}_S^{sc}\boldsymbol{u}_{ff}\cdot\boldsymbol{N}\hat{\boldsymbol{d}}^e\mathrm{d}z,\quad\forall\hat{\boldsymbol{d}}^e\neq0\end{aligned} \tag{6.15}$$

式中，$\boldsymbol{K}_S^{sc}$ 为代入修正土体杨氏模量 E_s^{sc} 的冲刷后土体复刚度矩阵；$\boldsymbol{N}$ 为多项式插值形函数矩阵；$\boldsymbol{d}^e$ 为桩基节点位移向量。

$$\boldsymbol{N}(z)=\begin{bmatrix}n_1&&&n_2&n_3&&&n_4\\&n_1&&-n_2&&n_3&&-n_4\\&&n_5&&&&n_6&\end{bmatrix} \tag{6.16}$$

$$\begin{cases}n_1(z)=\left(1-\dfrac{3z^2}{L^2}+\dfrac{2z^3}{L^3}\right),\quad n_2(z)=L\left(\dfrac{z}{L}-\dfrac{2z^2}{L^2}+\dfrac{z^3}{L^3}\right)\\n_3(z)=\left(\dfrac{3z^2}{L^2}-\dfrac{2z^3}{L^3}\right),\quad n_4(z)=L\left(-\dfrac{z^2}{L^2}+\dfrac{z^3}{L^3}\right)\\n_5(z)=\left(1-\dfrac{z}{L}\right),\quad n_6(z)=\dfrac{z}{L}\end{cases} \tag{6.17}$$

$$\boldsymbol{d}^{e^T}(\omega)=[u_{1h},u_{2h},u_{3h},\varphi_{1h},\varphi_{2h},u_{1k},u_{2k},u_{3k},\varphi_{1k},\varphi_{2k}] \tag{6.18}$$

将桩基节点位移向量组合成唯一的位移向量，则式(6.15)可最终写为

$$(\boldsymbol{K}_P-\omega^2\boldsymbol{M}_P+\boldsymbol{Z}_P)\boldsymbol{d}=\boldsymbol{f} \tag{6.19}$$

式中，$\boldsymbol{K}_{\mathrm{P}}$ 为单桩全局刚度矩阵；$\boldsymbol{M}_{\mathrm{P}}$ 为单桩全局质量矩阵；$\boldsymbol{Z}_{\mathrm{P}}(\omega)$ 为冲刷后残余土体全局阻抗矩阵；$\boldsymbol{d}(\omega)$ 为单桩节点位移组合向量；$\boldsymbol{f}(\omega)$ 为土体自由场位移施加的作用力向量。为表达式的简洁，式中隐去了变量 ω。

假定桩头自由且 $\boldsymbol{d}_{\mathrm{F}}$ 和 $\boldsymbol{d}_{\mathrm{E}}$ 分别表示桩头位移和桩基位移，则式(6.19)可进一步写为

$$\begin{bmatrix} \boldsymbol{K}_{\mathrm{FF}} & \boldsymbol{K}_{\mathrm{EF}} \\ \vdots & \vdots \\ \boldsymbol{K}_{\mathrm{FE}} & \boldsymbol{K}_{\mathrm{EE}} \end{bmatrix} \begin{bmatrix} \boldsymbol{d}_{\mathrm{F}} \\ \vdots \\ \boldsymbol{d}_{\mathrm{E}} \end{bmatrix} = \begin{bmatrix} \boldsymbol{f}_{\mathrm{F}} \\ \vdots \\ \boldsymbol{f}_{\mathrm{E}} \end{bmatrix} \tag{6.20}$$

将式(6.20)简单变换，最终可得到考虑应力历史影响的冲刷条件下的单桩动力阻抗矩阵 $\boldsymbol{Z}_{\mathrm{F}}(\omega)$：

$$(\boldsymbol{K}_{\mathrm{FF}} - \boldsymbol{K}_{\mathrm{FE}}\boldsymbol{K}_{\mathrm{EE}}^{-1}\boldsymbol{K}_{\mathrm{EF}})\boldsymbol{d}_{\mathrm{F}} = \boldsymbol{f}_{\mathrm{F}} - \boldsymbol{K}_{\mathrm{FE}}\boldsymbol{K}_{\mathrm{EE}}^{-1}\boldsymbol{f}_{\mathrm{E}} \tag{6.21}$$

$$\boldsymbol{Z}_{\mathrm{F}}(\omega) = (\boldsymbol{K}_{\mathrm{FF}} - \boldsymbol{K}_{\mathrm{FE}}\boldsymbol{K}_{\mathrm{EE}}^{-1}\boldsymbol{K}_{\mathrm{EF}}) \tag{6.22}$$

$$\boldsymbol{Z}_{\mathrm{F}}(\omega) = \begin{bmatrix} K_x(\omega) & 0 & 0 & 0 & K_{x-\mathrm{r}y}(\omega) \\ & K_y(\omega) & 0 & K_{y-\mathrm{r}x}(\omega) & 0 \\ & & K_z(\omega) & 0 & 0 \\ & \mathrm{sym} & & K_{\mathrm{r}x}(\omega) & 0 \\ & & & & K_{\mathrm{r}y}(\omega) \end{bmatrix} \tag{6.23}$$

式中，$K_x(\omega)$ 和 $K_y(\omega)$ 为基础的水平向阻抗，$K_z(\omega)$ 为基础的竖向阻抗；$K_{\mathrm{r}x}(\omega)$ 和 $K_{\mathrm{r}y}(\omega)$ 为基础的摇摆阻抗；$K_{x-\mathrm{r}y}(\omega)$ 和 $K_{y-\mathrm{r}x}(\omega)$ 为基础的平移-摇摆耦合阻抗。

6.1.2　群桩动力阻抗函数

在上文对单桩的简化分析方法的基础上，结合 Dezi 等(2009)的研究成果，进一步建立冲刷条件下群桩基础的三维动力分析模型，如图 6.2 所示。其中，群桩桩数为 n，桩长为 L，桩径为 d，冲刷深度为 h(即冲刷前泥面与冲刷后泥面之间的距离)。

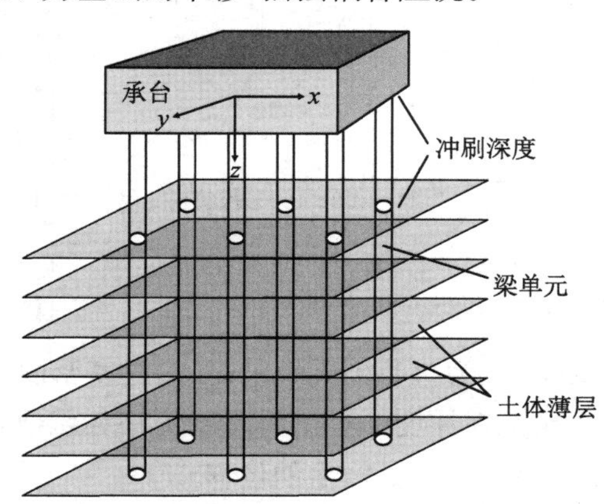

图 6.2　考虑冲刷深度的群桩基础三维动力分析模型

与单桩简化方法类似，基于达朗贝尔原理，并考虑冲刷深度 h，建立频域中的群桩基础动力平衡方程：

$$\int_0^L \boldsymbol{K}\boldsymbol{D}\boldsymbol{u} \cdot \boldsymbol{D}\hat{\boldsymbol{u}}\,\mathrm{d}z + \int_h^L \boldsymbol{K}_{\mathrm{S}}\boldsymbol{u} \cdot \hat{\boldsymbol{u}}\,\mathrm{d}z - \omega^2\int_0^L \boldsymbol{M}\boldsymbol{u} \cdot \hat{\boldsymbol{u}}\,\mathrm{d}z = \int_h^L \boldsymbol{K}_{\mathrm{S}}\boldsymbol{u}_{\mathrm{ff}} \cdot \hat{\boldsymbol{u}}\,\mathrm{d}z, \quad \forall\, \hat{\boldsymbol{u}} \neq 0 \tag{6.24}$$

式中，$\boldsymbol{K}$ 和 $\boldsymbol{M}$ 分别为与频率无关的群桩桩身刚度矩阵和质量矩阵；$\boldsymbol{u}(z)$ 为承台下深度 z 处的群桩桩身轴线变形向量；$\hat{\boldsymbol{u}}(z)$ 为虚位移向量；$\boldsymbol{u}_{\mathrm{ff}}(z)$ 为地震波作用下的土体自由场位移响应向量；$\boldsymbol{D}$ 表示用以计算桩身应变的微分算子；$\boldsymbol{K}_{\mathrm{S}}$ 为与频率相关的土体复刚度矩阵。

为表达式的简洁,式中隐去了变量 z。

$$\boldsymbol{K}=\begin{bmatrix}\boldsymbol{K}_1 & \cdots & 0 & \cdots & 0\\ \vdots & & \vdots & & \vdots\\ 0 & \cdots & \boldsymbol{K}_{\mathrm{p}} & \cdots & 0\\ \vdots & & \vdots & & \vdots\\ 0 & \cdots & 0 & \cdots & \boldsymbol{K}_n\end{bmatrix} \tag{6.25}$$

$$\boldsymbol{M}=\begin{bmatrix}\boldsymbol{M}_1 & \cdots & 0 & \cdots & 0\\ \vdots & & \vdots & & \vdots\\ 0 & \cdots & \boldsymbol{M}_{\mathrm{p}} & \cdots & 0\\ \vdots & & \vdots & & \vdots\\ 0 & \cdots & 0 & \cdots & \boldsymbol{M}_n\end{bmatrix} \tag{6.26}$$

$$\boldsymbol{K}_{\mathrm{p}}=E\begin{bmatrix}I & 0 & 0\\ 0 & I & 0\\ 0 & 0 & A\end{bmatrix},\quad \boldsymbol{M}_{\mathrm{p}}=\rho\begin{bmatrix}A & 0 & 0\\ 0 & A & 0\\ 0 & 0 & A\end{bmatrix} \tag{6.27}$$

$$\begin{cases}\boldsymbol{u}^{\mathrm{T}}(\omega;\ z)=[\boldsymbol{u}_1^{\mathrm{T}} \quad \cdots \quad \boldsymbol{u}_{\mathrm{p}}^{\mathrm{T}} \quad \cdots \quad \boldsymbol{u}_n^{\mathrm{T}}]\\ \boldsymbol{u}_{\mathrm{p}}^{\mathrm{T}}(\omega;\ z)=[u_{\mathrm{p1}} \quad u_{\mathrm{p2}} \quad u_{\mathrm{p3}}]\end{cases} \tag{6.28}$$

$$\begin{cases}D\boldsymbol{u}^{\mathrm{T}}(\omega;\ z)=[D\boldsymbol{u}_1^{\mathrm{T}} \quad \cdots \quad D\boldsymbol{u}_{\mathrm{p}}^{\mathrm{T}} \quad \cdots \quad D\boldsymbol{u}_n^{\mathrm{T}}]\\ \mathrm{D}\boldsymbol{u}^{\mathrm{T}}(\omega;\ z)=\left[\dfrac{\partial^2 u_1}{\partial z^2} \quad -\dfrac{\partial^2 u_2}{\partial z^2} \quad \dfrac{\partial u_3}{\partial z}\right]\end{cases} \tag{6.29}$$

$$\boldsymbol{K}_{\mathrm{S}}(\omega;\ z)=\begin{bmatrix}\boldsymbol{D}_{11} & \cdots & \boldsymbol{D}_{1j} & \cdots & \boldsymbol{D}_{1n}\\ \vdots & & \vdots & & \vdots\\ \boldsymbol{D}_{i1} & \cdots & \boldsymbol{D}_{ij} & \cdots & \boldsymbol{D}_{in}\\ \vdots & & \vdots & & \vdots\\ \boldsymbol{D}_{n1} & \cdots & \boldsymbol{D}_{nj} & \cdots & \boldsymbol{D}_{nn}\end{bmatrix}^{-1} \tag{6.30}$$

式中,E 为桩基杨氏模量;ρ 为桩基密度;I 和 A 分别为桩截面惯性矩和面积;子矩阵 $\boldsymbol{D}_{ij}$ 包含定义在深度 z 处的弹性动力格林函数,即作用于第 j 根桩深度 z 处的单位简谐荷载在第 i 根桩深度 z 处产生的位移。

为了后续分析表达的简便,隐去深度变量 z,式(6.30)中的子矩阵 $\boldsymbol{D}_{ij}$ 可进一步表示为

$$\boldsymbol{D}_{ij}(\omega)=\boldsymbol{R}_{ij}^{\mathrm{T}}\boldsymbol{\Psi}_{ij}(\omega)\boldsymbol{R}_{ij}\boldsymbol{D}(\omega) \tag{6.31}$$

式中,动力柔度矩阵 $\boldsymbol{D}(\omega)$ 为

$$\boldsymbol{D}(\omega)=\begin{bmatrix}\widetilde{D}_1(\omega) & 0 & 0\\ 0 & \widetilde{D}_2(\omega) & 0\\ 0 & 0 & \widetilde{D}_3(\omega)\end{bmatrix} \tag{6.32}$$

式中，$\widetilde{D}_1(\omega)$ 和 $\widetilde{D}_2(\omega)$ 为由单位简谐荷载产生的水平向位移，$\widetilde{D}_3(\omega)$ 为由单位简谐荷载产生的竖向位移，其具体表达式如下：

$$\widetilde{D}_1=\widetilde{D}_2=\frac{k_{\mathrm{h}}(\omega)-i\omega c_{\mathrm{h}}(\omega)}{k_{\mathrm{h}}^2(\omega)+\omega^2 c_{\mathrm{h}}^2(\omega)} \tag{6.33}$$

$$\widetilde{D}_3=\frac{k_{\mathrm{v}}(\omega)-i\omega c_{\mathrm{v}}(\omega)}{k_{\mathrm{v}}^2(\omega)+\omega^2 c_{\mathrm{v}}^2(\omega)} \tag{6.34}$$

进而由 Makrix 和 Gazetas(1992，1993)的研究成果可得沿水平向(h)和竖向(v)与频率相关的土体刚度和阻尼，详情可参看单桩相关内容。此外，深度为 z 的土层中由第 j 根桩到第 i 根桩的位移衰减可由矩阵 $\boldsymbol{R}_{ij}^{\mathrm{T}}\boldsymbol{\Psi}_{ij}\boldsymbol{R}_{ij}$ 表示，其中

$$\boldsymbol{\Psi}_{ij}(\omega)=\begin{bmatrix}\psi_0(\omega;\ s_{ij}) & 0 & 0\\ 0 & \psi_{\pi/2}(\omega;\ s_{ij}) & 0\\ 0 & 0 & \psi_{\mathrm{v}}(\omega;\ s_{ij})\end{bmatrix} \tag{6.35}$$

式(6.35)中包含的衰减函数可根据 Dobry 和 Gazetas(1988)以及 Makris 和 Gazetas(1992)的研究成果得到：

$$\psi_0(\omega;\ s_{ij})=\left(\frac{d}{2s_{ij}}\right)^{\frac{1}{2}}\mathrm{e}^{-(2\xi+i)\left(s_{ij}-\frac{d}{2}\right)\frac{\pi(1-\nu)\omega}{3.4V_{\mathrm{s}}}} \tag{6.36}$$

$$\psi_{\pi/2}(\omega;\ s_{ij})=\psi_{\mathrm{v}}(\omega;\ s_{ij})=\left(\frac{d}{2s_{ij}}\right)^{\frac{1}{2}}\mathrm{e}^{-(2\xi+i)\left(s_{ij}-\frac{d}{2}\right)\frac{\omega}{V_{\mathrm{s}}}} \tag{6.37}$$

由第 i 根桩轴线坐标$(x_i,\ y_i)$和第 j 根桩轴线坐标$(x_j,\ y_j)$，以及两桩之间的距离 s_{ij}，可得几何矩阵 $\boldsymbol{R}_{ij}$：

$$\boldsymbol{R}_{ij}=\begin{bmatrix}(x_j-x_i)s_{ij}^{-1} & (y_j-y_i)s_{ij}^{-1} & 0\\ (y_i-y_j)s_{ij}^{-1} & (x_j-x_i)s_{ij}^{-1} & 0\\ 0 & 0 & 1\end{bmatrix} \tag{6.38}$$

值得一提的是，该模型可同时考虑群桩中所有桩基的动力相互作用，且不需要进行基于主被动桩概念的阶段分析。

基于冲刷后修正的模型土体参数(即修正的土体杨氏模量)，将桩身离散划分为 E 个单元，采用标准有限元法对上述考虑冲刷深度的群桩基础三维动力分析模型进行数值计算，动力平衡方程式(6.24)可表示为

$$\sum_{e=1}^{E}\int_0^{L_e}\boldsymbol{K}(\boldsymbol{DN})\boldsymbol{d}^e\cdot(\boldsymbol{DN})\hat{\boldsymbol{d}}^e\mathrm{d}z+\sum_{e=(h/L)E+1}^{E}\int_0^{L_e}\boldsymbol{K}_{\mathrm{S}}^{\mathrm{sc}}\boldsymbol{N}\boldsymbol{d}^e\cdot\boldsymbol{N}\hat{\boldsymbol{d}}^e\mathrm{d}z-$$
$$\omega^2\sum_{e=1}^{E}\int_0^{L_e}\boldsymbol{M}\boldsymbol{N}\boldsymbol{d}^e\cdot\boldsymbol{N}\hat{\boldsymbol{d}}^e\mathrm{d}z$$

$$= \sum_{e=(h/L)E+1}^{E} \int_{0}^{L_e} \boldsymbol{K}_{\mathrm{S}}^{\mathrm{sc}} \boldsymbol{u}_{\mathrm{ff}} \boldsymbol{N} \hat{\boldsymbol{d}}^{\mathrm{e}} \mathrm{d}z, \quad \forall\, \hat{\boldsymbol{d}}^{\mathrm{e}} \neq \boldsymbol{0} \tag{6.39}$$

式中，$\boldsymbol{K}_{\mathrm{S}}^{\mathrm{sc}}$ 为代入修正土体杨氏模量 $E_{\mathrm{s}}^{\mathrm{sc}}$ 的冲刷后的土体复刚度矩阵；$\boldsymbol{N}$ 为多项式插值形函数矩阵；$\boldsymbol{d}^{\mathrm{e}}$ 为群桩节点位移向量。

将群桩节点位移向量组合成唯一的位移向量，则式(6.39)可最终写为

$$(\boldsymbol{K}_{\mathrm{P}} - \omega^2 \boldsymbol{M}_{\mathrm{P}} + \boldsymbol{Z}_{\mathrm{P}})\boldsymbol{d} = \boldsymbol{f} \tag{6.40}$$

式中，$\boldsymbol{K}_{\mathrm{P}}$ 为群桩全局刚度矩阵；$\boldsymbol{M}_{\mathrm{P}}$ 为群桩全局质量矩阵；$\boldsymbol{Z}_{\mathrm{P}}(\omega)$ 为冲刷后残余土体全局阻抗矩阵；$\boldsymbol{d}(\omega)$ 为群桩节点位移组合向量；$\boldsymbol{f}(\omega)$ 为土体自由场位移施加的作用力向量。为表达式的简洁，式中隐去了变量 ω。

与单桩不同的是，此处假定无质量刚性承台，其对群桩桩头的约束作用可由包含 6 个位移自由度的承台控制节点来描述。引入代表承台刚性约束的几何矩阵 $\boldsymbol{A}$，则群桩节点位移可表示为

$$\boldsymbol{d} = \boldsymbol{A} \begin{bmatrix} \boldsymbol{d}_{\mathrm{F}} \\ \vdots \\ \boldsymbol{d}_{\mathrm{E}} \end{bmatrix} \tag{6.41}$$

式中，$\boldsymbol{d}_{\mathrm{F}}$ 和 $\boldsymbol{d}_{\mathrm{E}}$ 分别为承台和桩基的位移。

考虑到式(6.41)，则式(6.40)可进一步转化为

$$\begin{bmatrix} \boldsymbol{K}_{\mathrm{FF}} & \boldsymbol{K}_{\mathrm{FE}} \\ \vdots & \vdots \\ \boldsymbol{K}_{\mathrm{EF}} & \boldsymbol{K}_{\mathrm{EE}} \end{bmatrix} \begin{bmatrix} \boldsymbol{d}_{\mathrm{F}} \\ \vdots \\ \boldsymbol{d}_{\mathrm{E}} \end{bmatrix} = \begin{bmatrix} \boldsymbol{f}_{\mathrm{F}} \\ \vdots \\ \boldsymbol{f}_{\mathrm{E}} \end{bmatrix} \tag{6.42}$$

式中，

$$\begin{bmatrix} \boldsymbol{K}_{\mathrm{FF}} & \boldsymbol{K}_{\mathrm{FE}} \\ \vdots & \vdots \\ \boldsymbol{K}_{\mathrm{EF}} & \boldsymbol{K}_{\mathrm{EE}} \end{bmatrix} = \boldsymbol{A}^{\mathrm{T}}(\boldsymbol{K}_{\mathrm{P}} - \omega^2 \boldsymbol{M}_{\mathrm{P}} + \boldsymbol{Z}_{\mathrm{P}})\boldsymbol{A} \tag{6.43}$$

$$\begin{bmatrix} \boldsymbol{f}_{\mathrm{F}} \\ \vdots \\ \boldsymbol{f}_{\mathrm{E}} \end{bmatrix} = \boldsymbol{A}^{\mathrm{T}} \boldsymbol{f} \tag{6.44}$$

将式(6.42)简单变换，最终可得到考虑应力历史影响的冲刷条件下群桩基础动力阻抗矩阵 $\boldsymbol{Z}_{\mathrm{F}}(\omega)$：

$$(\boldsymbol{K}_{\mathrm{FF}} - \boldsymbol{K}_{\mathrm{FE}} \boldsymbol{K}_{\mathrm{EE}}^{-1} \boldsymbol{K}_{\mathrm{EF}})\boldsymbol{d}_{\mathrm{F}} = \boldsymbol{f}_{\mathrm{F}} - \boldsymbol{K}_{\mathrm{FE}} \boldsymbol{K}_{\mathrm{EE}}^{-1} \boldsymbol{f}_{\mathrm{E}} \tag{6.45}$$

$$\boldsymbol{Z}_{\mathrm{F}}(\omega) = (\boldsymbol{K}_{\mathrm{FF}} - \boldsymbol{K}_{\mathrm{FE}} \boldsymbol{K}_{\mathrm{EE}}^{-1} \boldsymbol{K}_{\mathrm{EF}}) \tag{6.46}$$

6.2　土-结构一体化动力简化分析模型

6.2.1　集总参数模型

6.1 节中的桩基动力阻抗函数依赖于频率，可直接用于分析频域内超结构的动态响应。然而，为了便于结构工程师在其更为熟悉的时域内进行时域动态响应分析，有必要引入与频率无关的集总参数模型(Dezi 等，2012)。该模型可以在冲刷后有效捕捉土-结构相互作用，并作为原土体和基础构件的替代。集总参数模型由多个与频率无关的物理组件连接而成，可以是串联或并联的弹簧、阻尼器和质量块，在此，采用一种高效且参数确定相对简单的集总参数模型(Dezi 等，2012)，如图 6.3 所示。

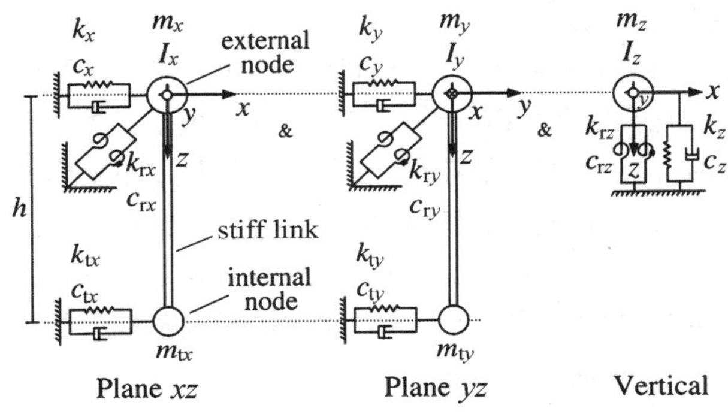

图 6.3　集总参数模型(Dezi 等，2012)

通过引入合适的集总参数模型，可以对阻抗矩阵的对角项和非对角项进行近似，并考虑与频率相关的动力特性。该模型具有 6 个自由度，具体的阻抗矩阵的分量如式(6.47)($\alpha = x, y$)所示。为了更好地逼近频率范围为 0～10 Hz 的阻抗函数，采用最小二乘法对 25 个常数进行了校准。

$$\begin{cases} \tilde{\mathfrak{I}}_{\alpha}(\omega) = [k_{\alpha} + k_{t\alpha} - \omega^2(m_{\alpha} + m_{t\alpha})] + i\omega(c_{\alpha} + c_{t\alpha}) \\ \tilde{\mathfrak{I}}_{\gamma\alpha}(\omega) = (k_{\gamma\alpha} + k_{t\alpha}h^2 - \omega^2 I_{\alpha}) + i\omega(c_{\gamma\alpha} + c_{t\alpha}h^2) \\ \tilde{\mathfrak{I}}_{z}(\omega) = (k_z - \omega^2 m_z) + i\omega c_z \\ \tilde{\mathfrak{I}}_{x-\gamma y}(\omega) = h(k_{tx} - \omega^2 m_{tx} + i\omega c_{tx}) \\ \tilde{\mathfrak{I}}_{y-\gamma x}(\omega) = h(k_{ty} - \omega^2 m_{ty} + i\omega c_{ty}) \end{cases} \tag{6.47}$$

6.2.2　上部结构有限元模型

基于有限元软件 SAP2000 或 OpenSees 平台搭建 6.2.1 节所构建的集总参数模型，并采用梁单元等建立上部结构模型，共同组成土-结构一体化动力简化分析模型。这里以 OpenSees 平台为例进行建模过程的详细说明：首先，将上部结构离散为若干段，并采用

“dispBeamColumn”(基于位移的梁柱)模型来建立梁单元,各个单元截面属性(包括物理及力学参数)严格按照工程实际输入。每个单元有 2 个节点,具有 6 个自由度,包括 3 个平移自由度和 3 个旋转自由度。其次,基于软件内嵌的物理元件,构建 6.2.1 节的集总参数模型,代替原有土体及基础约束上部结构,至此完成土-结构一体化动力简化分析模型的建立。借助其他有限元软件平台也可以实现上述过程,这样的有限元数值分析方法被广泛应用于岩土工程及海洋工程研究领域。

6.3 改进模型在海洋与深水桩基中的应用

6.3.1 群桩-桥梁结构应用案例

1. 土层、结构参数

查阅现有文献可知,目前尚缺乏冲刷条件下群桩基础动力阻抗的相关研究。尽管如此,针对冲刷深度为零的初始条件,Dezi 等(2009)对比了由本书方法和更严密的分析模型,分别计算得到了冲刷前群桩动力阻抗函数,在验证了本书方法正确性的同时,也从某种程度上说明了采用本书方法分析冲刷条件下群桩基础动力阻抗的合理性,尤其是结合 Lin 等(2014)的研究成果考虑了冲刷后残余土体应力历史的影响。

算例选取等间距布置的 3×3 和 4×4 圆截面摩擦群桩基础进行分析,并假定桩头与无质量刚性承台相连,具体的桩基参数由表 6.1 给出。

表 6.1　　桩基参数

桩长 L/m	桩径 d/m	密度 $\rho_p/(\mathrm{Mg\cdot m^{-3}})$	弹性模量 E_p/kPa	离散单元长度 L_e/m
18.3	0.38	2.5	3×10^7	0.61

此外,算例选取 Matlock(1970)进行桩基水平荷载现场试验的场地作为冲刷前的初始场地条件。该试验场地位于美国得克萨斯州奥斯汀湖附近,场地土体的物理力学性质如表 6.2 所示。

表 6.2　　土体物理力学性质

有效重度 $\gamma'/(\mathrm{kN\cdot m^{-3}})$	含水率 w/%	有效内摩擦角 φ'/(°)	不排水抗剪强度 c_u/kPa
10	44.5	20	32.3
压缩指数 C_c	密度 $\rho_s/(\mathrm{Mg\cdot m^{-3}})$	泊松比 ν	阻尼比 ξ
0.40	2.0	0.4	0.05

基于上述分析方法和算例,本节将进一步分析冲刷后残余土体应力历史和冲刷深度对软黏土群桩基础动力阻抗的影响。首先,针对不同冲刷深度(即 $h=d$、$2d$ 和 $3d$)给出了修正的模型关键土体参数及其他物理力学性质指标;其次,当冲刷深度 h 为 $3d$ 且桩间距 s 分别取 $3d$、$4d$ 和 $5d$ 时,对比了忽略应力历史影响和考虑应力历史影响的冲刷条件下群桩基

础动力阻抗；最后，假定桩间距 $s=3d$ 保持不变，分别选取冲刷深度 h 为 0、d、$2d$ 和 $3d$，以研究其对群桩动力阻抗的影响。

2. 结果与讨论

1）冲刷后修正的模型关键土体参数

当冲刷深度 h 分别取 d、$2d$ 和 $3d$ 时，由上述分析方法给出的冲刷前后模型关键土体参数（土体杨氏模量）及其他物理力学性质对比如表 6.3 所示。结果表明：冲刷后残余土体的不排水抗剪强度和由此得到的土体杨氏模量较冲刷前显著降低，尤其是当冲刷深度较大时；而冲刷后残余土体有效重度的变化相对较小，略低于冲刷前土体的有效重度。

表 6.3(a)　　考虑应力历史影响的土体物理力学性质（$h=d$）

冲刷前/后 泥面下深度/m	γ'_{sc}/(kN·m^{-3})	c_u^{sc}/kPa	E_s/MPa	E_s^{sc}/MPa	OCR
0.57/0.19	9.88	27.1	12.92	10.84	3.0
0.95/0.57	9.95	29.8	12.92	11.90	1.7
1.33/0.95	9.96	30.6	12.92	12.24	1.4
1.71/1.33	9.97	31.0	12.92	12.42	1.3
2.09/1.71	9.98	31.3	12.92	12.51	1.2
2.47/2.09	9.98	31.5	12.92	12.58	1.2
3.99/3.61	9.99	31.8	12.92	12.72	1.1
7.03/6.65	9.99	32.0	12.92	12.82	1.1
10.07/9.69	10.00	32.1	12.92	12.86	1.0
16.15/15.77	10.00	32.2	12.92	12.88	1.0

表 6.3(b)　　考虑应力历史影响的土体物理力学性质（$h=2d$）

冲刷前/后 泥面下深度/m	γ'_{sc}/(kN·m^{-3})	c_u^{sc}/kPa	E_s/MPa	E_s^{sc}/MPa	OCR
0.95/0.19	9.83	25.0	12.92	10.02	5.1
1.33/0.57	9.91	28.2	12.92	11.28	2.4
1.71/0.95	9.94	29.4	12.92	11.75	1.8
2.09/1.33	9.95	30.1	12.92	12.02	1.6
2.47/1.71	9.96	30.4	12.92	12.17	1.5
3.99/3.23	9.98	31.2	12.92	12.50	1.2
7.03/6.27	9.99	31.7	12.92	12.69	1.1
10.07/9.31	9.99	31.9	12.92	12.76	1.1
16.15/15.39	10.00	32.1	12.92	12.84	1.0

表 6.3(c) 考虑应力历史影响的土体物理力学性质($h=3d$)

冲刷前/后泥面下深度/m	$\gamma_{sc}'/(kN\cdot m^{-3})$	c_u^{sc}/kPa	E_s/MPa	E_s^{sc}/MPa	OCR
1.33/0.19	9.80	23.8	12.92	9.51	7.1
1.71/0.57	9.88	27.1	12.92	10.84	3.0
2.09/0.95	9.92	28.5	12.92	11.39	2.2
2.47/1.33	9.94	29.3	12.92	11.70	1.9
3.99/2.85	9.96	30.6	12.92	12.24	1.4
7.03/5.89	9.98	31.4	12.92	12.56	1.2
10.07/8.93	9.99	31.7	12.92	12.69	1.1
16.15/15.01	9.99	32.0	12.92	12.78	1.1

基于算例提供的土体有效内摩擦角，参考前文相关内容得到的超固结比限值 OCR_{limit} 为 27。由此可知：当冲刷深度 h 分别为 d、$2d$ 和 $3d$ 时，冲刷后泥面下深度 0.02 m、0.03 m 和 0.05 m 以下的土体超固结比未超过该限值，因而对土体杨氏模量及其他物理力学性质指标的修正是合理的。

2) 应力历史的影响

当冲刷深度 h 为 $3d$ 且桩间距 s 分别为 $3d$、$4d$ 和 $5d$ 时，忽略应力历史影响(未修正的土体杨氏模量)和考虑应力历史影响(修正的土体杨氏模量)计算得到的冲刷条件下 3×3 和 4×4 群桩基础动力阻抗(包括水平向阻抗、竖向阻抗、摇摆阻抗、扭转阻抗和水平-摇摆耦合阻抗)如图 6.4—图 6.13 所示。从图中可以看出：冲刷条件下群桩基础动力阻抗随频率的变化(0～50 Hz)而上下波动，存在峰值与谷值，这与群桩中各桩辐射波的相长与相消干涉有关，即桩-土-桩的动力相互作用。

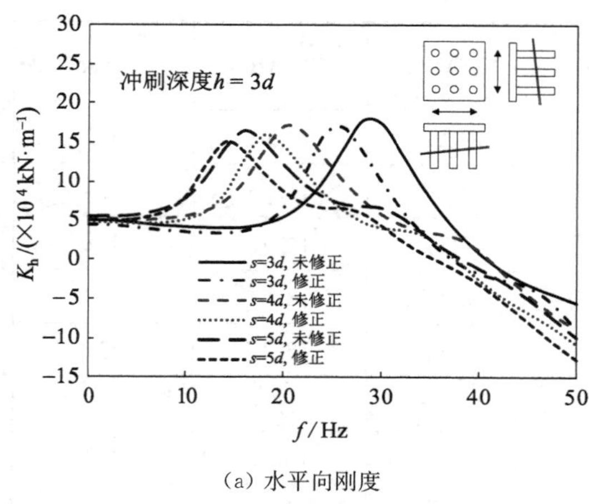

(a) 水平向刚度

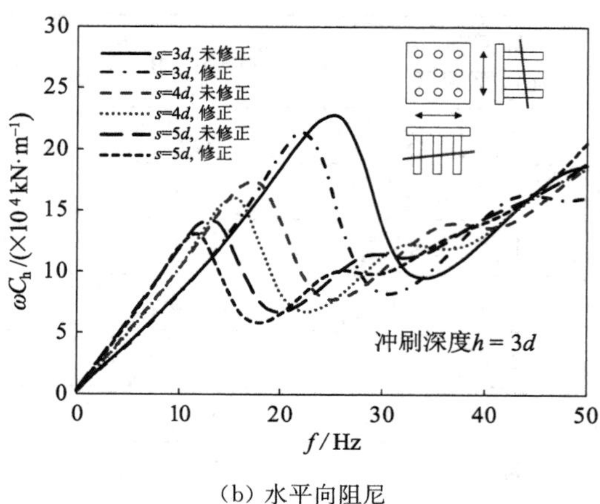

(b) 水平向阻尼

图 6.4 考虑和忽略应力历史影响的冲刷条件下 3×3 群桩基础水平向阻抗

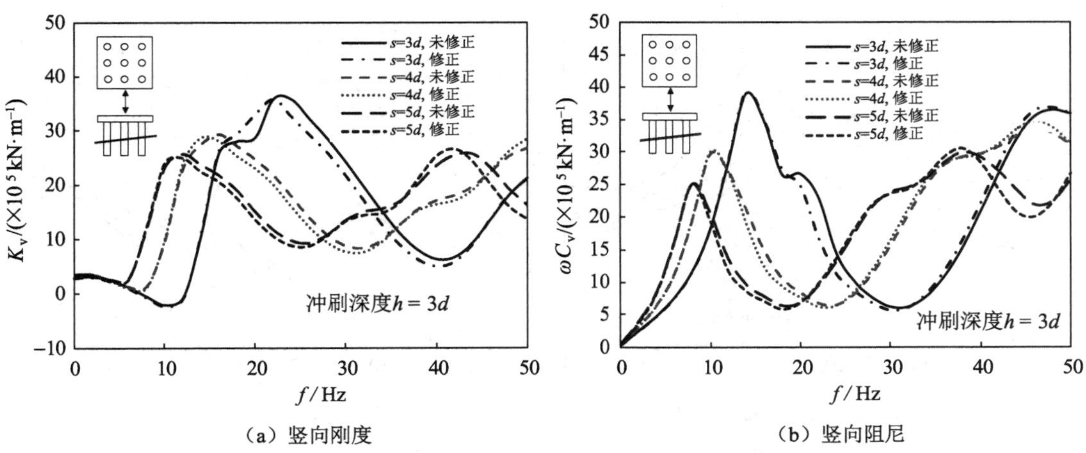

（a）竖向刚度　　（b）竖向阻尼

图 6.5　考虑和忽略应力历史影响的冲刷条件下 3×3 群桩基础竖向阻抗

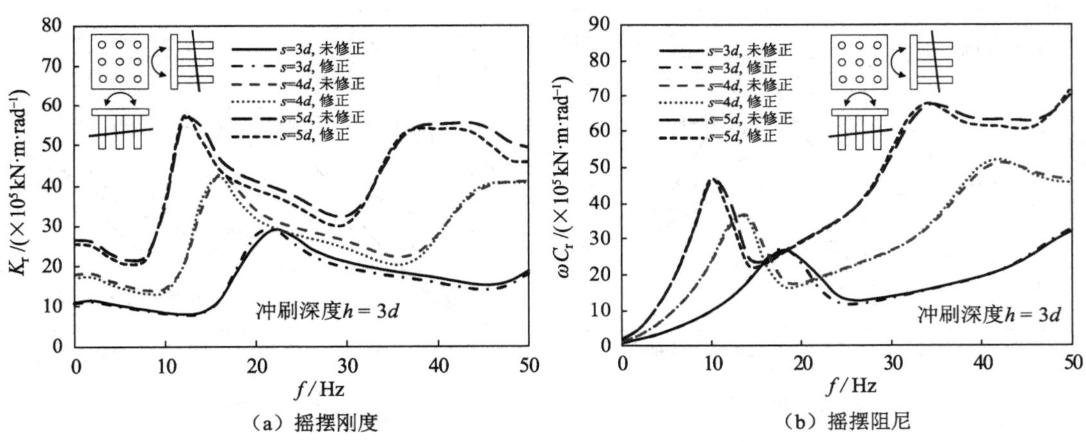

（a）摇摆刚度　　（b）摇摆阻尼

图 6.6　考虑和忽略应力历史影响的冲刷条件下 3×3 群桩基础摇摆阻抗

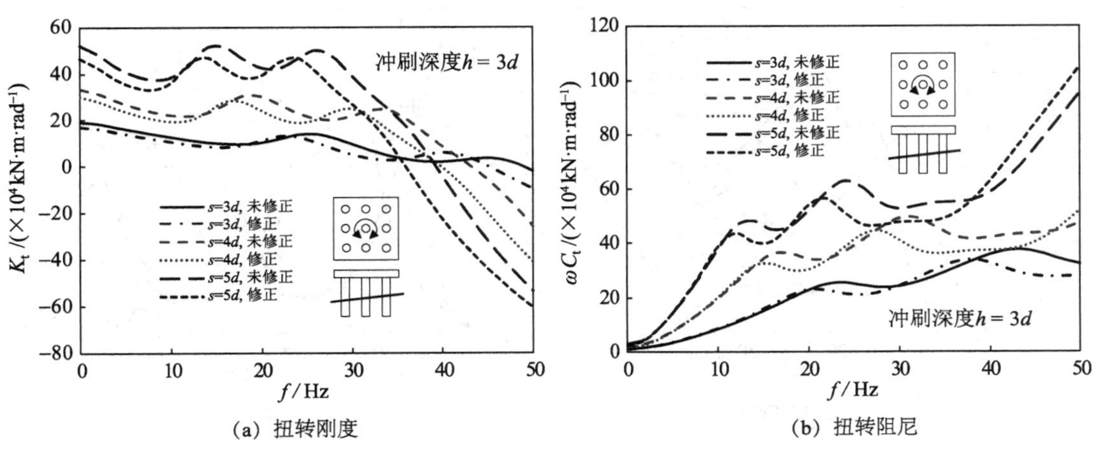

（a）扭转刚度　　（b）扭转阻尼

图 6.7　考虑和忽略应力历史影响的冲刷条件下 3×3 群桩基础扭转阻抗

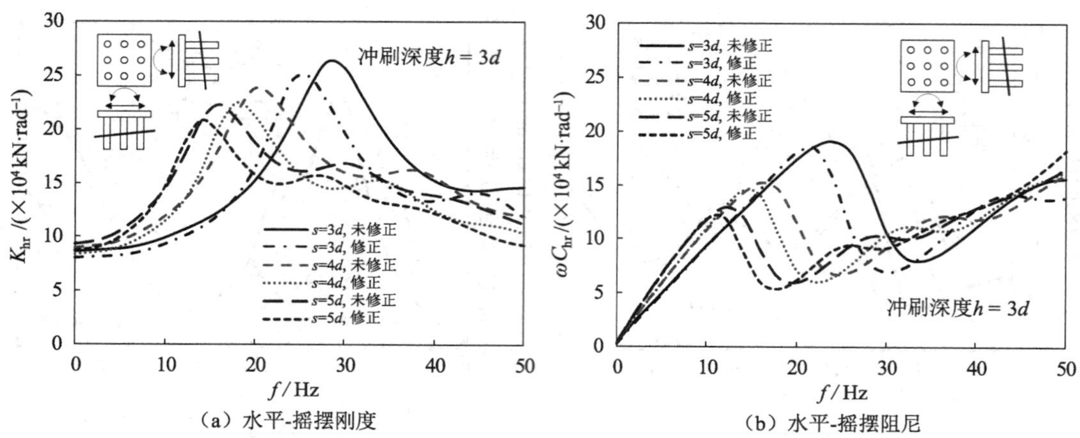

（a）水平-摇摆刚度　　（b）水平-摇摆阻尼

图 6.8　考虑和忽略应力历史影响的冲刷条件下 3×3 群桩基础水平-摇摆耦合阻抗

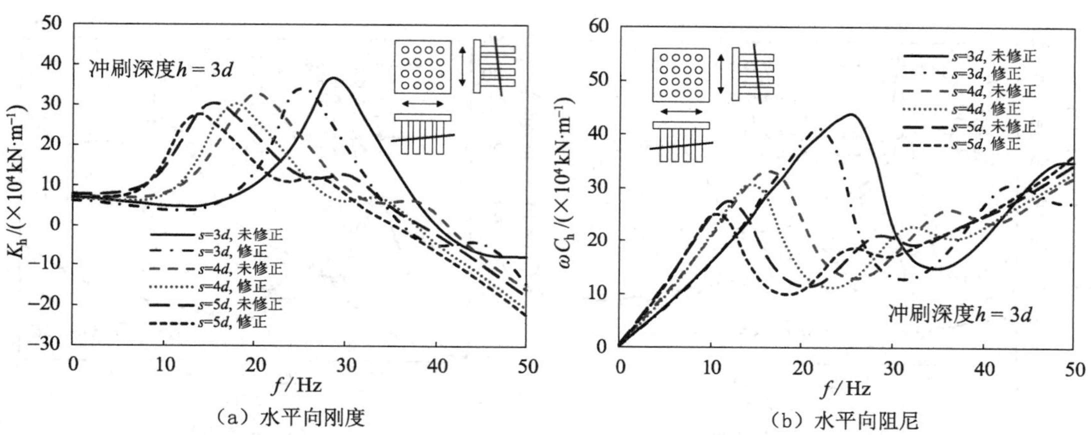

（a）水平向刚度　　（b）水平向阻尼

图 6.9　考虑和忽略应力历史影响的冲刷条件下 4×4 群桩基础水平向阻抗

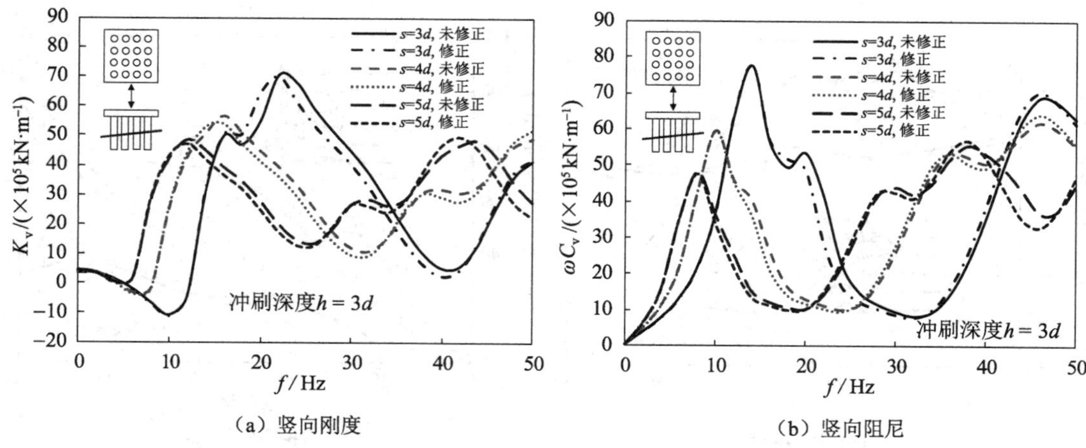

（a）竖向刚度　　（b）竖向阻尼

图 6.10　考虑和忽略应力历史影响的冲刷条件下 4×4 群桩基础竖向阻抗

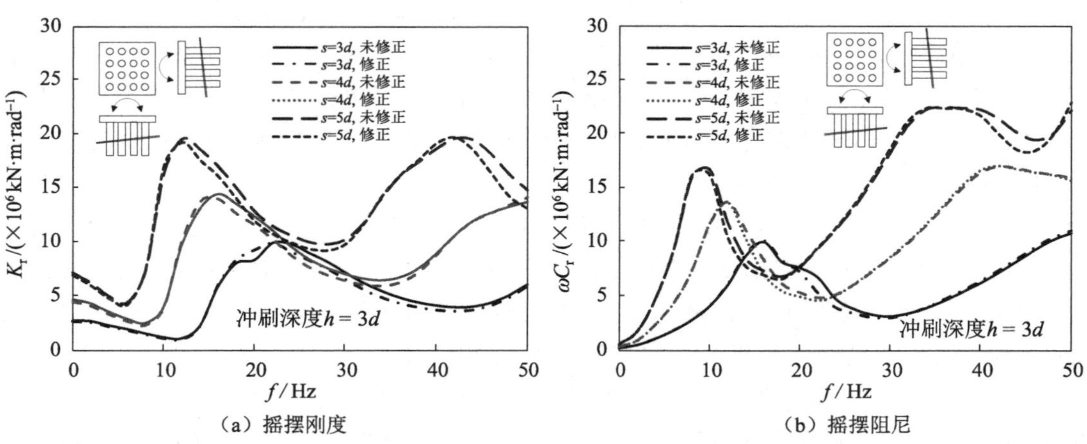

（a）摇摆刚度　　（b）摇摆阻尼

图 6.11　考虑和忽略应力历史影响的冲刷条件下 4×4 群桩基础摇摆阻抗

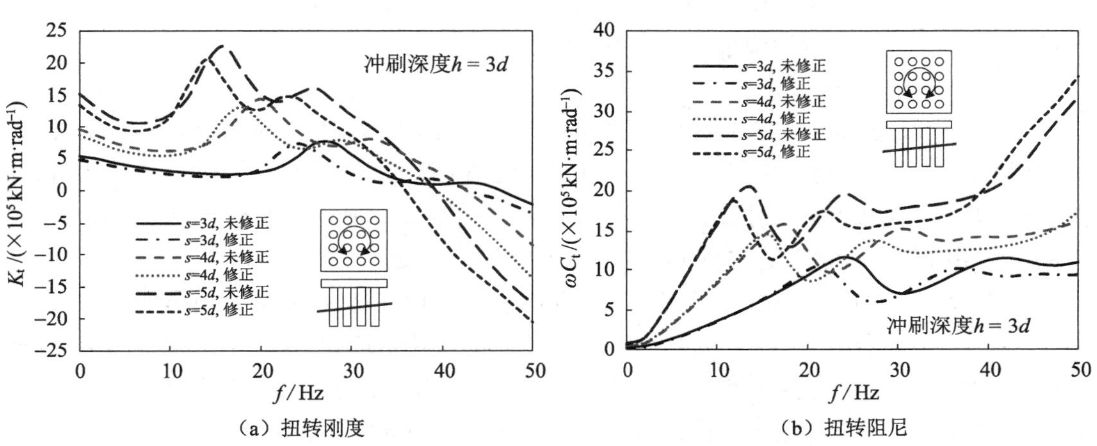

（a）扭转刚度　　（b）扭转阻尼

图 6.12　考虑和忽略应力历史影响的冲刷条件下 4×4 群桩基础扭转阻抗

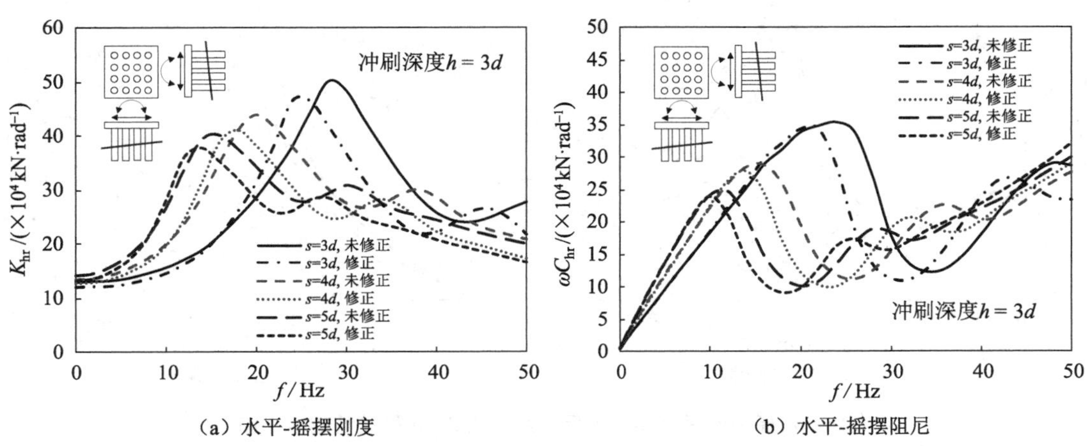

（a）水平-摇摆刚度　　（b）水平-摇摆阻尼

图 6.13　考虑和忽略应力历史影响的冲刷条件下 4×4 群桩基础水平-摇摆耦合阻抗

由图 6.4 和图 6.9 可知：①对于不同桩间距的群桩基础，考虑应力历史影响的水平向阻抗在大多数频率情况下明显小于忽略应力历史影响得到的结果，其中峰值的降低尤为显著，可达 10%以上；②与忽略应力历史影响相比，考虑应力历史影响的群桩基础水平向阻抗峰值频率相对较小，即考虑应力历史影响得到的群桩水平向阻抗随频率变化曲线的峰值位置向左移动了。

考虑应力历史影响的群桩基础竖向阻抗和摇摆阻抗略小于忽略应力历史影响得到的结果，两者的差别不大，如图 6.5、图 6.6、图 6.10 和图 6.11 所示；考虑和忽略应力历史影响得到的冲刷条件下群桩基础扭转阻抗和水平-摇摆耦合阻抗随频率的变化趋势与其水平向阻抗相似，如图 6.7、图 6.8、图 6.12 和图 6.13 所示。

图 6.4—图 6.13 的结果表明：考虑应力历史影响的群桩基础动力阻抗在大多数频率情况下小于忽略应力历史影响得到的结果，且这一趋势对于包括水平向、扭转和水平-摇摆耦合在内的侧向振动模式来说尤为明显。此外，忽略应力历史影响的群桩基础抗震设计相对来说并不保守，甚至在中频范围内偏于不安全。因此，在进行冲刷条件下的群桩基础动力分析时，有必要考虑冲刷后残余土体应力历史的影响。

3）冲刷深度的影响

针对桩间距为 $3d$ 的 3×3 和 4×4 群桩基础，基于修正的模型土体参数，由本书方法计算得到的冲刷深度分别为 0、d、$2d$ 和 $3d$ 时的群桩动力阻抗（包括水平向阻抗、竖向阻抗、摇摆阻抗、扭转阻抗和水平-摇摆耦合阻抗）如图 6.14—图 6.23 所示。从图中可以看出：群桩基础动力阻抗的峰值频率随冲刷深度的变化基本保持不变。

由图 6.14、图 6.17—图 6.19、图 6.22 和图 6.23 可知：①在大多数频率情况下，3×3 和 4×4 群桩基础的侧向动力阻抗（包括水平向阻抗、扭转阻抗和水平-摇摆耦合阻抗）随冲刷深度的增大而显著减小，其峰值的降低尤为明显；②当冲刷深度由 0 增加到 $3d$ 时，3×3 和 4×4 群桩基础的侧向刚度和阻尼峰值降低了约 75%甚至更多。

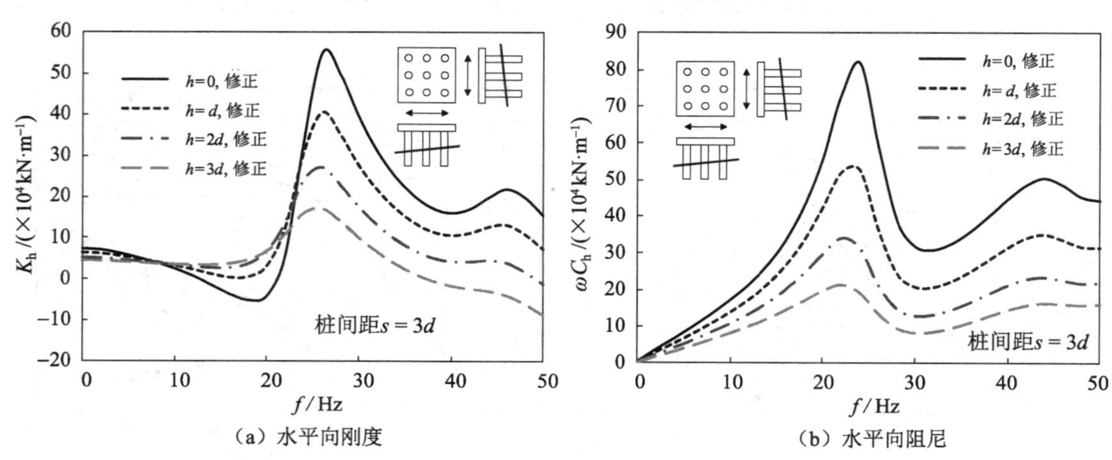

（a）水平向刚度　　（b）水平向阻尼

图 6.14　考虑冲刷深度和应力历史影响的 3×3 群桩基础水平向阻抗

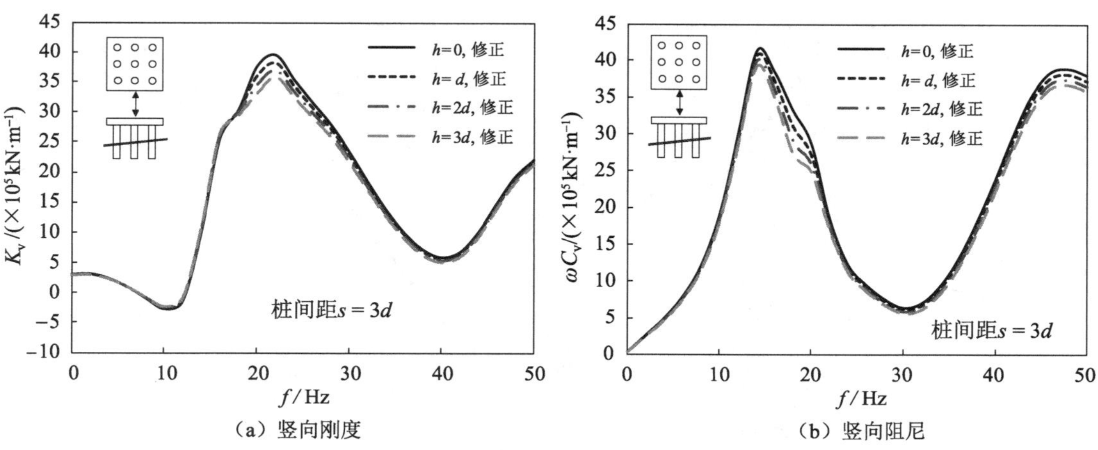

（a）竖向刚度　　（b）竖向阻尼

图 6.15　考虑冲刷深度和应力历史影响的 3×3 群桩基础竖向阻抗

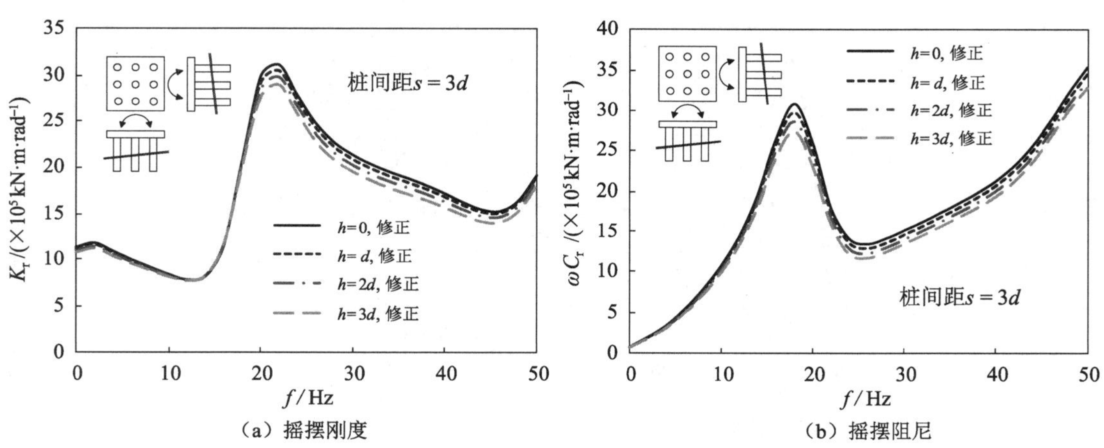

（a）摇摆刚度　　（b）摇摆阻尼

图 6.16　考虑冲刷深度和应力历史影响的 3×3 群桩基础摇摆阻抗

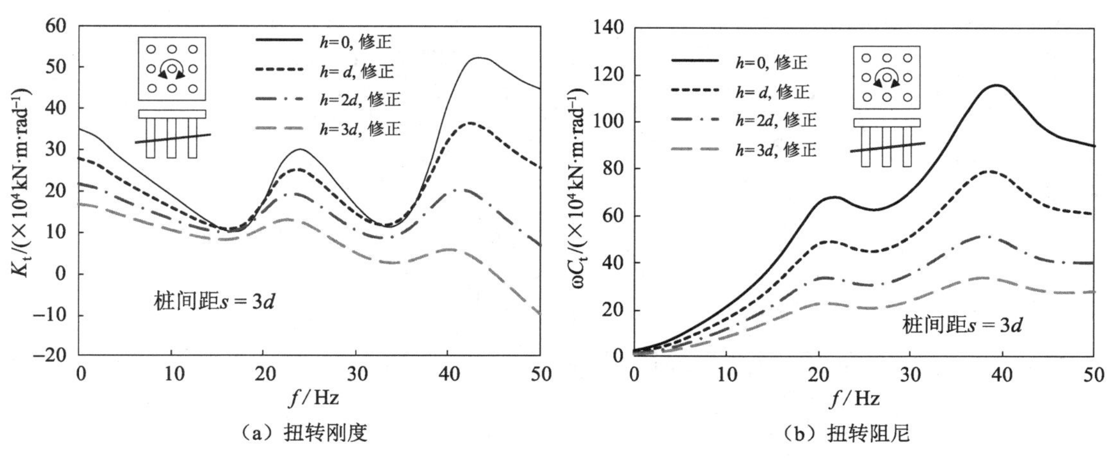

（a）扭转刚度　　（b）扭转阻尼

图 6.17　考虑冲刷深度和应力历史影响的 3×3 群桩基础扭转阻抗

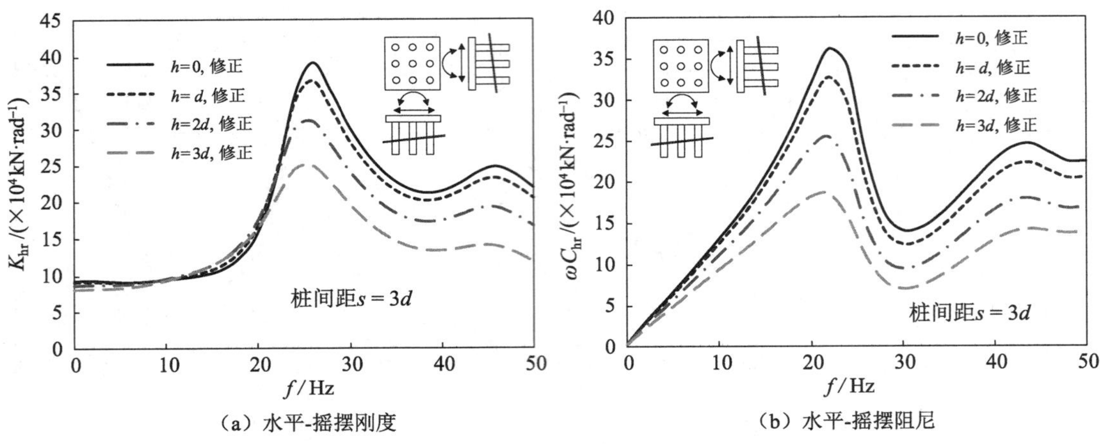

（a）水平-摇摆刚度　　（b）水平-摇摆阻尼

图 6.18　考虑冲刷深度和应力历史影响的 3×3 群桩基础水平-摇摆耦合阻抗

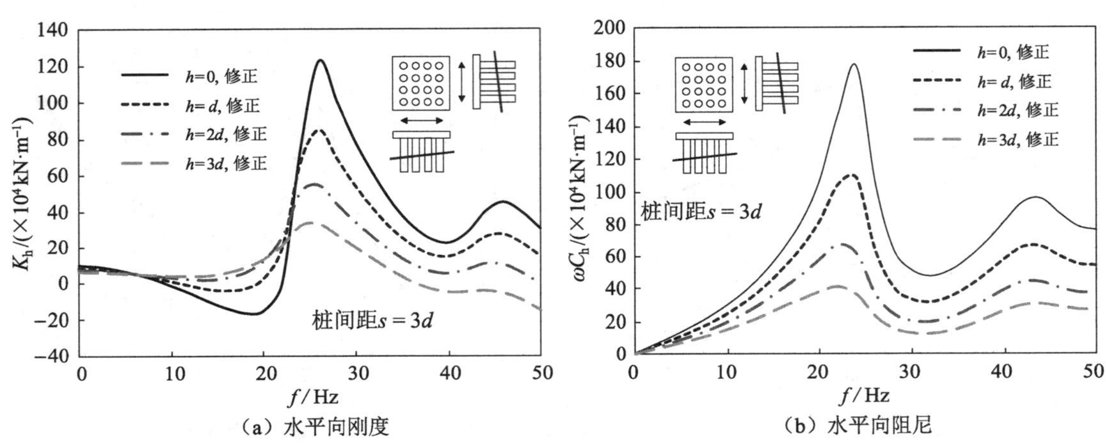

（a）水平向刚度　　（b）水平向阻尼

图 6.19　考虑冲刷深度和应力历史影响的 4×4 群桩基础水平向阻抗

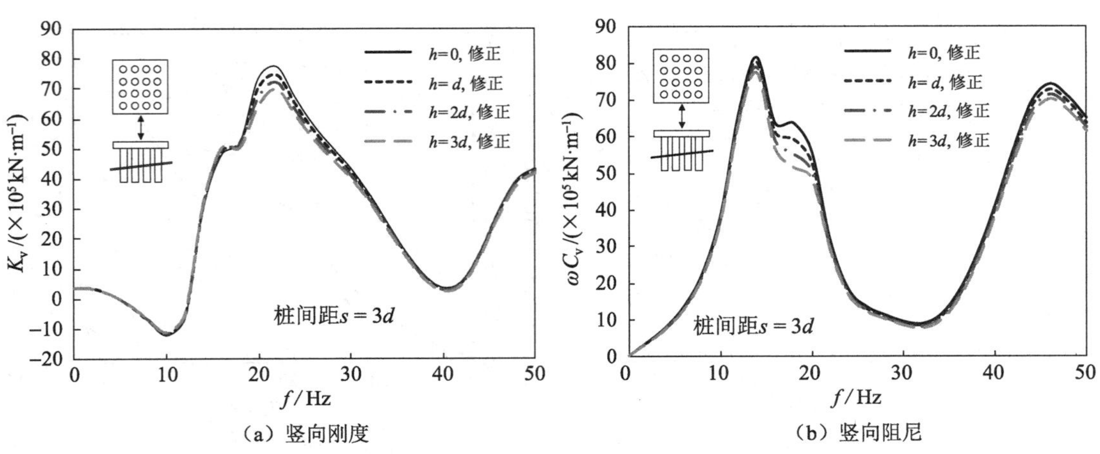

（a）竖向刚度　　（b）竖向阻尼

图 6.20　考虑冲刷深度和应力历史影响的 4×4 群桩基础竖向阻抗

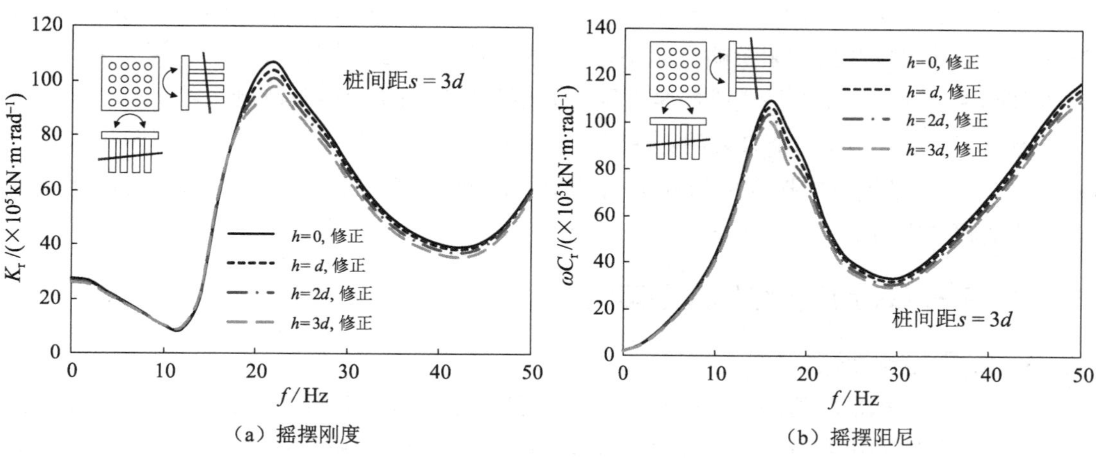

（a）摇摆刚度　　（b）摇摆阻尼

图6.21　考虑冲刷深度和应力历史影响的4×4群桩基础摇摆阻抗

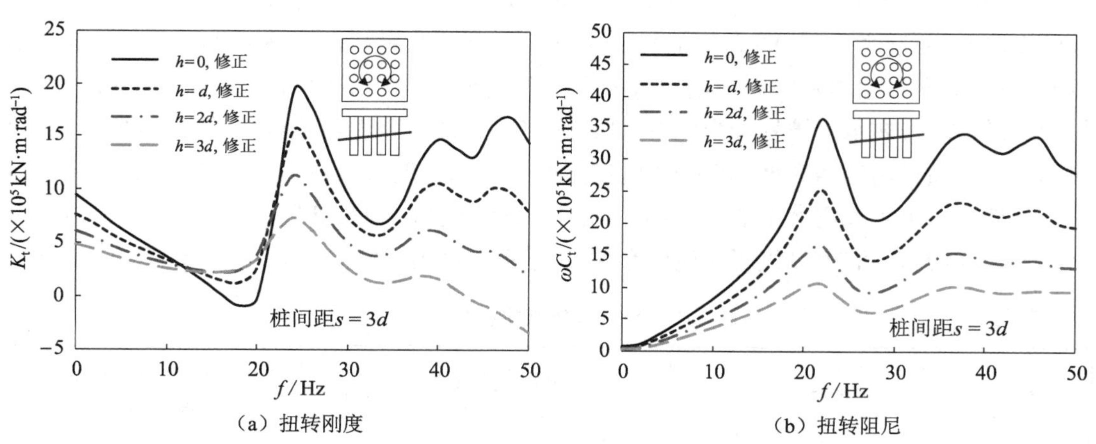

（a）扭转刚度　　（b）扭转阻尼

图6.22　考虑冲刷深度和应力历史影响的4×4群桩基础扭转阻抗

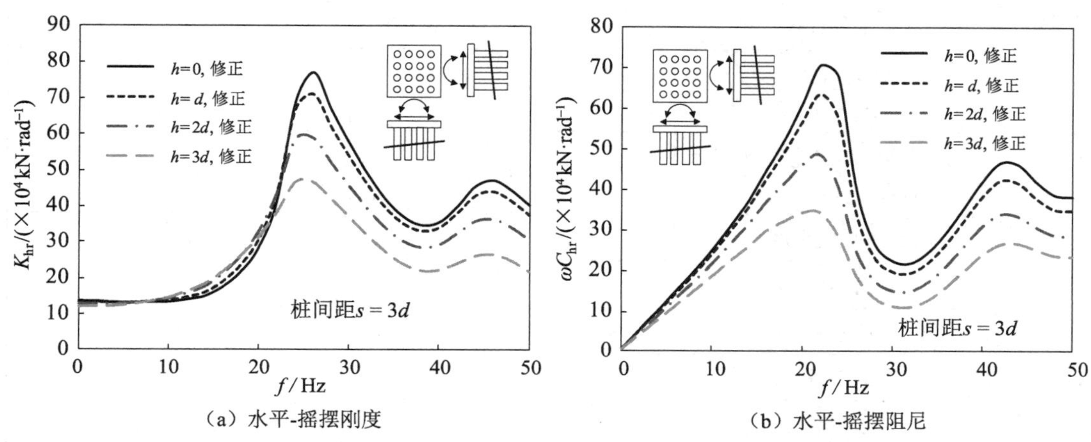

（a）水平-摇摆刚度　　（b）水平-摇摆阻尼

图6.23　考虑冲刷深度和应力历史影响的4×4群桩基础水平-摇摆耦合阻抗

由图 6.15、图 6.16、图 6.20 和图 6.21 可知：①随着冲刷深度的增大，3×3 和 4×4 群桩基础的竖向阻抗和摇摆阻抗略有减小，其峰值的降低则更为明显；②当冲刷深度由 0 增加到 $3d$ 时，3×3 和 4×4 群桩基础的竖向阻抗峰值和摇摆阻抗峰值只降低了约 10%。

图 6.17—图 6.23 的结果表明：桩周浅层土体的约束作用对群桩基础动力阻抗来说至关重要，且其对基础侧向振动的影响尤为明显。因此，有必要对埋置于洪水和地震频发区的群桩基础动力阻抗进行深入研究。

6.3.2 单桩-海上风机结构应用案例

1. 土层、结构参数

本节在中国东部沿海地区的一座风电场中选择了 3.30 MW 和 6.45 MW 的标准风力发电机组作为案例进行分析（Liang 等，2024），基于 OpenSees 平台构建土体-海上风机一体化计算模型。表 6.4 展示了海上风机结构参数。首先，塔和部分桩（在泥线以上）被离散成若干段，并采用“dispBeamColumn”（基于位移的梁柱）模型来建立梁单元。为了提高计算结果的准确性，分别为 3.30 MW 和 6.45 MW 的标准风力发电机的塔建立了 34 个和 38 个梁单元，每个单元根据实际塔截面的尺寸及其非均匀性设置相应的横截面特性。其次，部分桩（在泥线以上）在水下被划分为变直径段，在水上则被划分为均匀段，与塔筒建模类似，前者的单元是通过指定随高度线性变化的横截面直径和厚度来构建的，而后者具有一致的横截面特性。每个单元有 2 个节点，具有 6 个自由度，包括 3 个平移自由度和 3 个旋转自由度。表 6.5 所示为海上风机所在地层参数，用于单桩动力阻抗函数的计算（参考 6.1.1 节）。

表 6.4　海上风机结构参数

位置	参数	3.30 MW 的标准风力发电机组	6.45 MW 的标准风力发电机组
机舱	叶轮直径/m	140.5	171.0
	质量/t	218.28	429.66
	重心/m	(−3.372，−0.001，2.056)	(−3.429，0.000，2.433)
	惯性矩 I_{xx}，I_{yy}，I_{zz} /(kg·m^{-2})	4.3×10^7，2.5×10^7，2.5×10^7	9.9×10^7，5.3×10^7，5.4×10^7
塔筒	切入速度，额定速度，切出速度 /(m·s^{-1})	2.5，10，20	3，10，25
	高于海平面高度/m	92	104
	塔筒高度/m	78	91
	塔筒直径/m	3.32～5.50	5.02～7.00
	塔筒厚度/m	0.014～0.038	0.017～0.042
	弹性模量/kPa	2.10×10^8	2.10×10^8
	质量密度/(kg·m^{-3})	8.50×10^3	8.50×10^3

（续表）

位置	参数	3.30 MW 的标准风力发电机组	6.45 MW 的标准风力发电机组
单桩	桩长 /m	63	80
	露出海平面长度 /m	12	11
	水深 /m	3	12
	嵌入土体长度 /m	48	57
	单桩直径 /m	5.50	7.00～7.80
	桩壁厚度/m	0.050	0.065

表 6.5　海上风机所在地层参数

风力发电机组	土层编号	土体类型	厚度/m	γ/ ($kN \cdot m^{-3}$)	φ/(°)	E/ ($MN \cdot m^{-3}$)	υ
3.30 MW	7	砂	12.5	19.9	33	34.93	0.30
	6	黏土	14.5	18.7	12	27.35	0.45
	5	砂	24.0	20.0	33	37.05	0.30
	4	黏土	29.0	18.1	11	23.81	0.45
	3	黏土	42.5	18.6	14	28.79	0.45
	2	砂	46.0	19.7	30	36.25	0.30
	1	砂	48.0	19.9	33	39.31	0.30
6.45 MW	8	黏土	12.0	19.7	16	43.97	0.45
	7	砂	15.5	19.5	33	60.63	0.30
	6	砂	21.0	18.5	29	57.97	0.30
	5	黏土	30.0	18.1	11	31.15	0.45
	4	黏土	34.5	19.9	18	58.23	0.45
	3	砂	48.5	19.9	33	66.88	0.30
	2	黏土	53.5	19.0	15	42.37	0.45
	1	砂	57.0	19.9	33	69.04	0.30

2. 结果与讨论

1）案例分析结果

在参数分析之前，本节首先展示了两个海上风机案例的部分动力响应结果。基本工况条件为施加风浪-地震耦合荷载（Liang 等，2022），其中地震根据当地 7 度的设防烈度选用最大加速度 0.15g，地震波选用 Kobe 波。图 6.24 所示为单桩阻抗函数及集总参数模型拟合计算结果，包括水平方向、摇摆方向及水平-摇摆耦合方向的阻抗实部及虚部。所拟合的频率范围为 0～10 Hz，包含所选地震波的主要频率范围。对比图 6.24(a)和(b)可以看到，对于 6.45 MW 的标准风力发电机组，其动刚度（阻抗实部）的最大值在三个方向比 3.30 MW 的标准风力发电机组分别高出了 87%、202%和 144%，而最大阻尼（阻抗虚部）的差异分别为 106%、222%和 158%。

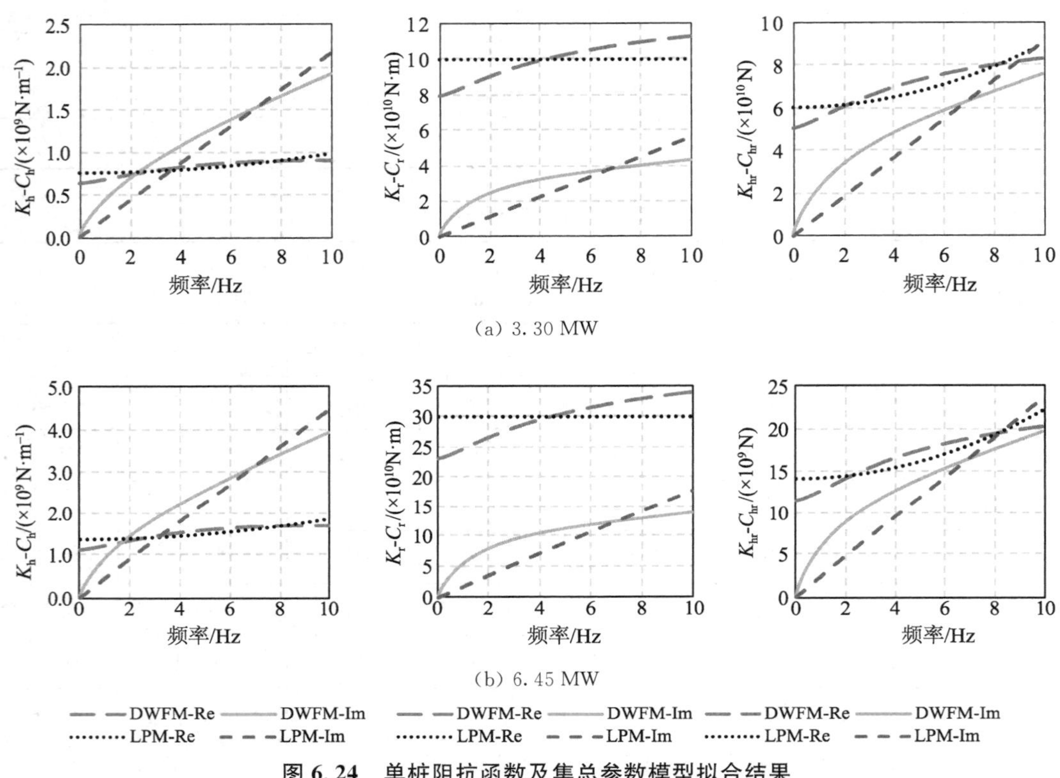

图 6.24　单桩阻抗函数及集总参数模型拟合结果

在进行地震响应分析之前，将计算时长设定为 200 s，时间步长为 0.01 s。风浪荷载将在整个过程中持续施加，而地震荷载将从第 140 s 开始引入。图 6.25 展示了两个风力发电机组在泥线处的弯矩、机舱处的加速度和位移的时程曲线。与 3.30 MW 的标准风力发电机组相比，6.45 MW 的标准风力发电机组塔高增加了 23%，叶片扫风面积增加了 47%，从而导致了更大的风荷载。此外，较大的基础直径和更深的水深也会导致波浪荷载增加。风和间历波的水平荷载组合显著地影响了结构泥线处的内部受力，进而在泥线处的弯矩方面产生了显著的差异。图 6.26 展示了对应于两个风力发电机组的弯矩、加速度和位移的响应包络线。关于弯矩，随着高度的降低，弯矩逐渐增大，在泥线水平时达到峰值，两个风力发电机组的最大弯矩差异达到 50%；关于加速度，最大加速度并不出现在结构顶部，而是在塔的中部，两个风力发电机组的最大加速度差异达到 35%；关于位移，随着高度的降低，位移逐渐减小，最大位移出现在结构顶部，两个风力发电机组的最大位移差异很小。

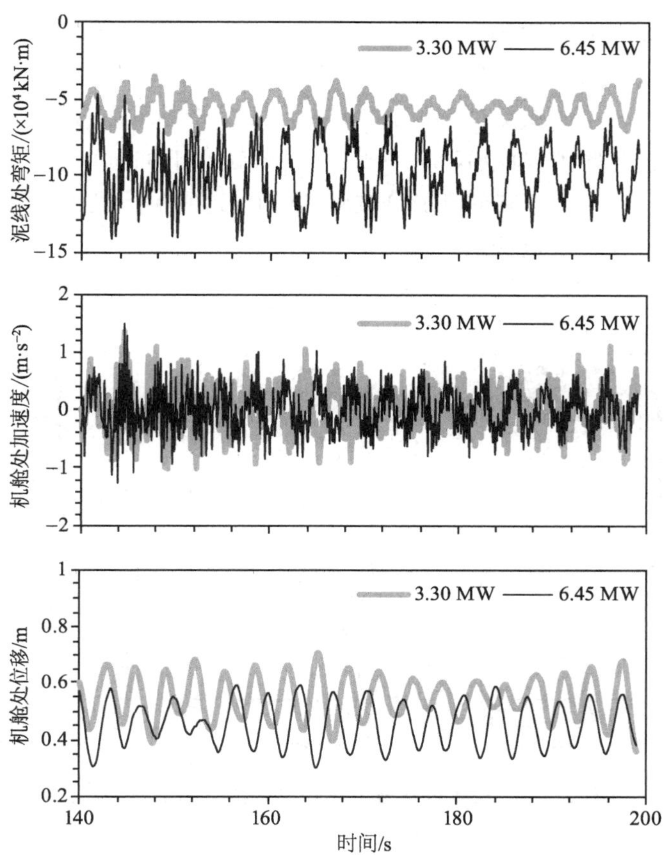

图 6.25　时程曲线(单桩泥线处弯矩、机舱处加速度、机舱处位移)

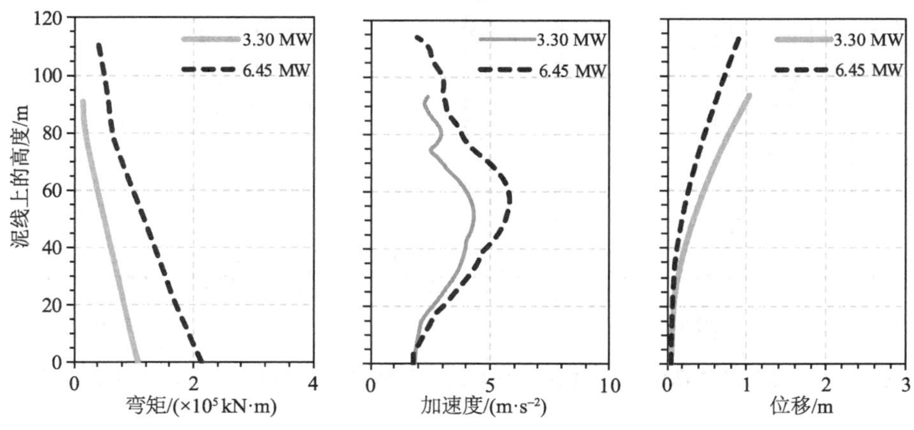

图 6.26　响应包络线(沿塔筒的弯矩、加速度及位移)

2) 地震强度及频谱特性的影响

本节研究了不同地震对 3.30 MW 的标准风力发电机组数值模型地震响应的影响,包括不同的振幅(0.05g、0.15g、0.30g)和不同的频谱特征(Kobe、Kocaeli、Acc100)。图 6.27

展示了在相同的 Kobe 地震激励、不同的地震强度下的响应包络线。随着地震动幅值从 0.30g 减小至 0.15g 和 0.05g，最大弯矩值分别减小了 50.1%和 83.3%，最大加速度值分别减小了 50.0%和 83.4%，最大位移值分别减小了 50.0%和 83.2%。图 6.28 展示了在相同地震强度、不同地震频谱特性（Kobe、Kocaeli、Acc100）下的响应包络线。可以看出，在 Kocaeli 地震波的激励下，由于其低频成分较多，结构的地震响应最为严重，因为其主导频率更接近结构的固有频率。在高频成分相对较多的 Kobe 波激励下，结构的地震响应则相对减弱。

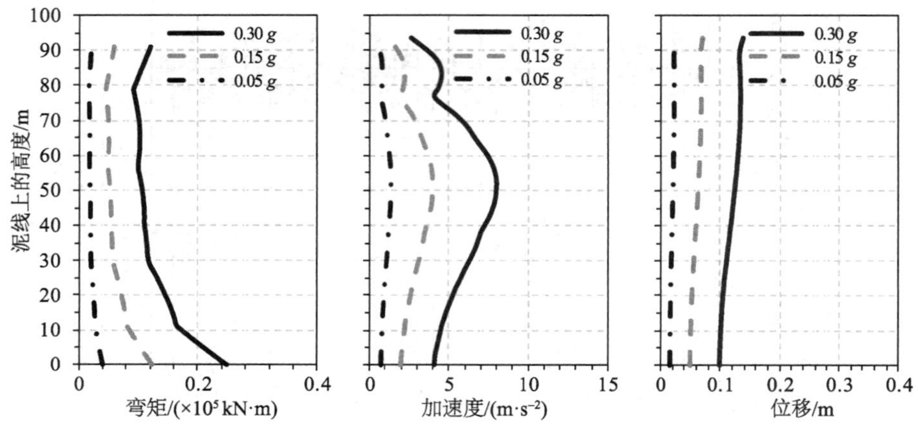

图 6.27　沿塔筒的弯矩、加速度及位移响应包络线（Kobe 波，不同地震幅值）

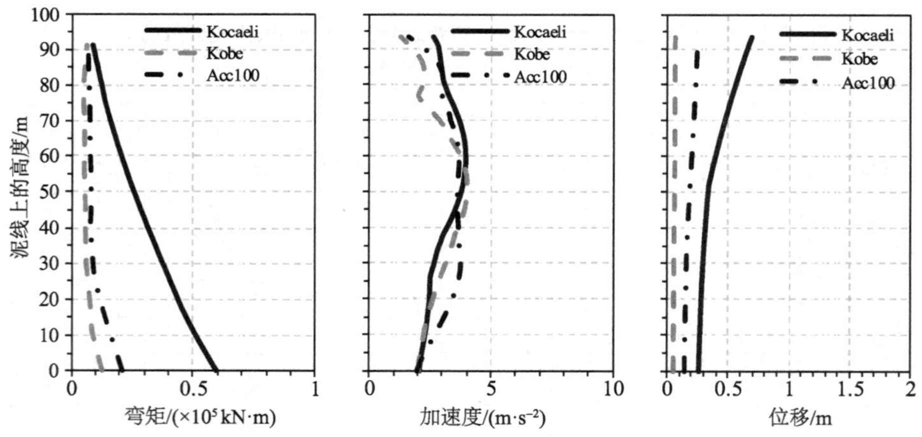

图 6.28　沿塔筒的弯矩、加速度及位移响应包络线（振幅 0.15g，不同地震频谱特征）

图 6.29 展示了在不同地震波下，泥线处桩身弯矩、机舱处加速度和位移的最大值。总体而言，结果与图 6.27 和图 6.28 中所示的变化趋势一致：随着地震动幅值的减小，地震响应逐渐减弱，而在 Kocaeli 地震波的激励下（具有丰富的低频成分），响应更加显著。此外，将本书方法得出的结果与 BNWF 方法（Yuan 等，2023）得出的结果进行比较时发现，泥线处桩身弯矩和机舱处位移的计算值表现出较高的一致性，机舱处的加速度也呈现出一致的变化趋势。

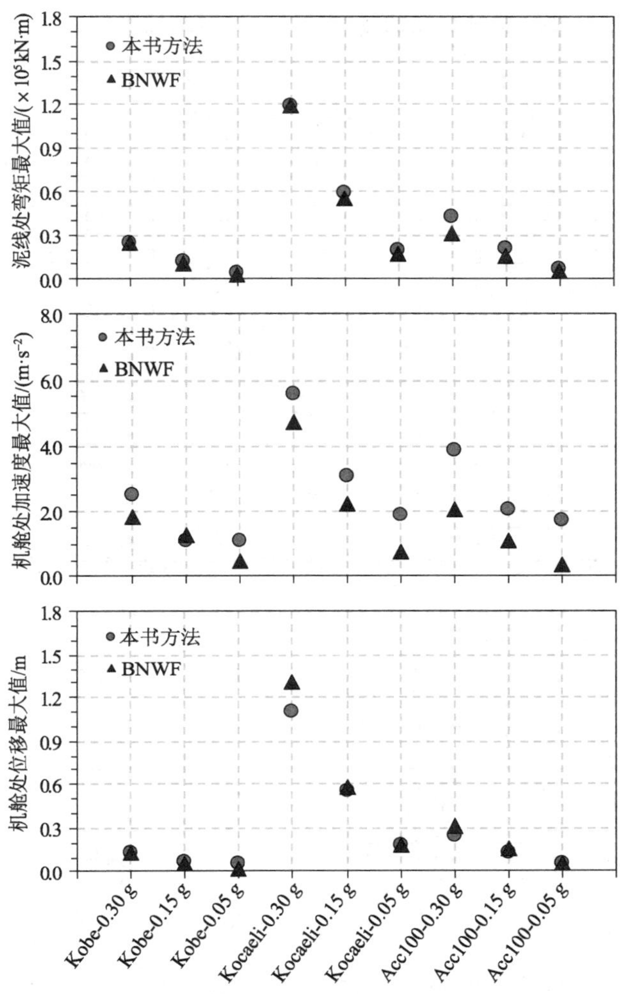

图 6.29　基于本书方法及 BNWF 方法计算所得桩身泥线处弯矩、机舱处加速度和位移的最大值(不同地震波)

3) 不同荷载组合的影响

为研究不同荷载组合对结构动力响应的影响，本节选择三种加载场景：仅施加地震荷载(S)；仅施加风浪荷载(WW)；施加地震-风浪耦合荷载(S－WW)。其中地震荷载选择 Kobe 波，地震动幅值选用 0.15g。图 6.30 展示了不同加载场景下的动力响应包络线。相较于单独施加地震荷载或风浪荷载，地震-风浪耦合荷载下的结构动力响应最大。从图中的第二个包络线可以看出，耦合荷载下的加速度响应最大值相较于单独地震荷载和风浪荷载下的响应分别增大了 7.3%和 51.0%。因此，考虑这种极端不利情况对于海上风机安全设计是很有必要的。此外，从图中还可以观察到，弯矩响应和位移响应对风浪荷载更为敏感，而加速度响应对地震荷载更为敏感。图 6.31 展示了在不同加载场景下，根据本书方法和 BNWF 方法获得的最大响应，除了观察到与图 6.29 中所示相似的规律外，比较两种方法计算所得的结果，仅施加地震荷载时，两者之间的差异很小，而在仅施加风浪荷载时，两者

之间的差异变得显著。这种情况在加速度响应方面尤为明显。

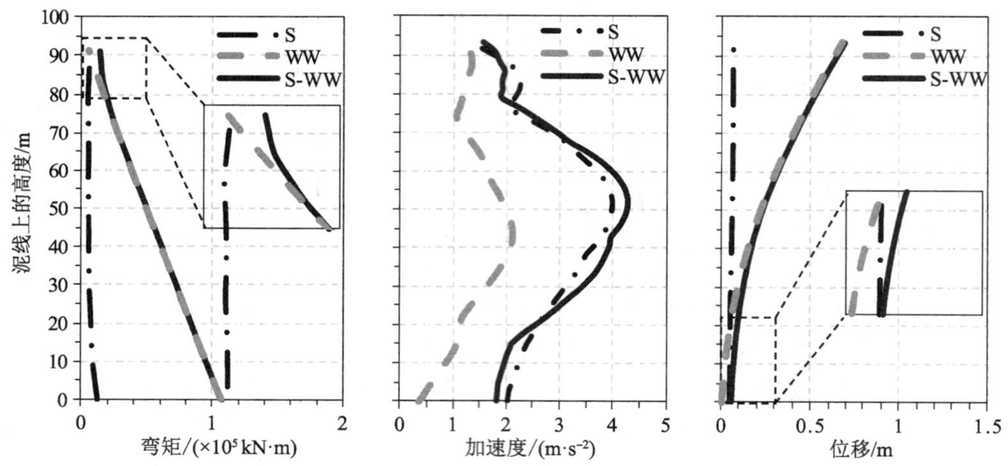

图 6.30　沿塔筒的弯矩、加速度及位移响应包络线(不同荷载组合)

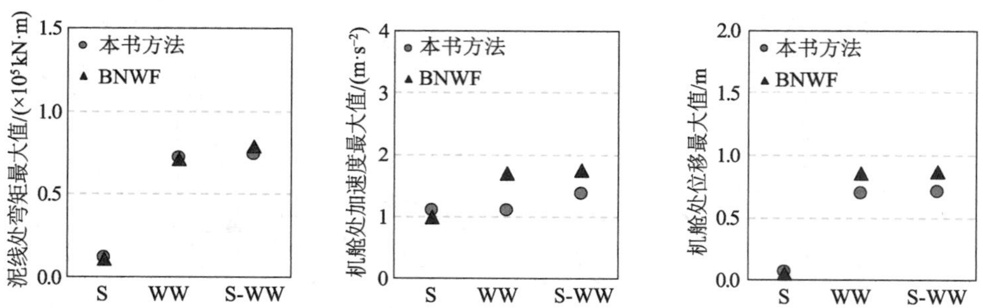

图 6.31　基于本书方法及 BNWF 方法计算所得桩身泥线处弯矩、机舱处加速度和位移最大值(不同荷载组合)

4）冲刷深度的影响

本节为了分析冲刷深度对风电机组地震响应的影响，对 3.30 MW 的标准风力发电机组施加了风浪-地震耦合荷载(Kobe 波，0.15g)。

结构固有频率是评估风力发电机组动态特性的重要参数，通常控制在 1P～3P 之间(1P 和 3P 分别表示叶轮额定转速下的 1 阶频率和 3 阶频率)，以防止共振(软-刚设计原则)。图 6.32 显示了本书方法和 BNWF 方法计算所得的不同冲刷深度下风机系统的一阶自振频率。随着冲刷深度从 0 增加到 3d(d 为桩径)，本书方法和 BNWF 方法计算的风机系统的自振频率分别降低了 14.6%和 10.3%。这是因为冲刷导致单桩暴露长度增加，地基刚度随之降低。此外，本书方法和 BNWF 方法得出的结果之间的差异大约在 2.7%以内，随着冲刷深度的增加，差异刚开始减小，随后呈增大趋势。

图 6.33 显示了冲刷前及冲刷后 (S_d =3.0d) 的单桩动力阻抗函数和集总参数模型的拟合结果。冲刷后，阻抗实部即动刚度明显减小，阻抗虚部即阻尼略有增加。同时，拟合性能未

受影响，这表明集总参数模型可以有效捕捉冲刷前后阻抗函数在 0～10 Hz 范围内的变化。

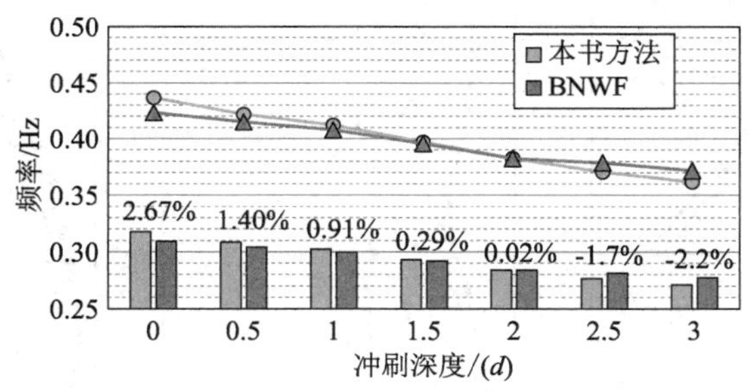

图 6.32　本书方法及 BNWF 方法计算所得不同冲刷深度下风机系统的一阶自振频率

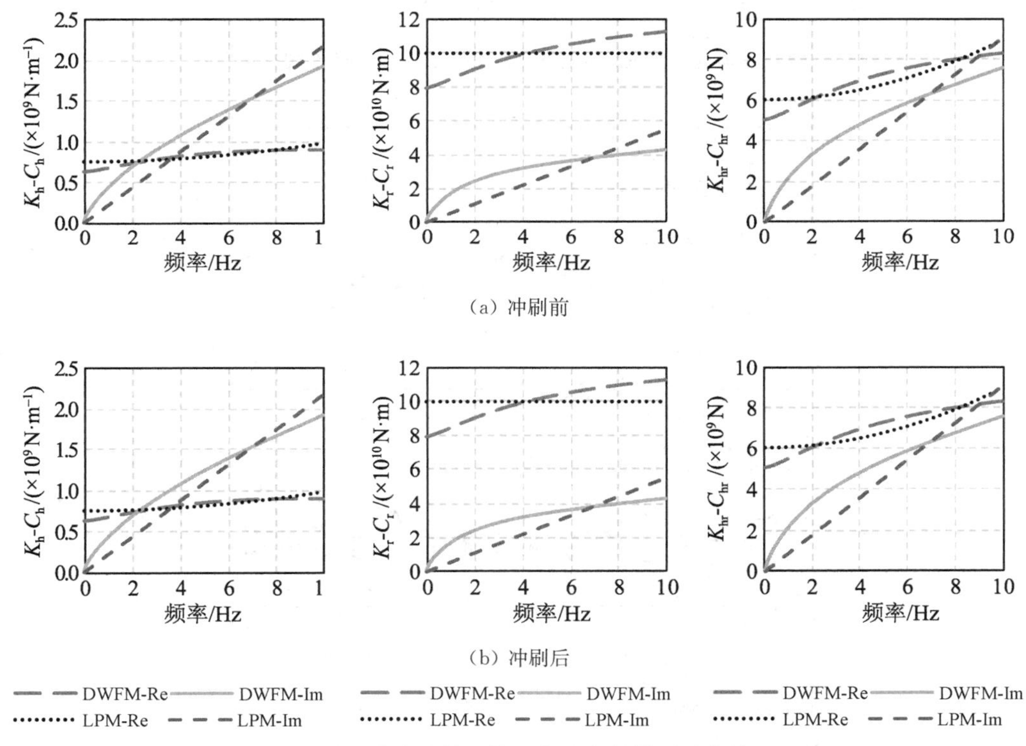

图 6.33　单桩阻抗函数及集总参数模型拟合结果

图 6.34 显示了不同冲刷场地下的地震响应包络线，随着冲刷深度从 0 增加到 $3d$，结构的地震响应逐渐增强。其中，弯矩响应最不敏感，其最大值仅略微增加了 3%，而最大位移明显增加了约 14%。值得注意的是，加速度响应最为敏感，其最大值增加了近 62%，这进一步强调了在海上风力发电机组设计中考虑冲刷效应的重要性。图 6.35 展示了本书方法和 BNWF 方法在不同荷载组合和冲刷场地下获得的响应最大值。从图中可以得出三个结论：①再次证实了前文的结论，即风浪-地震耦合荷载下的动态响应最为强烈；②泥线处弯矩最大值和机舱处位移最大值随着冲刷深度的增加而逐渐增大；③比较本书方法和 BNWF 方法所得的计算结果，泥线处桩身弯矩最大值、机舱处加速度和位移最大值均相差较小。

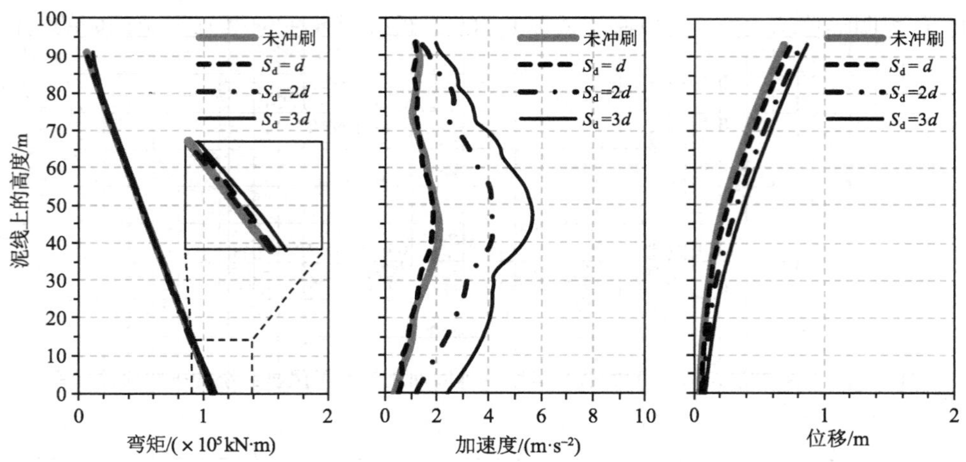

图 6.34　沿塔筒的弯矩、加速度及位移响应包络线(不同冲刷深度)

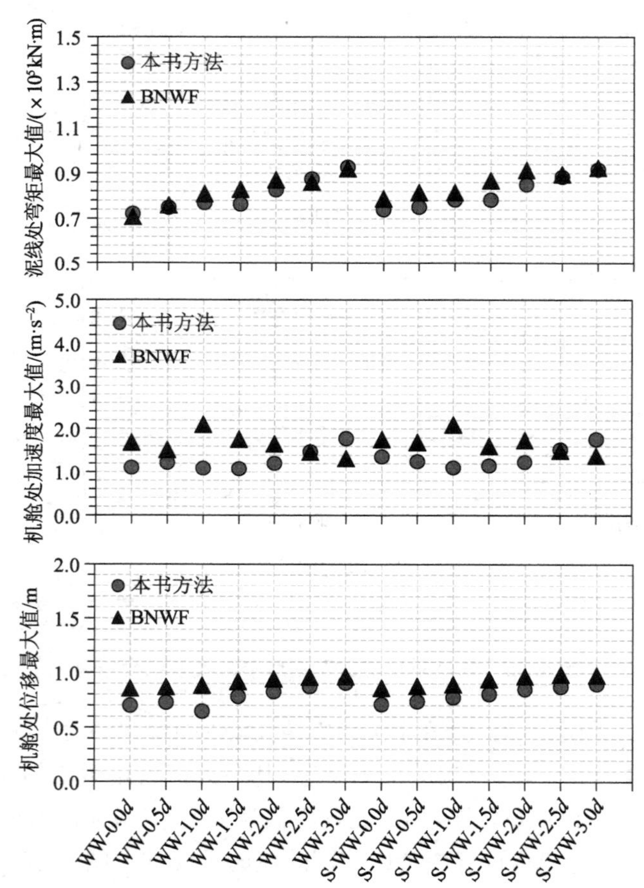

图 6.35　基于本书方法及 BNWF 方法计算所得桩身泥线处弯矩、机舱处加速度和位移最大值(不同冲刷深度)

第 7 章
海洋桩基腐蚀机理与耐久寿命预测方法

7.1 概述

近年来，随着港口、交通、石油与风电工程建设的不断发展，混凝土桩越来越多地应用于海港码头、跨海大桥、海上石油平台、海上风机等海洋工程中。然而，服役于海洋环境中的混凝土桩不仅要承受地震、风、波浪和水流等水平荷载的作用，还将长期暴露于严重的氯离子侵蚀环境中。此外，海上风电机组在运行过程中产生的振动容易使桩基础产生疲劳损伤。在众多影响桩基础结构耐久性的因素中，氯离子引起的钢筋锈蚀是混凝土桩性能劣化的主要原因之一。海洋环境中的氯离子可通过扩散作用穿过管桩混凝土保护层并到达钢筋表面，当钢筋表面的氯离子浓度达到临界氯离子浓度时，钢筋表面钝化膜将受到破坏，进而引起钢筋锈蚀。钢筋锈蚀会产生大量的锈蚀产物，锈蚀产物的体积膨胀将使管桩混凝土保护层内部形成膨胀应力，当膨胀应力超过混凝土保护层的抗拉强度时，混凝土保护层将产生锈胀裂缝。同时，氯离子引起的钢筋锈蚀也将引起钢筋截面的减小和钢筋与混凝土保护层间的黏结退化，并最终导致桩身结构强度的不断劣化，抗弯刚度的不断减小，桩身水平位移的不断增大，以及水平荷载作用下桩基长期抗力的不断衰减。因此，如何较为准确地评价和预测海洋环境中钢筋混凝土桩的耐久性及水平承载性能的衰退情况，是海上基础工程领域迫切需要解决的问题，采取长期有效的防腐蚀措施，对于确保海上基础的安全具有十分重要的意义。

国外方面，美国、英国、日本等海岸工程较多且技术较为先进的国家，在 20 世纪 90 年代初期所做的调查结果表明，处于浪溅区的钢筋混凝土管桩，大多使用不到设计年限就发生严重的钢筋锈蚀、混凝土剥裂等损害，不得不耗巨资进行修复。例如：美国明尼苏达州 35 号公路桥梁钢筋混凝土桩由于腐蚀而倒塌；英国某桥梁工程，1972 年建成，使用钢筋混凝土桩，由于钢筋严重锈蚀，18 年所耗维修费达原总建造费的 1.6 倍；澳大利亚对 62 座海岸混凝土结构进行调查，结果显示，许多耐久性问题与浪溅区钢筋严重腐蚀有关，特别是在昆士兰使用 20 年以上的混凝土桩的桩帽，破坏尤为严重。

国内方面，1981 年，我国对华南地区 18 座使用了 7～25 年的桩基码头进行了调查，发现钢筋锈蚀导致结构破坏的占 89%；山东地处我国沿海地区，海岸线长 300 多千米，近几年对沿海的潍坊、东营、滨州、烟台等市的近 100 座桥梁的调查结果显示，大部分桥梁在使用 5～8 年即出现了较为明显的锈蚀现象。多年来，钢筋混凝土桩在许多大型跨海大桥工程中大量使用，如著名的杭州湾大桥、东海大桥以及海湾大桥等。海洋环境中氯离子侵蚀造成的钢筋混凝土管桩耐久性和水平承载性能的衰退现象已成为工程建设领域非常严峻的问题，它极大地危害了管桩的可靠性和安全性能，必须予以高度关注。

对钢筋混凝土桩耐久性和水平承载性能进行研究分析，一方面能对已有的近海桩基础结构物进行科学的耐久性评定、剩余使用寿命预测和水平承载力评估，以选择合适的方式对其进行维修处理；另一方面也可对沿海新建工程项目进行耐久性设计与研究，揭示影响结构耐久性的内部与外部因素，从而提高桩基础的设计水平与施工质量，确保桩基础的正常工作。同时，在保证桩基础结构实现安全、适用、耐久的前提下，使工程成本降低，实现桩基础成本的优化。

7.2 海洋腐蚀分区及其特点

根据《水运工程结构防腐蚀施工规范》(JTS/T 209—2020)，海上混凝土基础部位按照其腐蚀情况可以分为大气区、浪溅区、水位变动区、水下区和泥下区(图 7.1)。

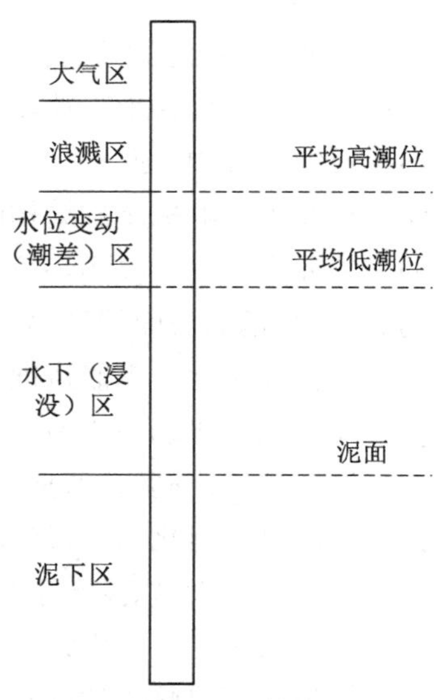

图 7.1 海洋桩基根据腐蚀情况分区

1. 大气区

大气区是指海面浪溅区以上湿度大、盐分高、温度高和干湿循环效应明显的大气区。与普通大气区相比，海洋大气区易在钢铁表面形成导电良好的液膜电解质，容易引起电化学腐蚀作用。

2. 浪溅区

浪溅区是指平均高潮线以上会被波浪飞溅湿润的区段，该区段有时会受到海水的浸泡，干湿交替频繁。在浪溅区，海水与空气充分接触，海水中的含氧量很高，易促进腐蚀的发生。此外，海浪的冲击还会加剧桩基的保护层脱落和桩身损伤。浪溅区是所有海洋环境中腐蚀最为严重的区域。

3. 水位变动区

水位变动区是指平均高潮位和平均低潮位之间的区域。其特点是呈现周期性的干湿交替循环，高潮时被海水淹没，低潮时暴露在空气中。在这一区域，建筑物处于干湿交替状态，淹没时被海水腐蚀，物理冲刷和高速水流形成的空泡也会加速腐蚀；当潮水退去时会发生类似于大气区的水膜电化学腐蚀。

4. 水下区

水下区是指常年在低潮线以下直至海底的区域，根据海水深度不同分为浅海区(低潮线以下 20～30 m)、大陆架全浸区(在 30～200 m 水深区)和深海区(>200 m 水深区)。浅海区海水流速高，存在近岸化学和沉积物污染。该区域的腐蚀主要是电化学腐蚀和生物腐蚀，其次是物理和化学反应。该区域的钢材腐蚀比大气区和水位变动区的腐蚀更严重。在大陆架全浸区，腐蚀以电化学腐蚀为主，物理和化学反应为辅，腐蚀程度较浅海区轻。在 pH<8～8.2 的深海区，压力随着水深的增加而增加，矿物盐的溶解量减少，腐蚀主要为电化学腐蚀和应力腐蚀，其次为化学腐蚀，腐蚀程度相对较轻。

5. 泥下区

泥下区是指海底泥面以下的部分，该区域腐蚀环境非常复杂，既有土壤中的腐蚀特性，也有海水腐蚀特性。泥下区中沉积物的物理、化学和生物特性都会影响腐蚀性。海床沉积物中的硫酸盐还原菌会产生腐蚀性硫化物，从而加速腐蚀。但泥下区的腐蚀速率通常要比海水中的腐蚀速率慢。

7.3　钢结构腐蚀机理及防腐蚀措施

7.3.1　钢结构腐蚀机理

钢结构腐蚀是一个电化学反应过程，即钢材中的铁原子在腐蚀介质中通过电化学反应被氧化成正化学价的状态。在电化学反应过程中，钢材中的铁原子作为腐蚀电池的阳极释放电子形成铁离子，经过一系列的化学反应最终形成铁锈。反应方程式如下：

阳极反应：$Fe - 2e \rightarrow Fe^{2+}$

阴极反应：$2H^{+} + 2e \rightarrow H_2$；$O_2 + 2H_2O + 4e \rightarrow 4OH^{-}$

上述反应生成的 $Fe(OH)_2$ 经过后续的一系列反应生成 $Fe(OH)_3$，最终脱水生成 Fe_2O_3，其为铁锈的主要成分。铁锈疏松、多孔，体积膨胀了约 4 倍，增大了钢结构与海水的接触面积，加快了钢结构的腐蚀速率。

钢结构腐蚀可分为均匀腐蚀和局部腐蚀。均匀腐蚀是指钢结构与介质接触的位置遭到均匀的腐蚀损坏，这种腐蚀损坏会造成钢结构的颜色发生改变和尺寸减小。由于海洋钢结构将长期稳定地处于海洋环境中的各个区域，因此，钢结构的各个部位会发生不同程度的均匀腐蚀。均匀腐蚀的危险性相对较低，可以根据结构要求的使用寿命和腐蚀速率，在钢结构构件设计时增加一定的厚度余量用以弥补腐蚀量。局部腐蚀是指钢结构与介质接触的部位中，只有一定区域(点、线、片)遭到腐蚀破坏。局部破坏大概率会导致结构的脆性破坏，使结构耐久性大幅降低。局部腐蚀的危害要高于均匀腐蚀。

局部腐蚀根据条件、机理和表现特征可分为电偶腐蚀、缝隙腐蚀、点蚀和腐蚀疲劳等。

(1) 电偶腐蚀是指两种不同金属在同一种介质中接触，由于它们的腐蚀电位不等，形成了很多原电池，使电位较低的金属溶解速度加快，造成接触处的局部腐蚀，电位较高的金属溶解速度反而减缓。通常两种金属的电位差越大，则电偶中的阳极金属侵蚀得越快。某些钢结构构件由两种不同的钢种组成，在其连接处有时会发生电偶腐蚀。

(2) 缝隙腐蚀是指金属与金属或金属与非金属之间存在的特别小的缝隙所产生的腐蚀。产生缝隙的原因主要有设计上的不合理或加工工艺不够先进等，如法兰连接面、螺母压紧面、焊缝气孔等与基体的接触面会形成缝隙。此外，泥沙、积垢、杂屑锈层和生物等沉积也会导致缝隙的形成。介质在缝隙中处于滞留状态，加速了缝内金属的腐蚀速率。

(3) 金属表面局部区域出现向深处发展的腐蚀小孔称为点蚀。蚀孔一旦形成，具有“探挖”的动力，可向深处自动加速进行，因此，点蚀具有极大的隐患性及破坏性。

(4) 在腐蚀介质和循环应力共同作用下，应力在某些部位会比其他部位高得多，这会加速裂缝的形成，这种现象称为腐蚀疲劳。腐蚀疲劳时，表面区域已产生滑移的溶解速度要明显快于非滑移区域，使已出现的微观缺口扩大滑移运动的范围，加速局部腐蚀。这种交替的增强作用最终导致构件开裂。

除上述腐蚀类型外，部分钢结构还会受到冲击腐蚀和空泡腐蚀的影响。

钢结构对海水的流速十分敏感，当速度高于某一临界值时，便会产生快速的冲击侵蚀。

在湍流情况下，海水中时常卷入气泡，高速流动的海水夹带气泡冲击结构时，会破坏结构保护膜，导致金属发生局部腐蚀。当周围的压力低于海水温度下的海水蒸汽压时，海水沸腾，在高速状态下形成蒸汽泡，在海水流到某处时破裂，蒸汽泡的破裂形成反复冲击，导致构件表面发生局部压缩破坏。腐蚀碎片脱落后，构件新的部分又暴露于海水中，继续发生腐蚀。因此，空泡腐蚀通常会使建筑物既受机械损伤又受腐蚀损坏，其腐蚀形状多呈蜂窝状。

从腐蚀机理来看，钢结构在海洋环境中腐蚀的影响因素主要有钢材及其表面因素和环境因素。

钢材及其表面因素：不同的钢材具有不同的耐腐蚀性。改善钢材耐腐蚀性的一个重要途径就是改变钢材中合金元素的含量。研究表明，磷铜元素可以改善钢材的耐腐蚀性。对于相同的钢材，腐蚀还与表面状态相关，光滑表面因不易积水要比粗糙不平整的表面耐腐蚀。

大气湿度及温度因素：海洋大气区具有比普通大气区湿度大、盐分高及温度高等特点。当大气中的相对湿度达到临界湿度时，大气中的水分在钢材表面凝聚成水膜，大气中的氧通过水膜进入钢材表面发生大气腐蚀。

海水温度和含氧量因素：随着海水中溶解氧的浓度增大，氧的极限扩散电流密度增大，腐蚀速度加快。海水的温度升高使溶解氧的扩散系数增大，加速腐蚀过程。因此，温度升高、含氧量增大会促进钢结构的腐蚀。

海水流速因素：海水流速是影响钢结构腐蚀的一个重要因素。通常情况下，流速增大，扩散厚度随之减小，氧的极限扩散电流密度随之增大，因而腐蚀速度加快。许多金属如钢、铸铁等对海水的流速很敏感，当速度超过某一临界点时，便会发生快速的腐蚀。

海生物污损因素：当海生物较多时，海生物污损对钢结构腐蚀会起到一定抑制作用。海生物附着均匀密布时能在钢结构表面形成一层保护膜，减轻海水的腐蚀作用；局部附着时，附着部位氧含量极低，形成氧浓差电池，使得生物附着部位发生强烈腐蚀。

7.3.2 钢结构防腐蚀措施

钢结构防腐蚀措施主要有涂层保护、阴极保护、金属热喷涂、增加腐蚀裕量及使用耐蚀材料等。在大型钢结构中，经常把涂层保护、阴极保护及金属热喷涂等方法联合使用，以确保结构的安全。

1. 涂层保护

涂层保护是在钢材表面喷(涂)防腐蚀涂料或油漆涂料，防止环境中的水、氧气和氯离子等各种腐蚀性介质渗透到金属表面，使腐蚀性介质与金属表面隔离，以此防止金属腐蚀。同时，在涂层中添加阴极性金属物质和缓蚀剂，可以起到阴极保护作用和缓蚀作用，进一步加强涂层的保护性能。涂层受环境破坏的形式主要是失光、变色、粉化、鼓泡、开裂和溶胀等，究其原因主要是涂层本身性能、环境条件及施工因素的影响。要确保涂层防腐蚀效果，必须做到以下几点：①钢结构在除锈处理前，应仔细清除焊渣、毛刺等附着物，并清除基体金属表面可见的油脂及其他污物；②重要工程的主要钢结构、维修困难或受腐蚀较强的部位，必须采用喷射或抛射除锈处理。

在海洋环境中，根据不同的部位、不同金属构件、不同的施工环境正确选用不同的涂层品种，是保证防腐蚀效果的重要措施之一。性能优良的涂层要表现出良好的防腐蚀效果，必须经过合理的施工工艺，使其附着在成品或构件上形成优质涂层。大气区应采用具有良好耐候性的防腐蚀涂料，浪溅区和水位变动区应采用具有较好干湿交替适应性和耐磨损、耐冲击及耐候性能的涂料。水下区和水位变动区平均水位以下部位采用的防腐蚀涂料应能与阴极保护配套，具有较好的耐电位性和耐碱性。设计使用年限要求在 20 年以上的防腐蚀涂装，应采用重防腐涂层。

2. 阴极保护

阴极保护是指在被保护金属上施加一定的直流电流，使被保护金属成为阴极而得到保护的方法。根据直流电提供方式的不同，阴极保护可分为牺牲阳极保护法和外加电流保护法。

牺牲阳极保护法是指在电解液中使用电位较低的金属材料，与被保护的金属相连，依靠自身腐蚀产生的电流来保护其他金属的方法。

外加电流保护法是指将被保护金属作为阴极，选用特定材料作为辅助阳极，通过外加电流提供所需的保护电流，使金属构件受到保护的方法。

阴极保护方法适用于海洋工程平均水位以下钢结构的防腐蚀。阴极保护可采用牺牲阳极保护法、外加电流保护法或上述两种方法的联合。两种阴极保护方法的比较见表 7.1。

表 7.1　两种阴极保护方法的比较

种类	优点	缺点
牺牲阳极法	不需要外加电流，安装方便，结构简单，安全可靠，电位均匀，平时不用管理，一次性投资小	保护周期较短，需定期更换
外加电流法	电位、电流可调，可实现自动控制，保护周期较长，辅助阳极排流量大而安装数量少	一次性投资较大，设备结构较复杂，需要管理维护

阴极保护的主要参数有保护电位和保护电流密度。

保护电位是指阴极保护时使金属停止腐蚀所需的电位值。只有使被保护的金属电位极化到阳极平衡电位，腐蚀才完全停止。对于钢结构，保护电位就是铁在电解液中的平衡电位。通常以平衡电位为依据判断阴极保护是否完全。保护情况可通过测量被保护金属各部分的电位值获得。因此，保护电位值是设计和监控阴极保护的一个重要指标（表 7.2）。

表 7.2　　海洋工程钢结构保护电位

环境、材质			保护电位相对于 Ag/AgCl 海水电极/V	
			最正值	最负值
碳钢和低合金钢	含氧环境		−0.80	−1.10
	缺氧环境(有硫酸盐还原菌腐蚀)		−0.90	−1.10
不锈钢	奥氏体	耐孔蚀指数≥40	−0.30	不限
		耐孔蚀指数<40	−0.60	不限
	双相钢		−0.60	避免电位过负
高强钢($\sigma_s \geq 700$ MPa)			−0.80	−0.95

注：强制电流阴极保护系统辅助阳极附近的阴极保护电位可以更负一些。

保护电流密度是指阴极保护时使金属腐蚀速度降到安全标准时所需的电流密度。最小保护电流密度与最小保护电位相对应，若要使金属得到良好的保护，则金属要达到最小保护电位，保护电流密度不能小于最小保护电流密度。如果保护电流密度过大，则可能发生“过保护”，不仅消耗电能过大，而且会出现保护作用降低等现象。表 7.3 所示为无涂层钢常用保护电流密度参考值。

表 7.3　　无涂层钢常用保护电流密度参考值

环境介质	保护电流密度/($mA \cdot m^{-2}$)		
	初始值	维持值	末期值
海水	150～180	60～80	80～100
海泥	25	20	20
海水混凝土或水泥砂浆包覆	10～25		

有涂层钢保护电流密度的计算公式为

$$i_c = i_b f_c \tag{7.1}$$

式中，i_c 为有涂层钢的保护电流密度(mA/m^2)；i_b 为无涂层钢的保护电流密度(mA/m^2)；f_c 为涂层的破损系数，$0 < f_c < 1$。

1) 牺牲阳极保护法

牺牲阳极保护法适用于电阻率小于 500 Ω · cm 的位于海水或淡海水平均水位以下的海洋工程钢结构的防腐蚀。牺牲阳极材料应具有足够负的电极电位，在使用期内应能保持表面的活性，溶解均匀，腐蚀产物易于脱落，理论电容量大，易于加工制造，材料来源充足、价廉。海洋工程中一般使用铝合金或锌合金作为牺牲阳极材料(表 7.4)。

表 7.4　　牺牲阳极材料适用的环境介质

阳极材料	环境介质	适用性
铝合金	海水、淡海水（电阻率小于 500 Ω·cm）	可用
	海泥	慎用
锌合金	海水、淡海水（电阻率小于 500 Ω·cm）	可用
	海泥	可用

牺牲阳极保护法的主要要求如下：

(1) 牺牲阳极的几何尺寸和重量应能满足阳极初期发生电流、末期发生电流和使用年限的要求。

(2) 牺牲阳极所需的阳极数量、重量、表面积必须同时满足初期电流、维护电流、末期电流的要求。

(3) 牺牲阳极应通过铁芯与钢结构短路连接，铁芯结构应能保证在整个使用期内与阳极体的电连接，并能承受自重和使用环境所施加的荷载。

(4) 牺牲阳极宜均匀布置，使被保护钢结构的表面电位均匀分布，牺牲阳极不应安装在钢结构的高应力和高疲劳区域。

(5) 当牺牲阳极紧贴钢结构表面安装时，阳极背面或钢表面应涂覆涂层或安装绝缘屏蔽层。

(6) 牺牲阳极的连接方式宜采用焊接，也可采用电缆连接或机械连接。

2) 外加电流保护法

外加电流保护系统一般包括辅助阳极、直流电源、参比电极、检测设备和电缆（图 7.2）。其中，外设直流电源安装在钢结构外部，其正极连接绝缘的辅助阳极，负极连接被保护阳极。电路接通后，电流从辅助阳极经海水至钢结构，从而使钢结构阴极极化得到保护。

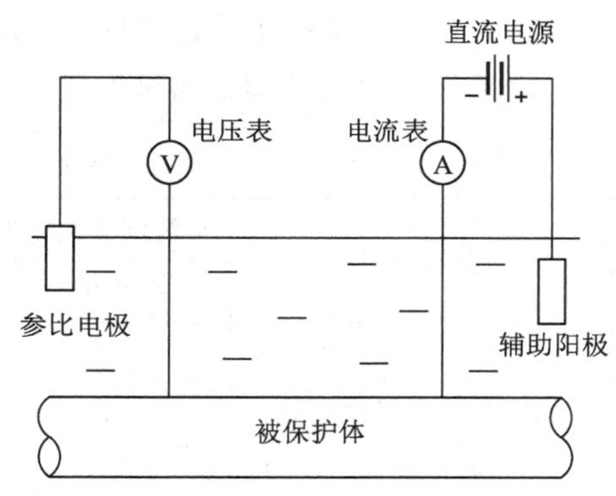

图 7.2　外加电流保护系统

辅助阳极材料的电化学性能、力学性能、工艺性能及阳极结构的形状、大小、分布、安装等对其寿命和保护效果都有影响，其材料及几何形状应根据设计使用年限、使用条件、被保护钢结构的形式、阳极材料的性能和适用性综合确定。

外加电流保护系统中所使用的供电电源可选用恒电位仪或整流器。当输出电流变化较大时宜选用恒电位仪。供电电源应能满足长期不间断供电要求。电源设备应具有可靠性高、维护简便，输出电流和电压连续可调，并具有抗过载、防雷、抗干扰和故障保护等功能。

在外加电流保护系统中，参比电极可用来测量被保护体的电位，并向控制系统传递信号，根据信号调节保护电流的大小，使结构的电位处于安全范围。参比电极应具有极化小、稳定性好、不易损坏、使用寿命长和适应环境介质等特性(表 7.5)。当采用恒电位仪控制时，每台电源设备应至少安装一个控制用参比电极。

表 7.5　　常用参比电极性能

种类	电极电位(25℃海水)/V	钢保护电位(25℃海水)/V	生产工艺	稳定性	极化性能	寿命/年	用途
Ag/AgCl	0.085	−0.798	复杂	稳定	不易极化	5～10	用于海水中外加电流设备
$Cu/CuCl_2$	0.074	−0.854	简单	较稳定	不易极化	2～3	手提式，用于现场测量

除上述腐蚀防护方法外，钢结构腐蚀还可采用金属热喷涂、增加腐蚀裕量、使用耐蚀材料等方法。

金属热喷涂保护系统包括金属喷涂层和封闭剂或封闭涂料，复合保护系统还包括涂装涂料。金属热喷涂保护方法对钢结构尺寸、形状的适应性较强，在海洋环境中的防腐蚀性能较为突出。根据热源的不同，热喷涂可分为以下四种方法：利用氧-乙炔焰的火焰热喷；利用等离子焰流的等离子喷涂；利用电弧的电弧热喷涂；利用爆炸波的爆炸热量喷涂。海上风机基础钢结构热喷涂锌及锌合金可采用火焰喷涂或电弧喷涂，热喷涂铝及铝合金宜采用电弧喷涂。

增加腐蚀裕量是指设计钢结构时考虑使用期内可能产生的腐蚀损耗而增加的相应厚度。对于海上风机基础钢结构，处于浪溅区的钢结构应增加腐蚀裕量。此外，因结构复杂而无法保证阴极保护电流连续性要求的钢结构也应增加腐蚀裕量或采取其他措施。

表 7.6 所示为常用金属材料的耐海水腐蚀性能。

表 7.6　　常用金属材料的耐海水腐蚀性能

金属材料	全浸区腐蚀速率/(mm・年$^{-1}$)		潮汐区腐蚀速率/(mm・年$^{-1}$)		耐冲击腐蚀性能
	平均值	最大值	平均值	最大值	
低碳钢(无氧化皮)	0.12	0.40	0.3	0.5	劣
高碳钢(有氧化皮)	0.09	0.90	0.2	1.0	劣
顿巴黄铜	0.04	0.05	0.03	—	不好
黄铜	0.02	0.18	—	—	良好
铝青钢	0.03	0.08	0.01	0.05	良好
铜镍合金	0.008	0.03	0.05	0.3	良好
镍	0.02	0.1	0.4	—	良好
哈氏合金	0.001	0.001	—	—	优秀
铬	—	0.20	—	—	满意
锌	0.028	0.03	—	—	良好

总的来说，海上基础钢结构防腐蚀措施应从结构整体考虑，根据结构的部位、保护年限、施工、维护管理、安全要求及技术经济效益等因素，采取相应的防腐蚀措施。大气区宜采用金属热喷涂保护或涂料保护方法；浪溅区宜采用金属热喷涂保护或涂料保护方法，且应增加腐蚀裕量，或使用如包覆耐蚀合金、硫化氯丁橡胶等经实践证明防腐效果优异的防腐蚀措施；全浸区应采用阴极保护或阴极保护与涂料保护相结合的方法。使用阴极保护与涂料保护相结合的方法时，海床以下 3 m 可不设置涂料保护。钢管桩内部浇筑混凝土或填砂以及没有氧或氧含量极低的密封桩内壁可不采取防腐蚀措施。钢管桩内部没有海水时，宜采用涂料保护方法；有海水时，水线附近及以上部位宜采用涂料保护方法，与海水接触部分宜采用阴极保护或阴极保护与涂料保护相结合的方法。

7.4　钢筋混凝土结构腐蚀机理及防腐蚀措施

7.4.1　钢筋混凝土结构腐蚀机理

海洋环境中钢筋混凝土结构腐蚀主要包括氯离子腐蚀、碳化腐蚀、硫酸盐腐蚀、镁盐腐蚀及碱骨料反应等。

1. 氯离子侵蚀

海水中含有很多氯离子，它容易渗透进入混凝土内部并到达钢筋钝化膜的表面，对钝化膜造成破坏。在氧和水充足的条件下，钢筋表面会形成一个小阳极，大面积钝化膜作为阴极，形成微小的化学电池，阳极金属铁被消耗，导致点蚀。

氯离子侵入混凝土有两个途径：一是“掺入”，即搅拌混凝土时由骨料和外加剂带入的氯离子，如用海水搅拌，使用未经过充分处理的海沙或含有氯化物的速凝剂、早强剂和抗冻剂等。二是“渗入”，即由外界环境侵入的氯离子，如海洋环境、除冰盐环境及盐湖地区等。氯离子在混凝土中的侵入过程是一个复杂的非线性动力现象，包含复杂的物理化学过程，涉及许多机理，目前已经了解的氯离子侵入混凝土的方式主要有以下几种：①扩散作用，由氯离子浓度梯度引起的迁移；②渗透作用，氯离子在压力梯度的作用下，随水一起渗入混凝土内；③毛细管吸附作用，氯离子在水泥石毛细孔隙的表面张力作用下随浸润液体一起向混凝土内部干燥的部分移动；④电化学迁移，氯离子在电场加速作用下发生定向迁移。

通常氯离子的侵入过程是以上几种侵入方式的组合，同时还受到混凝土性能（如混凝土孔隙、水化时间）、氯离子与水化产物的结合能力、环境温度和湿度以及混凝土表面的环境条件等因素的影响。对于在某特定的环境条件下，将由其中某一种侵入方式起主导作用。以海洋环境条件下服役的钢筋混凝土结构为例，如果暴露于海水之前混凝土表面处于不饱和状态，毛细管张力会吸收溶液进入混凝土内，直到混凝土达到饱和。因此，对于周期性暴露于海水中的干湿交替区（水位变动区、浪溅区）的混凝土结构，表面混凝土的毛细管吸附作用会使其连续吸附氯化物，从而提高氯离子浓度，在对流区内形成内部“表面浓度”。对于长期处于饱水状态的水下区混凝土，其内部氯离子的侵入主要是由于内外浓度差引起的扩散作用。当存在水头压力时，氯化物随着水流在压力梯度作用下渗入混凝土。表 7.7 给出了海洋环境中不同区域混凝土中氯离子的主要传输机理和环境因素。

表 7.7　海洋环境中不同区域混凝土中氯离子主要传输机理和环境影响因素

海洋环境	主要传输机理	主要环境影响因素
水下区	渗透、扩散	温度、浓度、水流压力
水位变动区	表层毛细管吸附作用、内部扩散	湿度、温度、浓度、干湿时间比例
浪溅区	表层毛细管吸附作用、内部扩散	湿度、温度、浓度、干湿时间比例
大气区	表层毛细管吸附作用、内部扩散	盐雾含量、沉降量、相对湿度、温度

2. 碳化腐蚀

大气中的 CO_2 会通过混凝土表面的微孔和内部间隙进入混凝土内部，与混凝土中的 $Ca(OH)_2$ 反应生成 $CaCO_3$，破坏混凝土内部的碱性环境，影响钢筋表面的钝化膜，最后生成的 $CaCO_3$ 又与 CO_2 反应生成易溶于水的 $Ca(HCO_3)_2$ 并不断流失，导致混凝土的强度降低，钢筋腐蚀的风险增加，相关反应方程式如下：

$$CO_2 + H_2O = H_2CO_3$$

$$H_2CO_3 + Ca(OH)_2 = CaCO_3 + 2H_2O$$

$$CaCO_3 + CO_2 + H_2O = Ca(HCO_3)_2$$

3. 硫酸盐腐蚀

海水中的硫酸盐与水泥浆中的 $Ca(OH)_2$ 发生置换作用而生成石膏。反应方程式如下：

$$SO_4^{2-} + Ca(OH)_2 + 2H_2O \longrightarrow CaSO_4 \cdot 2H_2O + 2OH^-$$

生成的石膏在水泥石的毛细孔内沉积、结晶，引起体积膨胀，使水泥石开裂，最后材层转变成糊状物或无黏结力的物质。同时，生成的石膏与固态单硫型水合硫铝酸钙和水合铝酸钙作用生成三硫型水化硫铝酸钙：

$$3CaO \cdot Al_2O_3 \cdot CaSO_4 \cdot 19H_2O + 2CaSO_4 \cdot 2H_2O + 8H_2O \longrightarrow 3CaO \cdot Al_2O_3 \cdot 3CaSO_4 \cdot 31H_2O$$

$$4CaO \cdot Al_2O_3 \cdot 19H_2O + 3CaSO_4 \cdot 2H_2O \longrightarrow 3CaO \cdot Al_2O_3 \cdot 3CaSO_4 \cdot 31H_2O + Ca(OH)_2$$

生成的三硫型水化硫铝酸钙含有大量结晶水，其体积比原来增加 1.5 倍以上，会对混凝土产生较大的局部膨胀压力，导致结构开裂。

4. 镁盐腐蚀

海水中的镁离子会使水泥中的水合硅酸钙凝胶处于不稳定状态，分解出 $Ca(OH)_2$，从而破坏水化硅酸钙凝胶的性能，导致混凝土的溃散。新生成物不再能起到“骨架”作用，使混凝土软化或密实度降低。反应方程式如下：

$$Mg^{2+} + Ca(OH)_2 \longrightarrow Ca^{2+} + Mg(OH)_2$$

$$Mg^{2+} + Ca-S-H \longrightarrow Ca^{2+} + Mg-S-H$$

5. 碱骨料反应

混凝土的碱骨料反应主要是指混凝土中的 OH^- 与骨料中的活性 S_iO_2 发生化学反应，生成含有碱金属的硅凝胶，其具有很强的吸水膨胀能力，会使混凝土发生不均匀膨胀，引起混凝土开裂以及强度和弹性模量降低等现象，导致混凝土的耐久性下降。

影响混凝土结构腐蚀的因素主要包括混凝土材料特性、环境因素、结构类型以及保护层厚度等。

(1) 混凝土由水泥、水和骨料通过混合、浇筑和硬化而成。预防混凝土腐蚀的最佳措施是采用高性能的密实混凝土。

(2) 海洋钢筋混凝土结构构件的位置不同，其腐蚀程度也不同。飞溅区的腐蚀程度最为严重，大气区相对较轻，水下区的腐蚀程度最轻。

(3) 混凝土结构应尽可能整体浇筑，以减少施工缝。通过严格控制混凝土裂缝宽度来减缓钢筋锈蚀速率。结构设计中应尽可能避免使用凹凸部件，因为这些区域的混凝土很难压实，容易出现较大的空隙。

(4) 混凝土保护层厚度对于阻止腐蚀介质接触钢筋表面起着重要作用。图 7.3 给出了混凝土中氯化钠含量与混凝土保护层厚度之间的关系。

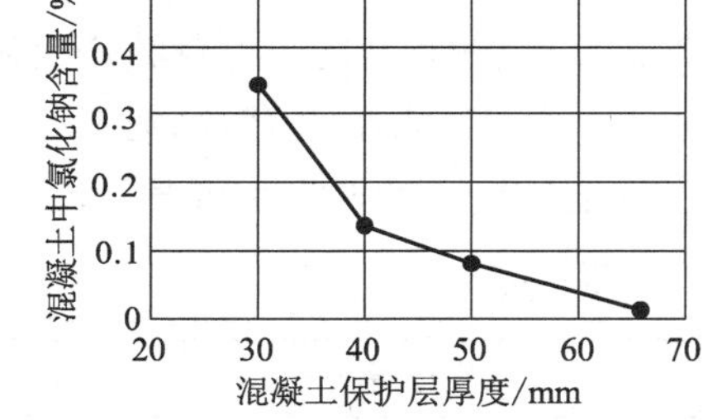

图 7.3　混凝土中氯化钠含量与混凝土保护层厚度之间的关系

钢筋锈蚀是混凝土结构耐久性退化的最主要原因，其对桩基耐久性的影响主要表现在导致混凝土开裂、握裹力下降与丧失、钢筋截面损失和钢筋应力腐蚀断裂等方面。

(1) 混凝土抗弯性和抗裂性较差，当混凝土保护层缺乏足够的厚度时，钢筋腐蚀产物引起的体积膨胀会使保护层沿钢筋开裂甚至脱落，盐离子等物质通过裂缝更容易到达钢筋表面，从而加速钢筋的腐蚀。

(2) 保护层沿钢筋刚出现微小裂缝时，结构的物理力学性能、承载能力等变化并不显著。随着裂缝的不断扩大，混凝土与钢筋之间的黏结力开始减小，构件变形增加。当握裹力减小到一定限值时，将发生局部或整体破坏。

(3) 钢筋锈蚀分为局部锈蚀和均匀锈蚀。局部锈蚀往往会导致钢筋截面的损失。从钢筋锈蚀、混凝土顺钢筋开裂到构件破坏，是一个复杂的演变过程，不仅取决于钢筋锈蚀的发展速度，也取决于构件的承载能力及钢筋的受力状态等。

(4) 受力钢筋在受到腐蚀时可能会突然断裂，即使钢筋上没有明显锈蚀现象。应力导致钢筋表面出现微裂纹，腐蚀使裂纹加深，应力再促进裂纹扩展，这个过程不断循环，直到钢筋突然断裂。

7.4.2　钢筋混凝土结构防腐蚀措施

1. 选择合理的结构型式和施工方式

为减小混凝土结构与海水接触或被浪花飞溅的范围，应尽量选择大跨度的布置方案，选择合适的结构型式，构件截面几何形状应简单、平顺，尽量减少棱角或突变，避免应力集中，尽可能减少混凝土表面裂缝。

安装时处理好构件的连接和接缝，对支座和预应力锚固等可能产生应力集中部位，采取相应结构措施，避免混凝土受拉。腐蚀最容易发生在梁板位置、混凝土连接点处、结构的凹凸部位、承受高静荷载或冲击荷载处、浪溅区以及结构的冰冻区域，应对这些部位采取加强措施，以保护钢筋免受腐蚀。构件的连接和接缝（如施工缝）应作仔细处理，使连接混凝土的强度不低于本体混凝土强度。

2. 提高混凝土结构的耐久性

为了提高混凝土结构的耐久性，可以通过优化配合比、减小水灰比、降低用水量，最大限度地保证混凝土自身密实度完好，提高混凝土本身的密实性和抗氯离子渗透性能，减少裂纹的发生。使用减水剂、早强剂、加气剂、阻锈剂、密实剂、抗冻剂等外加剂，提高混凝土密实性或对钢筋的阻锈能力，从而提高混凝土结构的耐久性。

3. 合理增加保护层厚度

适当增加混凝土保护层的厚度，可以有效延长结构物的使用年限。但保护层厚度也不能过厚，以防止混凝土本身的脆性和收缩导致混凝土保护层开裂。

《水运工程结构防腐蚀施工规范》(JTS/T 209—2020)对海港工程混凝土结构保护层厚度取值的规定见表 7.8 和表 7.9。

表 7.8　　预应力混凝土保护层最小厚度

所在位置	大气区	浪溅区	水位变动区	水下区
保护层厚度/mm	75	90	75	75

表 7.9　　钢筋混凝土保护层最小厚度

建筑物所处地区		大气区	浪溅区	水位变动区	水下区
保护层厚度/mm	北方	50	50	50	30
	南方	50	65	50	30

4. 采用混凝土涂层保护

混凝土涂层保护是指通过在混凝土表面涂装有机涂料来隔离腐蚀介质与混凝土接触。涂层应具备优异的耐碱性、附着性和耐腐蚀性能，可选用环氧树脂、聚氨酯、丙烯酸树脂、氯化橡胶和乙烯树脂等多种涂料。使用长效防腐涂料对钢筋混凝土进行保护可以有效地预防氯化物、可溶性盐、氧气、二氧化碳和海水等腐蚀介质的渗透。

涂层应由底层、中间层和面层或底层和面层的配套涂料涂膜组成。面层涂料应具有抗老化性，对中间层和底层起保护作用；中间层涂料应具有较好的防腐蚀性能，能抵抗外界腐蚀介质的侵蚀。

5. 硅烷浸渍

混凝土表面硅烷浸渍是采用硅烷类液体浸渍混凝土表层，使混凝土表层具有低吸水率、低氯离子渗透率和高透气性。硅烷浸渍适用于海洋工程浪溅区混凝土结构表面的防腐蚀保护，宜采用异丁烯三乙氧基硅烷单体作为硅烷浸渍材料，其他硅烷浸渍材料经论证也可以适当采用。

6. 使用环氧涂层钢筋

环氧涂层钢筋是将填料、热固环氧树脂与交联剂等外加剂制成的粉末，在严格控制的工厂流水线上，采用静电喷涂工艺喷涂于表面处理过的预热钢筋上，形成具有一层坚韧、不渗透、连续的绝缘涂层的钢筋，从而达到防止钢筋腐蚀的目的。

7. 使用钢筋阻锈剂

阻锈剂通过抑制钢筋电化学腐蚀作用，可以有效阻止或延缓氯离子对钢筋的腐蚀。钢筋阻锈剂具有一次性使用而长期有效(能满足 50 年以上设计寿命要求)、使用成本较低、施工简单方便、节省劳动力、适用范围广等优点。

为了保证混凝土结构在设计使用年限内的安全和正常使用功能，海洋工程混凝土结构必须进行防腐蚀耐久性设计，应根据预定功能和混凝土结构物所处的环境条件，对混凝土提出不同的防腐蚀要求和措施。对处于浪溅区的混凝土构件，宜采用高性能混凝土和钢筋，或同时采用特殊防腐蚀措施。

混凝土预应力构件在作用的频遇组合(短期效应组合)时的混凝土拉应力限制系数 a_{ct} 和钢筋混凝土构件在作用的准永久组合(长期效应组合)时的最大裂缝宽度限制如表 7.10 所示。

表 7.10　混凝土拉应力限制系数 a_{ct} 及最大裂缝宽度限制

构件类别	钢筋种类	大气区	浪溅区	水位变动区	水下区
预应力混凝土	冷拉Ⅱ级、Ⅲ级、Ⅳ级	$a_{ct}=0.5$	$a_{ct}=0.3$	$a_{ct}=0.5$	$a_{ct}=1.0$
	碳素钢丝、钢绞线、热处理钢筋、LL650 级或 LL800 级冷轧带肋钢筋	$a_{ct}=0.3$	不允许出现拉应力	$a_{ct}=0.3$	$a_{ct}=0.5$
钢筋混凝土	Ⅰ级、Ⅱ级、Ⅲ级钢筋和 LL550 冷轧带肋钢筋	0.2 mm	0.2 mm	0.25 mm	0.3 mm

7.5　钢筋混凝土桩耐久寿命预测方法

氯离子引起的钢筋锈蚀是混凝土桩性能劣化的主要原因之一，它会严重地影响混凝土桩的耐久寿命。本节以氯离子对钢筋的侵蚀机理为基础，将氯离子对混凝土桩的侵蚀过程分为两个阶段：钢筋初始锈蚀阶段和锈胀裂缝产生阶段，介绍钢筋混凝土桩的耐久寿命预测方法。

首先，依据菲克第一扩散定律和质量守恒定律，建立氯离子在混凝土管桩中的扩散方程，并根据扩散方程的初始条件和边界条件，得到扩散方程的解析解，进而实现对钢筋初始锈蚀阶段耐久寿命的预测；其次，基于厚壁圆筒理论，推导管桩保护层产生锈胀裂缝时的钢筋临界锈蚀深度，并依据法拉第腐蚀定律，建立混凝土保护层产生锈胀裂缝时临界锈蚀深度与钢筋锈蚀速率之间的关系，实现对混凝土管桩锈胀裂缝产生阶段耐久寿命的预测，从而得到氯离子侵蚀混凝土管桩的寿命预测理论模型(图 7.4)。

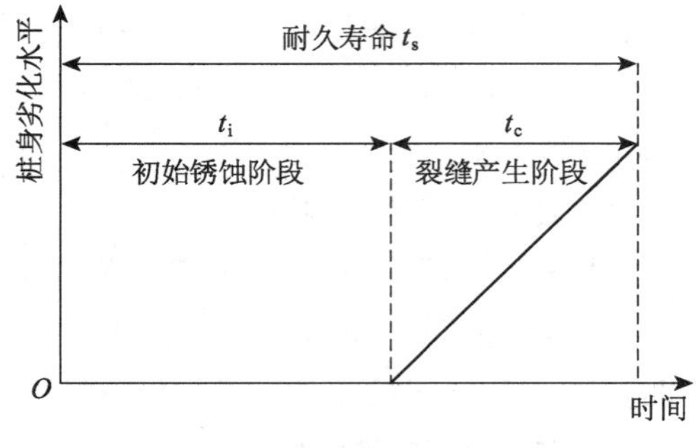

图 7.4　混凝土结构耐久寿命

7.5.1　氯离子扩散方程

假定钢筋混凝土管桩为饱和状态，管桩内、外保护层均处于氯离子环境中，且管桩中的初始氯离子浓度为零。基于菲克第一扩散定律，通过管桩混凝土保护层的氯离子质量通量可以表示为

$$J=-D\frac{\partial C}{\partial r} \tag{7.2}$$

式中，J 为氯离子扩散质量通量；D 为氯离子扩散系数；C 为氯离子浓度；r 为径向半径。

基于质量守恒定律，氯离子在管桩中的扩散方程为

$$r\frac{\partial C}{\partial t}+J+r\frac{\partial J}{\partial r}=0 \tag{7.3}$$

假定氯离子在管桩中的扩散系数 D 为常量，且只考虑氯离子在混凝土管桩中的径向扩散，因而氯离子的扩散只是径向半径 r 和时间 t 的函数，将式(7.2)代入式(7.3)可得：

$$\frac{\partial C}{\partial t}=D\left(\frac{\partial^2 C}{\partial r^2}+\frac{1}{r}\cdot\frac{\partial C}{\partial r}\right) \tag{7.4}$$

基于前述的假设，方程(7.4)的初始条件和边界条件为

$$\begin{cases}C(r,\ 0)=0, & t=0,\ a\leqslant r\leqslant b\\ C(a,t)=C_a, & t>0,\ r=a\\ C(b,t)=C_b, & t>0,\ r=b\end{cases} \tag{7.5}$$

式中，a 和 b 分别为混凝土管桩的内、外半径；C_a 和 C_b 分别为混凝土管桩内、外侧的表面氯离子浓度。

方程(7.4)的解是距管桩截面中心 r 处、t 时刻的氯离子浓度值。混凝土管桩中钢筋表面处的氯离子浓度达到临界氯离子浓度的时间是钢筋锈蚀开始的标志。求解方程(7.4)便可以确定管桩截面氯离子的浓度分布和任意位置达到临界氯离子浓度所需的时间，进而实现对钢筋混凝土管桩中钢筋初始锈蚀阶段耐久寿命的预测。

7.5.2　扩散方程的解析解

式(7.4)是一个二阶非线性偏微分方程，本节采用解析法对其进行求解。由于方程

(7.4)的边界条件为非齐次边界,故需先将其转变为齐次边界。令 $C(r,t)=\phi(r,t)+\varphi(r)$,将其代入式(7.4)可得:

$$\frac{\partial\phi}{\partial t}=D\left(\frac{\partial^2\phi}{\partial r^2}+\frac{1}{r}\cdot\frac{\partial\phi}{\partial r}+\frac{\partial^2\varphi}{\partial r^2}+\frac{1}{r}\cdot\frac{\partial\varphi}{\partial r}\right) \tag{7.6}$$

令 $\frac{\partial^2\varphi}{\partial r^2}+\frac{1}{r}\cdot\frac{\partial\varphi}{\partial r}=0$,且使其满足 $\varphi(a)=C_a$, $\varphi(b)=C_b$,则可解得:

$$\varphi(r)=\frac{C_a\ln(b/r)+C_b\ln(r/a)}{\ln(b/a)} \tag{7.7}$$

式(7.6)可变为

$$\frac{\partial\phi}{\partial t}=D\left(\frac{\partial^2\phi}{\partial r^2}+\frac{1}{r}\cdot\frac{\partial\phi}{\partial r}\right) \tag{7.8}$$

式(7.8)所对应的初始条件和边界条件为

$$\begin{cases}\phi(r,0)=-\varphi(r), & t=0,\ a\leqslant r\leqslant b\\ \phi(a,t)=0, & t>0,\ r=a\\ \phi(b,t)=0, & t>0,\ r=b\end{cases} \tag{7.9}$$

采用分离变量法,令 $\phi(r,t)=R(r)T(t)$,并将其代入式(7.8)可得:

$$\frac{T'(t)}{DT(t)}=\frac{r^{-1}R'(r)+R''(r)}{R(r)} \tag{7.10}$$

令 $\frac{T'(t)}{DT(t)}=-\alpha^2$,可得:

$$\begin{cases}T'(t)+D\alpha^2T(t)=0\\ R''(r)+\frac{1}{r}R'(r)+\beta^2R(r)=0\end{cases} \tag{7.11}$$

式(7.11)的解可表示为

$$\begin{cases}T(t)=c\,\mathrm{e}^{-D\alpha^2t}\\ R(r)=c_1J_0(\alpha r)+c_2Y_0(\alpha r)\end{cases} \tag{7.12}$$

将式(7.12)代入 $\phi(r,t)=R(r)T(t)$,可得:

$$\phi(r,t)=c_n\left[c_{1n}J_0(\alpha_nr)+c_{2n}Y_0(\alpha_nr)\right]\mathrm{e}^{-\alpha_n^2Dt} \tag{7.13}$$

式中,c_n、c_{1n}、c_{2n} 和 α_n 可通过式(7.9)中的初始条件和边界条件确定。

假定

$$c_{1n}=Y_0(\alpha_nb),\ c_{2n}=-J_0(\alpha_nb) \tag{7.14}$$

式中,α_n 为 $U_0(\alpha_na)=0$ 的正根,其中,$U_0(\alpha_nr)=J_0(\alpha_nr)Y_0(\alpha_nb)-J_0(\alpha_nb)Y_0(\alpha_nr)$,$J_0$ 和 Y_0 分别为第一类和第二类贝塞尔函数。

式(7.9)中的初始条件可变为

$$-\varphi(r)=\sum_{n=1}^{\infty}c_nU_0(\alpha_nr) \tag{7.15}$$

对式(7.15)两边乘以 $rU_0(\lambda_nr)$ 并在$[a,b]$区间进行积分可得：

$$\int_a^b rU_0(pr)U_0(qr)\,\mathrm{d}r=0 \tag{7.16}$$

式中，p 和 q 分别为式(7.16)不相等的两个根，且

$$\int_a^b rU_0^2(\alpha_nr)\,\mathrm{d}r=\frac{2[J_0^2(\alpha_na)-J_0^2(\alpha_nb)]}{\pi^2\alpha_n^2J_0^2(\alpha_na)} \tag{7.17}$$

进而可得：

$$c_n=-\frac{\pi^2\alpha_n^2J_0^2(\alpha_na)}{2[J_0^2(\alpha_na)-J_0^2(\alpha_nb)]}\int_a^b r\varphi(r)U_0(\alpha_nr)\,\mathrm{d}r \tag{7.18}$$

将式(7.7)代入式(7.18)可得：

$$c_n=\pi\sum_{n=1}^{\infty}\frac{[C_\mathrm{a}J_0(\alpha_nb)-C_\mathrm{b}J_0(\alpha_na)]J_0(\alpha_na)}{J_0^2(\alpha_na)-J_0^2(\alpha_nb)} \tag{7.19}$$

将式(7.14)和式(7.19)代入式(7.13)可得：

$$\phi(r,t)=\pi\sum_{n=1}^{\infty}\frac{[C_\mathrm{a}J_0(\alpha_nb)-C_\mathrm{b}J_0(\alpha_na)]J_0(\alpha_na)U_0(\alpha_nr)}{J_0^2(\alpha_na)-J_0^2(\alpha_nb)}\mathrm{e}^{-\alpha_n^2Dt} \tag{7.20}$$

将式(7.7)和式(7.20)代入 $C(r,t)=\phi(r,t)+\varphi(r)$ 可得：

$$C(r,t)=\pi\sum_{n=1}^{\infty}\frac{[C_\mathrm{a}J_0(\alpha_nb)-C_\mathrm{b}J_0(\alpha_na)]J_0(\alpha_na)U_0(\alpha_nr)}{J_0^2(\alpha_na)-J_0^2(\alpha_nb)}\mathrm{e}^{-\alpha_n^2Dt}+\frac{C_\mathrm{a}\ln(b/r)+C_\mathrm{b}\ln(r/a)}{\ln(b/a)} \tag{7.21}$$

式(7.21)即为钢筋混凝土桩在 t 时刻径向半径 r 处的氯离子浓度函数。

从氯离子扩散模型可知：海洋环境中钢筋混凝土管桩中钢筋初始锈蚀阶段耐久寿命主要受表面氯离子浓度、氯离子扩散系数、混凝土保护层厚度、临界氯离子浓度等因素的影响。假设混凝土管桩的内、外半径分别为 $a=200$ mm 和 $b=300$ mm，壁厚为 100 mm，钢筋直径为 $d_0=10$ mm，保护层厚度为 $c=45$ mm，管桩内、外表面氯离子浓度为 $C_\mathrm{a}=C_\mathrm{b}=C_\mathrm{s}=4.5\ \mathrm{kg/m^3}$，氯离子扩散系数为 $D=0.6\times10^{-12}\ \mathrm{m^2/s}$，临界氯离子浓度为 $C_\mathrm{th}=1.2\ \mathrm{kg/m^3}$。由式(7.21)计算可得该假设条件下钢筋初始锈蚀阶段耐久寿命 $t_\mathrm{i}=29.2$ 年。基于以上数据对混凝土管桩钢筋初始锈蚀阶段耐久寿命进行如下分析。

图 7.5 为混凝土管桩中钢筋初始锈蚀阶段耐久寿命与表面氯离子浓度之间的关系曲线。从图中可以看出，随着表面氯离子浓度的增加，钢筋初始锈蚀阶段耐久寿命急剧减小。这是因为表面氯离子浓度的增加，使管桩内、外的氯离子浓度梯度增大，加快了氯离子在管桩

中的扩散，从而加速了钢筋初始锈蚀阶段耐久寿命的终结。因此，可以通过对管桩表面涂抹环氧树脂等防水材料来减小管桩表面氯离子浓度，从而延长钢筋初始锈蚀阶段耐久寿命。

图 7.6 为混凝土管桩中钢筋初始锈蚀阶段耐久寿命与氯离子扩散系数之间的关系曲线。从图中可以看出，随着氯离子扩散系数的增大，钢筋初始锈蚀阶段耐久寿命急剧减小。这是因为氯离子扩散系数的增大，加快了氯离子在管桩中的扩散，从而减小了钢筋初始锈蚀阶段耐久寿命。因此，可以通过增加管桩混凝土保护层的密实度来减小氯离子在管桩中的扩散系数，进而达到延长钢筋初始锈蚀阶段耐久寿命的目的。

图 7.7 为混凝土管桩中钢筋初始锈蚀阶段耐久寿命与混凝土保护层厚度之间的关系曲线。从图中可以看出，随着保护层厚度的增加，钢筋初始锈蚀阶段耐久寿命显著增加。这是因为保护层厚度的增加，延长了氯离子到达钢筋表面的时间，从而延长了钢筋初始锈蚀阶段耐久寿命。

图 7.8 为混凝土管桩中钢筋初始锈蚀阶段耐久寿命与临界氯离子浓度之间的关系曲线。从图中可以看出，临界氯离子浓度对钢筋初始锈蚀阶段耐久寿命具有显著影响。随着临界氯离子浓度的增加，钢筋初始锈蚀阶段耐久寿命显著增加。这是因为临界氯离子浓度的增加，延长了钢筋表面氯离子浓度达到临界氯离子浓度的时间，从而延长了钢筋初始锈蚀阶段的耐久寿命。

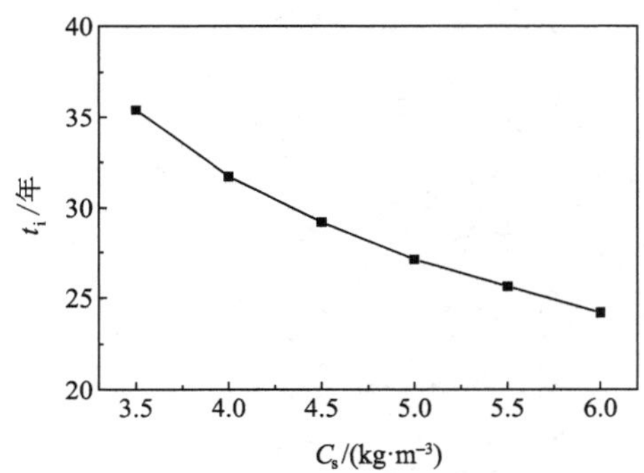

图 7.5　表面氯离子浓度对钢筋初始锈蚀阶段耐久寿命的影响

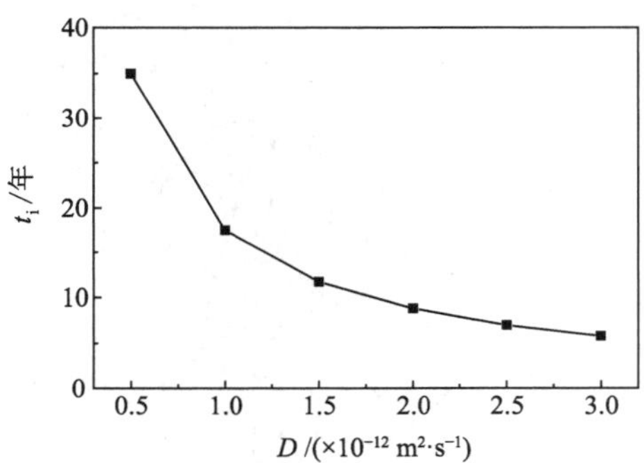

图 7.6　氯离子扩散系数对钢筋初始锈蚀阶段耐久寿命的影响

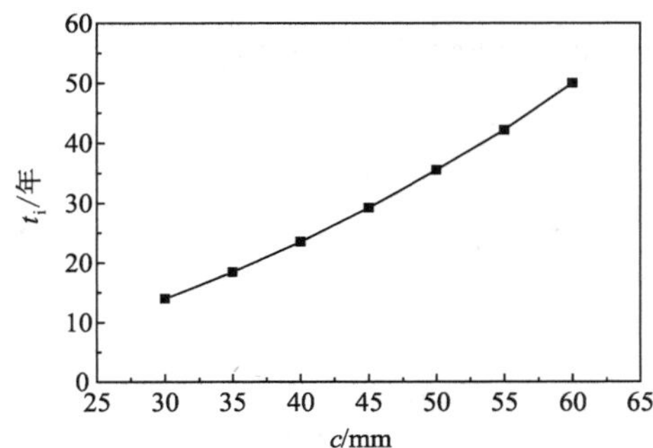

图 7.7　保护层厚度对钢筋初始锈蚀阶段耐久寿命的影响

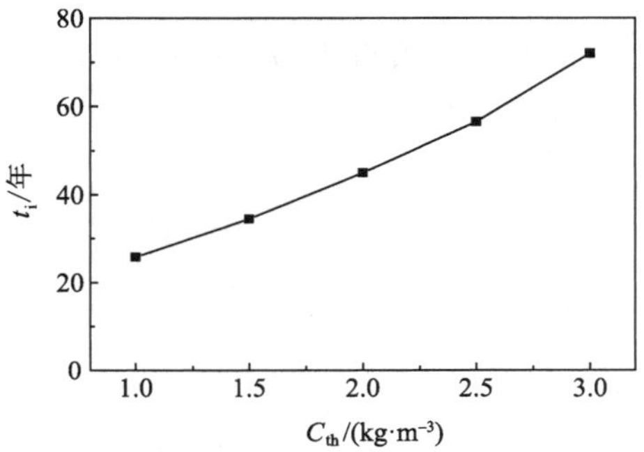

图 7.8　临界氯离子浓度对钢筋初始锈蚀阶段耐久寿命的影响

7.5.3 管桩保护层腐蚀量和锈胀开裂时间预测

通常情况下，钢筋锈蚀引起的混凝土保护层锈胀开裂受到许多因素的影响，是一个非常复杂的过程。为了简化模型，采用如下基本假定：①管桩保护层在产生裂缝之前为均匀线弹性材料，材料性能不随时间而变化；②钢筋锈蚀产物均匀分布于钢筋表面，且由钢筋锈蚀产物引起的膨胀应力均匀分布于钢筋与混凝土的接触面；③钢筋与混凝土接触面存在孔隙区，该孔隙区主要由水泥浆中的微孔隙和孔洞组成；④钢筋周围的混凝土可视为一厚壁圆筒，其厚度为钢筋周围最小保护层厚度；⑤由于实际问题的复杂性，产生锈蚀裂纹的外应力只限于由钢筋锈蚀产物引起的膨胀应力。

设管桩的保护层厚度为 c，钢筋初始直径为 d_0，钢筋与混凝土界面存在一层孔隙区，假定孔隙区均匀分布且厚度为 δ_0，如图 7.9 所示。当钢筋发生锈蚀并填满孔隙区后，钢筋锈蚀产物将对界面处混凝土保护层产生径向锈胀应力 p_r，进而对界面处混凝土保护层产生拉应力和拉应变。当界面处混凝土保护层中的环向拉应力达到混凝土保护层的抗拉强度时，混凝土保护层产生裂缝。将钢筋锈蚀引起的保护层开裂问题视为边值问题，设在锈胀应力 p_r 的作用下，钢筋与锈蚀产物界面处的混凝土保护层产生的径向位移为 δ_c。

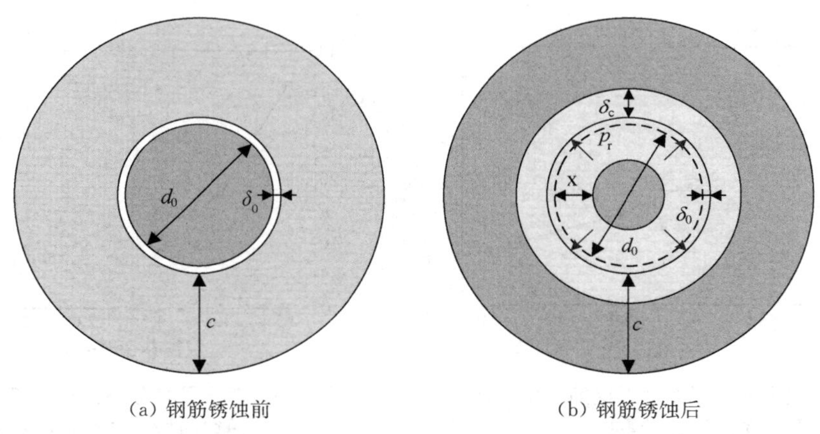

(a) 钢筋锈蚀前　　(b) 钢筋锈蚀后

图 7.9　厚壁圆筒模型

将此边值问题简化为位移轴对称的平面应力问题，且保护层不受体积力作用，则应力平衡控制方程为

$$\frac{\mathrm{d}\sigma_r}{\mathrm{d}r}+\frac{\sigma_r-\sigma_\theta}{r}=0 \tag{7.22}$$

应变-位移方程为

$$\begin{cases}\varepsilon_r=\dfrac{\mathrm{d}u_r}{\mathrm{d}r}\\[2ex]\varepsilon_\theta=\dfrac{u_r}{r}\end{cases} \tag{7.23}$$

应力-应变方程为

$$
\begin{cases}
\sigma_r = \dfrac{E_c}{(1-\nu_c^2)}(\varepsilon_r + \nu_c \varepsilon_\theta) \\
\sigma_\theta = \dfrac{E_c}{(1-\nu_c^2)}(\varepsilon_\theta + \nu_c \varepsilon_r)
\end{cases}
\tag{7.24}
$$

式中，σ_r、σ_θ 分别为径向和环向应力；ε_r、ε_θ 分别为径向和环向应变；u_r 为径向半径 r 处的径向位移；E_c 为混凝土保护层的弹性模量；ν_c 为混凝土保护层的泊松比。

将式(7.24)和式(7.23)代入式(7.22)可得径向位移 u_r、径向应力 σ_r 和环向应力 σ_θ 分别为

$$
u_r = \frac{Ar}{2} + \frac{B}{r}
\tag{7.25}
$$

$$
\begin{cases}
\sigma_r = \dfrac{E_c}{1-\nu_c^2}\left[\dfrac{A}{2}(1+\nu_c) - \dfrac{B}{r^2}(1-\nu_c)\right] \\
\sigma_\theta = \dfrac{E_c}{1-\nu_c^2}\left[\dfrac{A}{2}(1+\nu_c) + \dfrac{B}{r^2}(1-\nu_c)\right]
\end{cases}
\tag{7.26}
$$

式中，A 和 B 均为常数，其值可通过相应的边界条件得到。

定义 $r_0 = d_0/2 + \delta_0$，则界面处混凝土的边界条件为

$$
\begin{cases}
u_r = \delta_c, & r = r_0 \\
\sigma_r = -p_r, & r = r_0 \\
\sigma_r = 0, & r = r_0 + c
\end{cases}
\tag{7.27}
$$

将式(7.27)代入式(7.25)和式(7.26)可得混凝土的径向位移 δ_c（Maaddawy 和 Soudki，2007）为

$$
\delta_c = \frac{r_0}{E_{cef}}\left[\frac{(r_0+c)^2 + r_0^2}{(r_0+c)^2 - r_0^2} + \nu_c\right] p_r
\tag{7.28}
$$

考虑混凝土保护层的徐变效应，故混凝土保护层的有效弹性模量 E_{cef} 为

$$
E_{cef} = \frac{E_c}{1+\varphi_c}
\tag{7.29}
$$

式中，φ_c 为混凝土保护层的徐变系数。

设 $\eta = \dfrac{2r_0^2}{c(2r_0+c)}$，则式(7.28)可改写为

$$
\delta_c = \frac{r_0}{E_{cef}}(\eta + 1 + \nu_c) p_r
\tag{7.30}
$$

随着钢筋的锈蚀，单位长度钢筋锈蚀产物膨胀所引起的体积增加量（Ramanujam 等，

2003)为

$$\frac{M_r}{\rho_r}-\frac{M_{loss}}{\rho_s}=\pi[d_0(\delta_0+\delta_c)+(\delta_0+\delta_c)^2]\approx\pi d_0(\delta_0+\delta_c) \tag{7.31}$$

式中，ρ_r 和 ρ_s 分别为锈蚀产物和钢筋的密度；M_r 和 M_{loss} 分别为锈蚀产物量和钢筋锈蚀量。

设 α_v 为锈蚀过程中锈蚀产物体积与被锈蚀铁元素的比值，即体积膨胀率，利用式(7.30)和式(7.31)，可得径向膨胀应力 p_r 为

$$p_r=\frac{E_{cef}}{\eta+1+\nu_c}\left(\frac{M_{loss}}{\rho_s}\cdot\frac{\alpha_v-1}{\pi d_0 r_0}-\frac{\delta_0}{r_0}\right) \tag{7.32}$$

混凝土保护层锈胀开裂时的临界锈胀应力 p_{cr} 与钢筋直径 d_0、混凝土抗拉强度 f_{ct} 及保护层厚度 c 有关，可以表示为

$$p_{cr}=\frac{2cf_{ct}}{d_0} \tag{7.33}$$

根据式(7.32)和式(7.33)，当 $p_r=p_{cr}$ 时，可得到混凝土保护层锈胀开裂时的钢筋临界锈蚀量 M_{loss} 为

$$M_{loss}=\frac{\pi d_0 r_0\rho_s}{\alpha_v-1}\left[\frac{2c(\eta+1+\nu_c)}{d_0}\cdot\frac{f_{ct}}{E_{cef}}+\frac{\delta_0}{r_0}\right] \tag{7.34}$$

当钢筋钝化膜受到破坏后，钢筋在一定条件下发生电化学腐蚀，钝化膜破坏区的钢筋表面呈阳极，未破坏区为阴极，阳极区的钢筋处于活化状态，形成 Fe^{2+}，当量电子 e^- 沿钢筋流向阴极，与 O_2 和 H_2O 生成 OH^-，OH^- 流向阳极，与 Fe^{2+} 结合生成 $Fe(OH)_2$。$Fe(OH)_2$ 进一步氧化，最终生成 Fe_2O_3，钢筋产生锈蚀。

依据法拉第腐蚀定律可得钢筋在锈蚀过程中的锈蚀量(Chernin 和 Val，2011)为

$$\frac{dM_{loss}}{dt}=\frac{I_{corr}A}{zF} \tag{7.35}$$

式中，M_{loss} 为钢筋锈蚀量(g)；I_{corr} 为腐蚀电流(A)；A 为铁离子的原子量，$A=55.85$ g/mol；z 为化合价，一般假定 $z=2.5$[当锈蚀产物的组成成分为 $Fe(OH)_2$ 时，$z=2$；当组成成分为 $Fe(OH)_3$ 时，$z=3$]；F 为法拉第常数，$F=96\,500$ C/mol；t 为钢筋锈蚀时间(s)。

式(7.35)可以简化为

$$\frac{dM_{loss}}{dt}=2.315\times10^{-4}I_{corr} \tag{7.36}$$

设钢筋的初始直径为 d_0(mm)，选取单位长度钢筋($L=1.0$ m)，则腐蚀电流可以表示为

$$I_{corr}=\pi d_0 i_{corr}L=10^{-5}\pi d_0 i_{corr} \tag{7.37}$$

式中，i_{corr} 为腐蚀电流密度($\mu A/cm^2$)。

将式(7.37)代入式(7.36)可得钢筋锈蚀量为

$$M_{loss} = 2.315 \times 10^{-9} \pi d_0 i_{corr} t \tag{7.38}$$

当钢筋锈蚀量达到临界锈蚀量时，混凝土保护层产生锈胀裂缝，由式(7.34)和式(7.38)可求得混凝土保护层锈胀裂缝产生阶段耐久寿命 t_c 为

$$t_c = 4.32 \times 10^8 \frac{r_0 \rho_s}{(\alpha_v - 1) i_{corr}} \left[\frac{2c(\eta + 1 + \nu_c)}{d_0} \cdot \frac{f_{ct}}{E_{cef}} + \frac{\delta_0}{r_0} \right] \tag{7.39}$$

式中，混凝土保护层的泊松比 ν_c 的取值范围一般为 0.18～0.20；钢筋与混凝土界面孔隙区厚度 δ_0 的取值范围一般为 10～20 μm；混凝土徐变系数 φ_c 的取值范围为 0～3.0；锈蚀产物的体积膨胀率大小主要与锈蚀产物的组成成分有关，一般认为其取值范围为 2.0～3.0。

由上述理论模型可知，海洋环境下钢筋混凝土管桩锈胀裂缝产生阶段耐久寿命主要受到保护层厚度、体积膨胀率、钢筋锈蚀速率、混凝土保护层抗拉强度以及混凝土弹性模量等因素的影响。假设混凝土弹性模量 $E_c = 38.0$ GPa，保护层抗拉强度 $f_{ct} = 2.2$ MPa，钢筋初始直径 $d_0 = 10$ mm，保护层厚度 $c = 45$ mm，孔隙区厚度 $\delta_0 = 12.5$ μm，锈蚀产物的体积膨胀率取 $\alpha_v = 3.0$，混凝土保护层泊松比 $\nu_c = 0.18$，混凝土徐变系数 $\varphi_c = 2.0$，钢筋的质量密度 $\rho_s = 7.85$ g/cm³，腐蚀电流密度 $i_{corr} = 1.0$ μA/cm²，则由式(7.39)计算可得基于上述假设条件下锈胀裂缝产生阶段耐久寿命为 $t_c = 1.2$ 年。

图 7.10 给出了锈胀裂缝产生阶段耐久寿命与混凝土保护层厚度之间的关系曲线。从图中可以看出，随着混凝土保护层厚度的增加，锈胀裂缝产生阶段耐久寿命显著增大，这是因为混凝土保护层厚度的增加，引起混凝土保护层产生锈胀裂缝的临界锈胀应力增大，进而导致混凝土保护层产生临界锈胀应力所需的临界锈蚀量增加。因此，增大混凝土保护层厚度是延长混凝土管桩耐久寿命非常有效的方法，其不仅能够延长钢筋初始锈蚀阶段耐久寿命，而且对于防止混凝土管桩产生锈胀裂缝也是非常有效的。

图 7.11 给出了锈胀裂缝产生阶段耐久寿命与锈蚀产物的体积膨胀率之间的关系曲线。

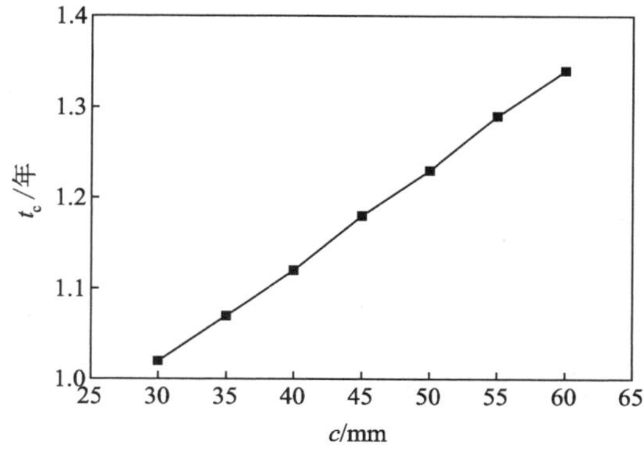

图 7.10　混凝土保护层厚度对锈胀裂缝产生阶段耐久寿命的影响

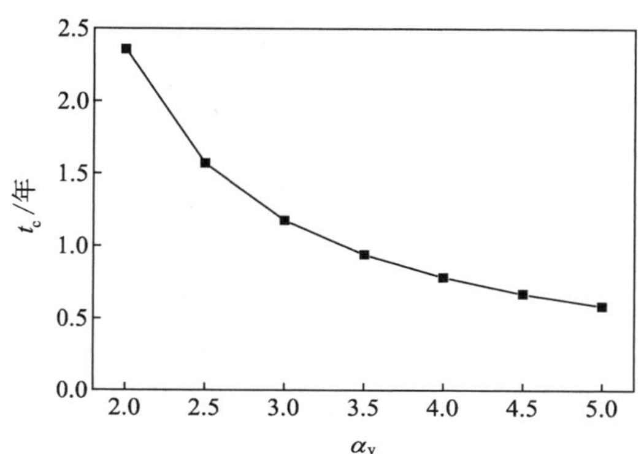

图 7.11　体积膨胀率对锈胀裂缝产生阶段耐久寿命的影响

随着体积膨胀率的增大，锈胀裂缝产生阶段耐久寿命减小。这是因为锈蚀产物体积膨胀率的增大，减小了混凝土保护层产生临界锈胀应力所需的临界锈蚀量，从而减小了锈胀裂缝产生阶段耐久寿命。因此，可以通过减少钢筋锈蚀过程中氧气和水分的供应来降低钢筋的氧化水平，进而达到延长锈胀裂缝产生阶段耐久寿命的目的。

图 7.12 给出了锈胀裂缝产生阶段耐久寿命与钢筋锈蚀速率之间的关系曲线。随着钢筋锈蚀速率的增大，锈胀裂缝产生阶段耐久寿命明显减小，这是因为随着钢筋锈蚀速率的增大，钢筋锈蚀量达到临界锈蚀量的时间逐渐减少，进而导致锈胀裂缝产生阶段耐久寿命的减小。

图 7.13 给出了锈胀裂缝产生阶段耐久寿命与混凝土抗拉强度之间的关系曲线。随着混凝土抗拉强度的增加，锈胀裂缝产生阶段耐久寿命逐渐增大，这是因为混凝土抗拉强度的增大，引起径向膨胀应力的增大，因而延长了锈胀裂缝产生阶段耐久寿命。

图 7.14 给出了锈胀裂缝产生阶段耐久寿命与混凝土弹性模量之间的关系曲线。随着混凝土弹性模量的增大，锈胀裂缝产生阶段耐久寿命逐渐减小，这是因为混凝土弹性模量的增大，引起临界膨胀应力的增大，因而减小了锈胀裂缝产生阶段耐久寿命。

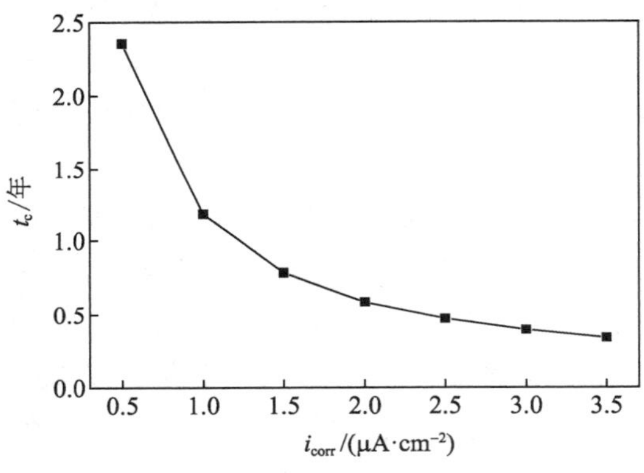

图 7.12　钢筋锈蚀速率对锈胀裂缝产生阶段耐久寿命的影响

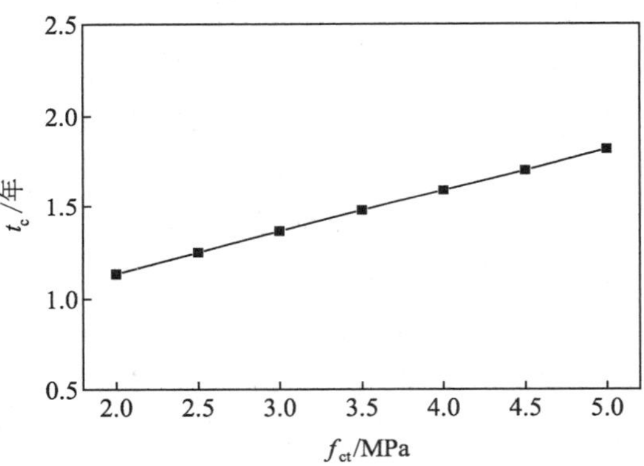

图 7.13　混凝土抗拉强度对锈胀裂缝产生阶段耐久寿命的影响

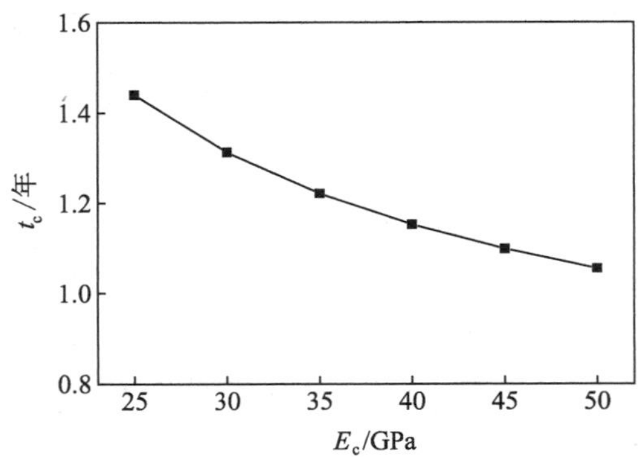

图 7.14　混凝土弹性模量对锈胀裂缝产生阶段耐久寿命的影响

根据上述分析结果，可得出钢筋混凝土桩的耐久寿命与氯离子腐蚀的相关结论：

(1) 表面氯离子浓度和氯离子扩散系数的增大，加快了氯离子在管桩中的扩散，从而减小了钢筋初始锈蚀阶段耐久寿命。保护层厚度的增加，不仅能够延长钢筋初始锈蚀阶段耐久寿命，而且能够使混凝土保护层产生锈胀裂缝的临界锈胀应力增大，进而使混凝土保护层产生临界锈胀应力所需的临界锈蚀量增加，从而延长锈胀裂缝产生阶段耐久寿命。临界氯离子浓度的增大，可以延长钢筋表面氯离子浓度达到临界氯离子浓度的时间，从而延长钢筋初始锈蚀阶段耐久寿命。

(2) 锈蚀产物体积膨胀率的增大，减小了混凝土保护层产生临界锈胀应力所需的临界锈蚀量，从而减小了锈胀裂缝产生阶段耐久寿命。钢筋锈蚀速率的增大，减小了钢筋锈蚀量达到临界锈蚀量的时间，从而减小了锈胀裂缝产生阶段耐久寿命。混凝土抗拉强度的增大，引起径向膨胀应力的增大，因而延长了锈胀裂缝产生阶段耐久寿命。混凝土弹性模量的增大，引起临界膨胀应力的增大，因而减小了锈胀裂缝产生阶段耐久寿命。

第 8 章
海洋与深水基础冲刷分析及其防护方法

8.1 冲刷现象与机理

冲刷是水流作用引起河床剥蚀的自然现象，可分为三种类型（Melville 和 Coleman，2000）：①一般冲刷（或整体冲刷），在水域全断面发生的冲刷现象，该过程与是否存在阻水物无关，可以是长期的，也可以是短期的；②收缩冲刷，通常在河道中比较明显，指由于阻水物（如桥梁基础、墩台等）的存在引起整个河流断面减小而产生的冲刷，其影响范围仅限于河道上、下游的小段距离；③局部冲刷，指水流因受阻水物（包括桥梁基础、墩台，也包括海底管线、海上风电基础、海上钻井平台等）的阻挡，在其附近区域发生的冲刷现象。已有研究表明，局部冲刷深度往往比一般冲刷深度和收缩冲刷深度大得多，基本相差一个数量级（Lagasse 等，2007）。以桥梁为例，上述三类冲刷如图 8.1 所示。在深水基础工程领域中，分析上述三种冲刷过程的影响时，局部冲刷深度的确定及相关问题最为关键。如无特殊说明，本书中的"冲刷"均指"局部冲刷"。

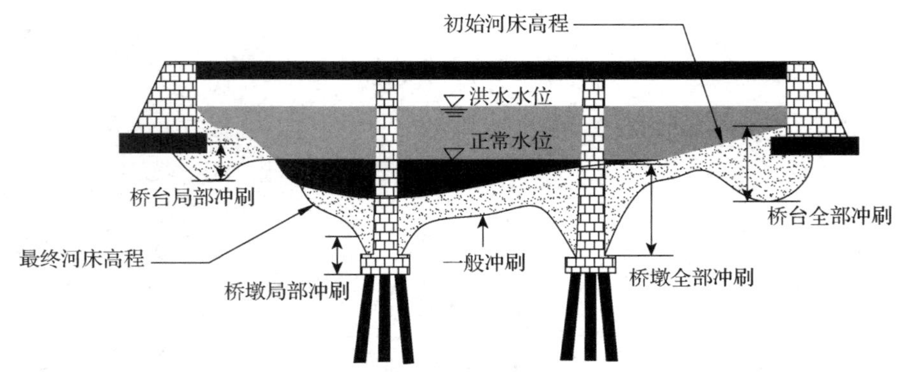

图 8.1　桥梁周围的一般冲刷和局部冲刷（Melville 和 Coleman，2000）

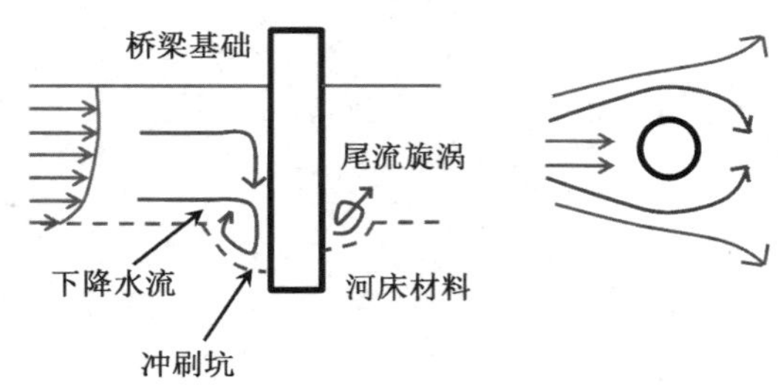

图 8.2　桥梁基础周围局部冲刷示意图

冲刷过程实质上是水流、基础和土体之间相互作用的结果，如图 8.2 所示。不同性质的河床泥沙的冲刷速度不同，粒状松散的土层受到水流冲刷的速度快，而有黏性或严重固结的土层更耐冲刷，但最终的冲刷深度也可以达到砂性土层中冲刷深度的量级。在恒定流作用下，砂性土层或砾石床料中的冲刷几个小时就能达到最大冲刷深度，黏性材料的河床中达到最大冲刷深度要几天或者几十天甚至更长的时间，冰碛、砂岩和页岩河床需要几个月，石灰石河床需要几年，致密的花岗岩河床甚至要几个世纪。

冲刷的发生和发展会带走深水基础附近的床面材料，引起基础裸露或覆土高程降低，从而改变最初的基础-土体系统，削弱地基土对基础的侧向支撑作用，导致基础的设计承载能力降低，包括水平承载力(Lin 等，2010，2016；Liang 和 Wang，2011；Qi 等，2016)，进而造成其上部结构的坍塌破坏。以桥梁工程为例，冲刷导致桥梁破坏的方式主要有以下两种(Melville 和 Coleman，2000)。

(1) 桥墩破坏：冲刷作用使桥墩桩基础周围泥土流失，桩土相互作用削弱，最终导致桥面破坏(图 8.3)，这是较为常见的桥梁水毁现象，近期我国多座桥梁在洪水季发生过类似的事故。

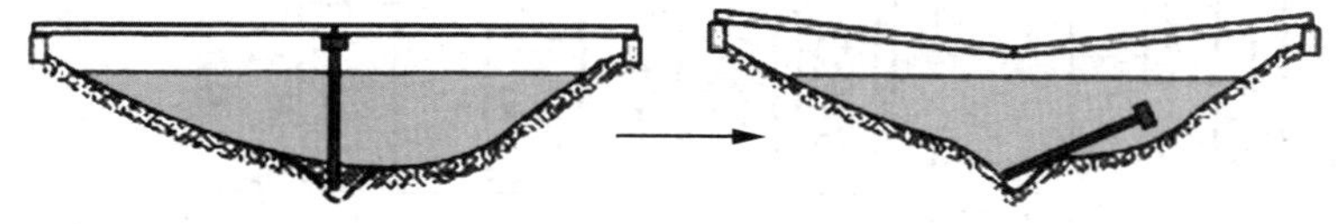

图 8.3　桥墩破坏

(2) 桥台破坏：桥台底部和表面泥土因流水作用侵蚀，桥台桩基础裸露，支撑作用减弱，最后导致桥梁坍塌(图 8.4)。

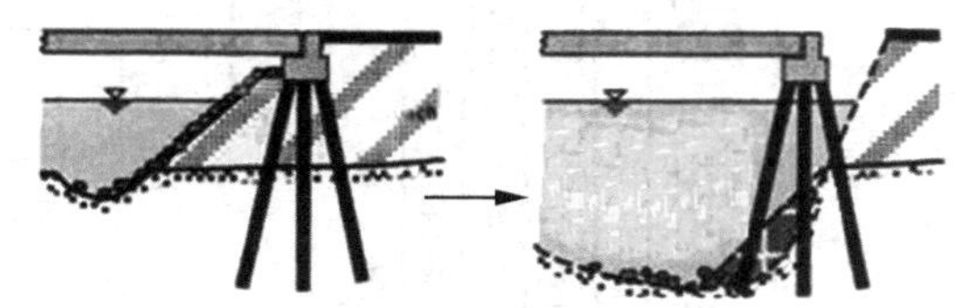

图 8.4　桥台破坏

基础局部冲刷现象最早在桥梁工程领域引起关注，自 1873 年 Durand Claye 发表了第一篇关于桥墩冲刷的论文以来，很多学者对此进行了大量的研究和实践工作。已有成果主要可以分为两类：①科学角度，其目的在于研究桥梁冲刷的发生和发展过程，主要围绕其内在机理进行研究；②工程角度，其目的在于对生产实践提供指导，包括对冲刷影响的预测、冲刷的监控以及冲刷防护方面的设计。以桥梁冲刷为主线，相关研究对象已拓展至海上风电、海底管线、港口码头等，研究内容大致可概括为图 8.5 所示的框架。

在推动实现“双碳”目标及建设海洋强国的战略背景下，我国海上风电发展迎来历史性机遇，在 2021 年，装机规模已超越英国成为世界第一，并仍将持续进行大规模、高质量的开发建设。近海风机面临的自然环境十分复杂，基础的安全可靠是其建设运营的关键环节，保障风机下部基础的长期稳定与经济合理至关重要。在近海风电场建设中，风机下部基础的投入通常占总成本的 20%～30%(黄维平等，2012)，基础型式主要为直径 3～8 m 的单桩基础(邱大洪，2000；Depina 等，2015；Liu 等，2016)。最近，直径超过 10 m 的单桩基础在海上风电基础中也逐渐得到应用。

冲刷过程中涉及水流、土体、基础结构，相关研究实际上是多学科间的交叉问题，主要涉及水利工程、岩土工程和结构工程。早期的研究主要从水利工程出发，基于流体力学及流体动力学开展研究，着眼于水流与阻水物间的相互作用，重点关注由此导致的流场变化

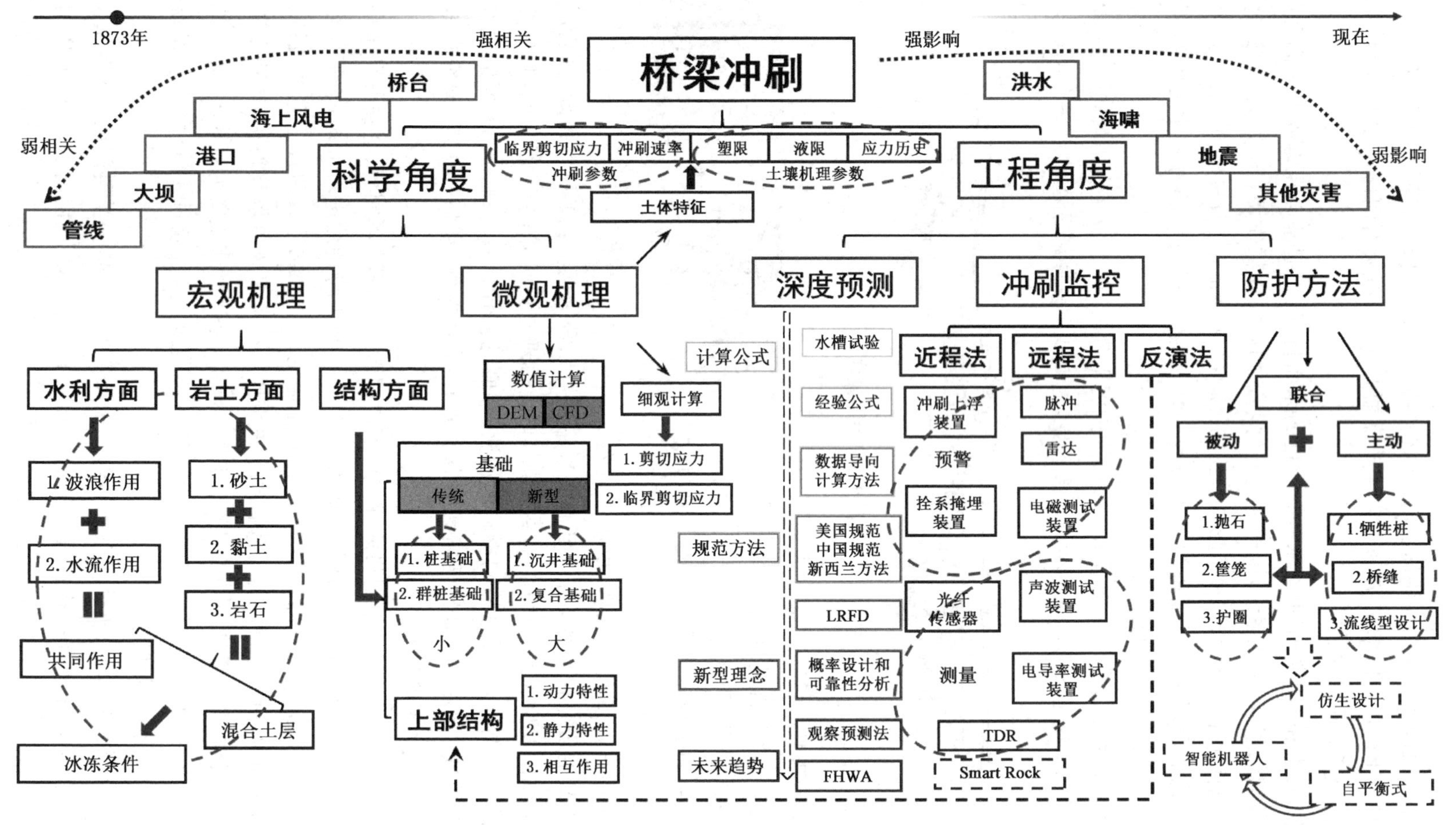

图 8.5　桥梁冲刷领域研究内容框架图

及其对冲刷发展过程的影响。基础工程、桥梁工程领域的科研和设计人员更多关注基础体系和上部结构在冲刷发生前后产生的变化，综合运用土力学、基础工程、结构力学等方面的理论，重点关注这一过程中上部结构以及上部结构-基础体系的动力学与静力学问题。近年来，从岩土工程角度出发对冲刷机理的探索开始引起关注，通过对河床材料及其力学特性的研究，探究土体侵蚀与变形的内在机理，研究水流直接作用于土体以及流体-结构相互作用形成的局部流场作用于土体的结果。

8.1.1　冲刷中水流与结构间的作用

流体在冲刷过程中的作用基本可以分为以下三个方面：

（1）阻水物的存在导致水流在基础周围加速而产生马蹄形旋涡，这部分局部流体会将基础周围的泥沙材料卷扬起来。

（2）由于阻水物的阻挡，本应通过这部分的水流不得不在此位置下降至基础周围的床面，此时也将对土体进行剧烈冲击，产生侵蚀。

（3）绕过基础的尾流将在下游区域产生旋涡，对下游的河床材料也造成一定影响。

对恒定流而言，如果仅考虑水流与结构的作用，冲刷过程便可简化为圆柱绕流问题。在理想的不可压缩流体条件下，均匀来流绕无限长圆柱体流动，其相互作用产生的现象与雷诺数（Reynolds Number，Re）密切相关，对于海床底部的水流剪切区域，雷诺数 Re 可由下式进行计算：

$$Re = \frac{U\delta}{v} \tag{8.1}$$

式中，U 为流速；δ 为海床剪切边界层厚度；v 为流体的运动黏滞系数。

当 $Re < 5$ 时，流体黏性力占主导，边界层未脱离圆柱表面，整个流场呈稳定层流状态，即圆柱的存在对流场的影响不大；当 $5 < Re < 40$ 时，边界层开始分离，在圆柱后方形成一对大小相等、方向相反且位置固定的涡，其长度随 Re 的增大而增大；当 $40 < Re < 200$ 时，分离的边界层在圆柱后方交替性脱落，形成一列层流涡街；当 $200 < Re < 300$ 时，分离前的边界层处于层流状态，而圆柱后方脱落的旋涡由层流变为湍流；当 $300 < Re < 3\times10^5$ 时，圆柱未分离的边界层仍为层流，而圆柱后方脱落的旋涡完全变为湍流，且周期性脱落，此时为亚临界状态；当 $3\times10^5 < Re < 3\times10^6$ 时，未分离的边界层由层流过渡到完全湍流状态，且分离点后移，圆柱后方旋涡脱落杂乱无序，此时为临界状态；当 $Re > 3\times10^6$ 时，湍流涡街重现，此时为超临界状态。

这一过程中，圆柱前后对称点的附加压力亦对称，为 $p = \rho g U^2/2$，速度为 0。上下对称点速度为 $2U$，压力对称并相等，因而柱体各方的受力是平衡的，即在理想状态下柱体上并不感受到力的作用（图 8.6）。实际上存在的柱体因绕流而受力是由于流体黏性所产生的现象。由于黏性影响，在固体边界面附近产生流体的边界层，边界层内水流受固体界面影响而流速减小，反过来，水流对固体有一个剪切力作用，也可称之为表面摩阻力。当雷诺数 Re 很小时，表面摩阻力与水流的速度成正比。对圆球而言，此时雷诺数 $Re = UD/v < 1$，v 为

流体运动黏滞系数，这是柱体受力的第一种情况。当流体运动的雷诺数 Re 很大时，边界层沿柱壁逐渐发展并产生分离现象，分离的水流形成紊动而在柱体后方产生尾流及旋涡，形成一个负压区，而前方为正压区，前后的压力差形成一个作用力。边界层的流态也可分为层流与紊流两种(图 8.7)。边界层产生分离现象时的分离点角度 θ 随流态而异，层流边界的 $\theta \approx 82°$，紊流边界的 $\theta = 10° \sim 130°$。此时所产生的力 F_d 与流速 U 的平方成正比，计算如下：

$$F_d = C_d D\rho \frac{U^2}{2} \tag{8.2}$$

式中，D 为柱体直径；U 为流速；C_d 为阻力系数，已有研究证实阻力系数 C_d 与雷诺数 Re 有关。

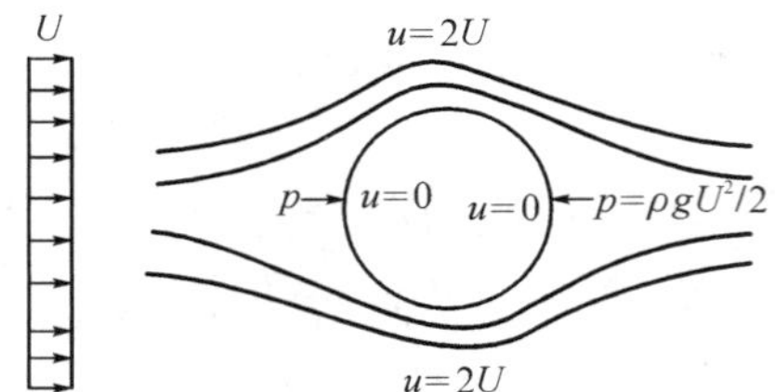

图 8.6　理想流态时的柱体绕流

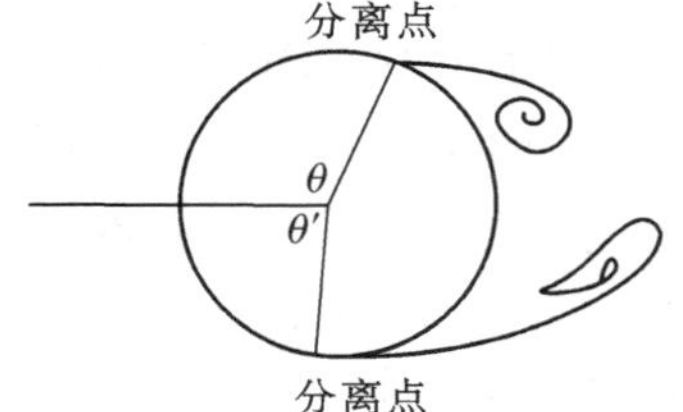

图 8.7　柱体绕流的分离

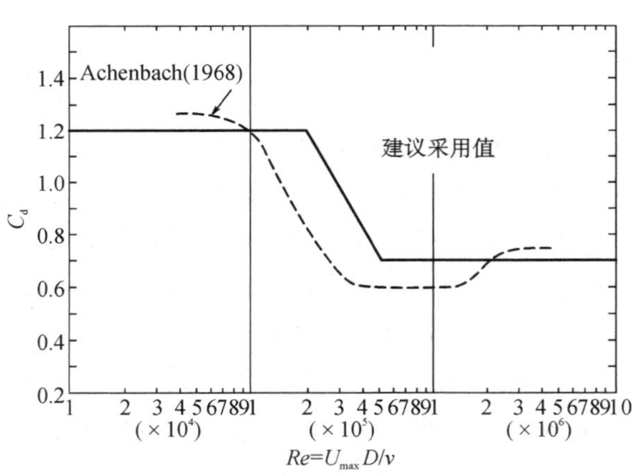

图 8.8　稳定流时阻力系数 C_d

如图 8.8 所示，在亚临界区(水流呈层流状态)，$Re < 2.0 \times 10^5$，C_d 值约为常数，可取为 1.2；在临界区(阻力下降区)，$Re = 2\times10^5 \sim 5\times10^5$，此区域内 C_d 迅速减小；在超临界区，柱体后形成强烈旋涡，$Re > 5\times10^5$，此区域内 C_d 值大体稳定，可取为 0.6～0.7。

尾流区所释放的涡流可能存在以下两种状态：①对称地同步释放等强的旋涡；②不对称释放，可以是不等强度的，也可以是不同步的。此时旋涡的不对称性就产生垂直于水流方向的横向力，亦可称为升力。特别是在不同步的旋涡释放时，柱体后水流方向两侧交替地周期性出现旋涡，形成与旋涡周期相同的周期性横向力。横向力的数值虽然比水流纵向力小，但由于它是振动的，将造成海上细长杆件(如立管)的振动与疲劳问题。

实际大型工程中结构物可能以多柱形式存在，如三柱式风机、多柱式海洋平台、群桩式跨海大桥等，其绕流特征依然是以单圆柱绕流为基础进行分析。

在近岸海域，波浪是一类重要的动力因素，波浪与结构物发生作用后，在结构物附近，波面将发生复杂的非线性变形。在实际工程中，小尺度桩柱一般都是以桩柱群的形式出现，由于桩柱群的相互影响，在这些桩柱附近的流动状态将发生改变，导致桩柱群的波浪荷载问题变得十分复杂。在波浪条件下，马蹄形旋涡的特征和分布都与 KC 数(Keulegan-Carpenter Number)密切相关。KC 数是联系波浪运动引起的水质点运移强度与结构物尺寸的无量纲参数，其表达式如下：

$$KC = \frac{U_{\mathrm{m}} T}{D} \tag{8.3}$$

式中，U_{m} 为波浪周期内水质点最大流速；T 为周期；D 为结构物的尺寸(一般为宽度)。

在单独分析波浪作用时，一般可以认为流速随时间呈正弦变化，即 $U = U_{\mathrm{m}} \sin(\omega t)$，则最大流速可表示为

$$U_{\mathrm{m}} = a\omega = \frac{2\pi a}{T} \tag{8.4}$$

式中，a 为水质点运动时的振幅；ω 为振动的角频率。

此时，KC 数可以表示为

$$KC = \frac{2\pi a}{D} \tag{8.5}$$

从式(8.5)中不难发现，KC 数在此表征波浪中水质点运动尺度与结构物尺度的比值。当 KC 数较小时，桩径相对于波浪的尺度较大，不容易产生边界层分离，马蹄形旋涡也不易产生；当 KC 数较大时，半周期内水流冲击力足够大，能使边界层分离形成马蹄形旋涡，与单向流作用时类似；与此同时，尾流旋涡的影响范围和强度随 KC 数的增大而增大，当 KC 数大于临界值时冲刷才会发生，并且冲刷深度会随 KC 数的增大而增加，直至达到一定值时结构周围流场已基本与单向流情况类似，冲刷坑发展到一定深度将不再增加。简言之，当 KC 数较大时，表示结构物的存在对波浪传播的影响比较小，反之，波浪遇到结构物时将可能发生反射，而前方掩护区可能出现衍射现象，使流场变得更为复杂。

波流共同作用时，冲刷与水流作用时基本类似，可由下式判断冲刷是由水流主导还是由波浪主导：

$$U_{\mathrm{cw}} = \frac{U_{\mathrm{c}}}{U_{\mathrm{c}} + U_{\mathrm{w}}} \tag{8.6}$$

式中，U_{c} 为水流流速；U_{w} 为波浪水质点最大速度。

由式(8.6)可知，当 $U_{\mathrm{cw}} = 1.0$ 时，结构物仅受到水流作用；当 $U_{\mathrm{cw}} = 0$ 时，结构物仅受到波浪作用；当 $U_{\mathrm{cw}} \geqslant 0.7$ 时，结构物下游一侧会形成稳定的尾流旋涡，此时认为冲刷主要受水流控制，其冲刷可以按照水流作用时的特征进行设计(Sumer 和 Fredsøe，1997)。

8.1.2　冲刷中水流与土体间的作用

土体参数对局部冲刷的结果有很大的影响，不同的土体特性也表现出不同的冲刷特

征，例如，粗颗粒与细颗粒在冲刷过程中表现出的特征就存在很大区别。为了从岩土工程的角度理解局部冲刷过程的发展机理，需要解决以下几个问题：①颗粒何时起动；②颗粒将被携带至何处；③颗粒间是如何互相影响的。这些问题主要由土体材料自身的参数（如颗粒粒径、黏聚力）和土体结构（如土层的组成方式、土体饱和度、应力历史）共同决定。

无黏性土的冲刷一般是以颗粒为单位被逐个侵蚀冲走，且冲刷发展速度极快，往往在洪水、急流发生的数小时或几天内，甚至在施工期间就基本达到最大冲刷深度。而黏性土不同，其冲刷可能是以颗粒为单位，也可能是以黏土块为单位。两种典型土体材料的冲刷特征如图 8.9 所示。

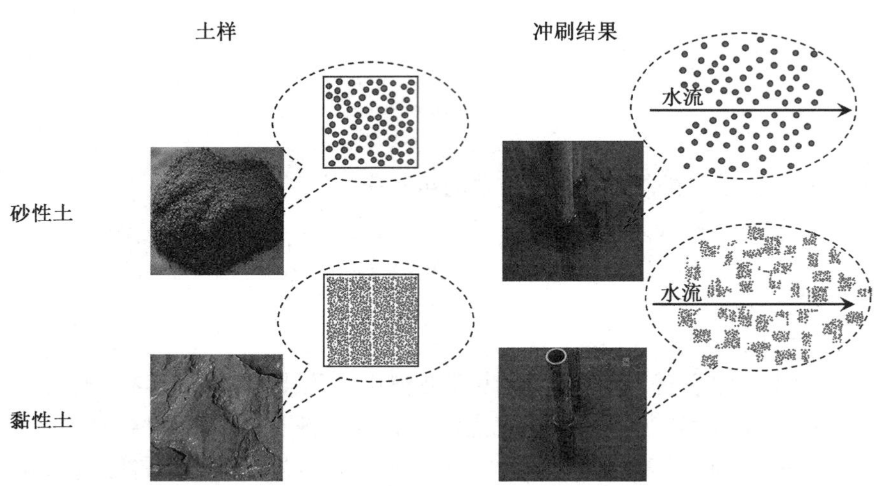

图 8.9　典型土体材料的冲刷特征示意图

在砂土的侵蚀过程中，有两个参数最为重要，即临界剪切应力 (τ_c) 和临界流速(V_c)。当剪切应力小于临界剪切应力时，侵蚀不会发生；反之，侵蚀将会发生。类似地，当流速小于临界流速时，侵蚀不会发生；反之，侵蚀将会发生。对于黏性土和砂性土而言，其发展过程有所不同。砂性土中颗粒的侵蚀破坏主要是颗粒的滚动和滑动造成的，而剪切应力和水流流速是颗粒起动的原因。

对于分层砂性河床，表层非均匀砂中的粗颗粒受水流分选作用的影响，随着冲刷的进行，在细砂层表面逐步堆积形成一层上覆粗砂层，其大大限制了冲刷的进一步发展，因而其冲刷深度往往小于同等冲刷条件下的其他河床。

White(1940)建议临界剪切应力通过下式计算得到：

$$\tau_c = 0.18(\gamma_s - \gamma) d_{50} \tan\theta \tag{8.7}$$

式中，τ_c 为临界剪切应力；γ_s 为砂土颗粒的单位重度；γ 为水的单位重度；d_{50} 为砂土颗粒的中值粒径；θ 为河床材料在水中的自然休止角。

在试验手段方面，Briaud 等(1999)提出了一种侵蚀性能测试装置(Erosion Function Apparatus，EFA)，通过分析不同土样的测试结果，认为砂土的剪切应力在数值上满足以下简单的经验关系：

$$\tau_c(\mathrm{N/m^2}) \approx d_{50}(\mathrm{mm}) \tag{8.8}$$

Briaud 等(2001)认为不同粒径的颗粒侵蚀性能不同，并绘制了侵蚀抗力随颗粒粒径谱的变化。之后，Briaud 等(2004)进一步分析了 Briaud 等(2001)、Vanoni(1975)和 White(1940)试验中的测试数据，绘制了临界剪切应力与泥沙粒径关系的曲线。Wang 等(2021)开发了一套室内测试设备，可对土体的抗冲刷性能进行快速评价。

临界剪切应力和临界流速经常被用于室内试验和实际工程中，其相互关系也可以由 Richardson 和 Davis(2001)提出的公式计算得到：

$$V_c = \sqrt{\frac{\tau_c y_0^{0.33}}{\rho g n^2}} \tag{8.9}$$

式中，V_c 为临界流速；τ_c 为临界剪切应力；y_0 为水深；ρ 为水的密度；g 为重力加速度；n 为曼宁系数(Manning's Coefficient)。

与临界流速不同，阈值速度(Threshold Velocity，V_t)用于判断河流条件是清水冲刷还是动床冲刷。当流速小于阈值流速时，上游的泥沙不会补充进已形成的冲刷坑中，此时直接测量出的冲刷深度即实际冲刷深度。当流速大于阈值流速时，床面泥沙大量起动，冲刷坑得到上游泥沙的补给，冲刷深度随流速增大的变化大为减弱，此时的冲刷深度由于上游泥沙的补给而减小。清水冲刷与动床冲刷发展过程的示意图如图 8.10 所示。阈值流速可以通过下式计算得到(Melville 和 Coleman，2000)：

$$\frac{V_t}{u_{*c}} = 5.75\lg\left(5.53\frac{y_0}{d_{50}}\right) \tag{8.10}$$

$$u_{*c} = \begin{cases} 0.0115 + 0.0125 d_{50}^{1.4}, & 0.1\ \mathrm{mm} < d_{50} < 1.0\ \mathrm{mm} \\ 0.0305 d_{50}^{0.5} - 0.0065 d_{50}^{-1}, & 1.0\ \mathrm{mm} < d_{50} < 100\ \mathrm{mm} \end{cases} \tag{8.11}$$

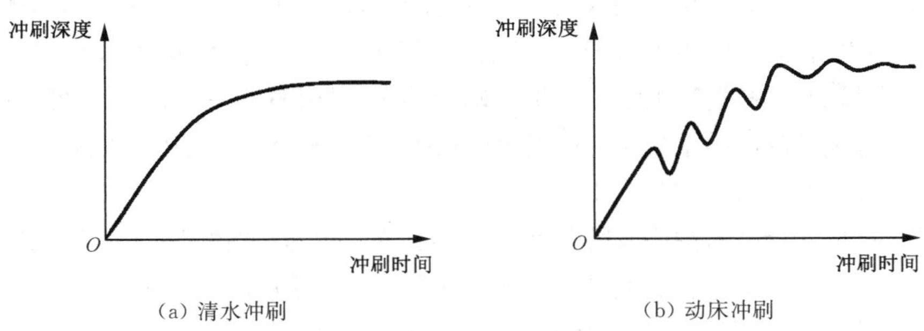

(a) 清水冲刷　　(b) 动床冲刷

图 8.10　清水冲刷与动床冲刷发展过程的示意图

冲刷研究中也常采用希尔兹数(Shields Parameter)对冲刷发生和发展状态进行判别，它是一个无量纲数，为作用在海床表面的水流拖拽力与泥沙颗粒浮重度的比值，用于描述流体搬运沉积物的能力，其表达式为

$$\theta = \frac{\tau}{\rho g (s-1) d_{50}} \tag{8.12}$$

式中，ρ 为水的密度；g 为重力加速度；s 为泥沙的相对密度；d_{50} 为泥沙中值粒径；τ 为床面剪切力，$\tau = \rho U_*^2$，U_* 为摩阻流速。

实际上，希尔兹数表征了泥沙起动的难易程度，希尔兹数的临界数 θ_{cr} 是泥沙雷诺数的函数。清水冲刷和动床冲刷可以通过希尔兹数进行判断：当 $\theta < \theta_{cr}$ 时，为清水冲刷；当 $\theta > \theta_{cr}$ 时，为动床冲刷。

此外，在冲刷分析中，冲刷坑坡度及海床渗流对泥沙运动的影响也可通过希尔兹数进行一定的修正，底部的悬沙浓度和推移质输沙率的经验公式也常表示为希尔兹数的函数。

一般而言，在砂性土条件下，恒定流中圆柱体基础周围无量纲化处理后的局部冲刷深度（d_s/D，其中，d_s 为冲刷深度，D 为基础直径）与无量纲化处理后的流体密度（V/V_c）、水深（y_0/D）和桩径（D/d_{50}）密切相关。此外，基础的截面形状和布设形式对冲刷特性也有较大影响，例如，群桩冲刷不仅涉及桩-土-水之间的相互影响，还涉及桩-桩之间的相互影响，因此，群桩冲刷机理比单桩机理要复杂很多。

8.1.3 典型深水基础的冲刷

海洋深水基础类型较多，如第 3 章中介绍的单桩基础、群桩基础、沉井基础、导管架基础、吸力筒基础、漂浮式基础等。不同海洋工程结构在设计时会综合考虑多方面因素，包括上部结构型式、设计荷载、海床条件、服役年限、灾害作用等方面，采取适宜的基础型式。由于水流-结构间作用是产生局部流场的关键环节，不同基础周围冲刷的演化特性存在明显区别。

理解单桩冲刷机理及其演化规律是掌握复杂基础型式冲刷特性的基础。单桩基础在单向流作用下的局部冲刷过程中，最初水流会卷起床面上部分泥沙，并形成下降水流和马蹄形旋涡靠近模型桩位置。这些被阻挡的水流会对周围河床泥沙进行侵蚀。同时，在单桩迎水面及其两侧的泥沙明显被带走，而在桩后不远处则出现回落堆积。此外，床面也会发生明显变形，并在桩后方产生多层沙纹。一段时间后，冲刷坑的发展变得非常缓慢，冲刷坑的深度基本不再增加，沙纹也不再增高，逐渐达到平衡状态。笔者（梁发云等，2021）对上述过程开展了大量的室内试验，揭示了单桩基础的冲刷发展规律。一般而言，在浅水环境中，当水深相同时，冲刷深度随水流流速的增大而增大；流速相同时，冲刷深度随水深的增大而减小。单桩局部冲刷结果如图 8.11 所示。

在近海风电场建设中，主要采用直径 3～8 m 的单桩基础，而桥梁基础常采用群桩基础或沉井基础，两者的冲刷特性存在明显区别，这也导致其通常采用的分析预测方法、防护手段不同。笔者（梁发云等，2021）曾以外包相同的群桩基础、圆形沉井基础、正交方形沉井基础和斜交方形沉井基础为例，针对不同体型和尺寸基础的冲刷演化机制开展了试验研究（Liang 等，2019），如图 8.12 所示。整体而言，同种型式的桥梁深水基础有着同样的局部冲刷特性和相似的动态演化规律，基础宽度越大，与水流作用越强，导致最终局部冲刷深度越大。当基础型式与参数相同时，水力条件和泥沙参数都将对最终达到平衡时的冲刷深度有重要影响。

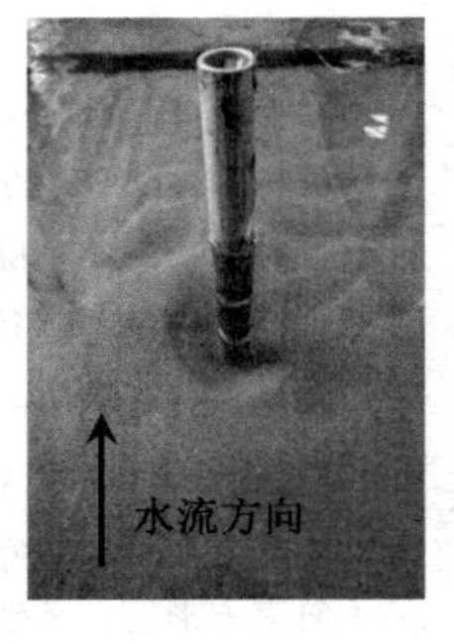

(a) 单桩冲刷最终正面图

(b) 单桩冲刷最终侧面图

图 8.11　单桩局部冲刷试验结果

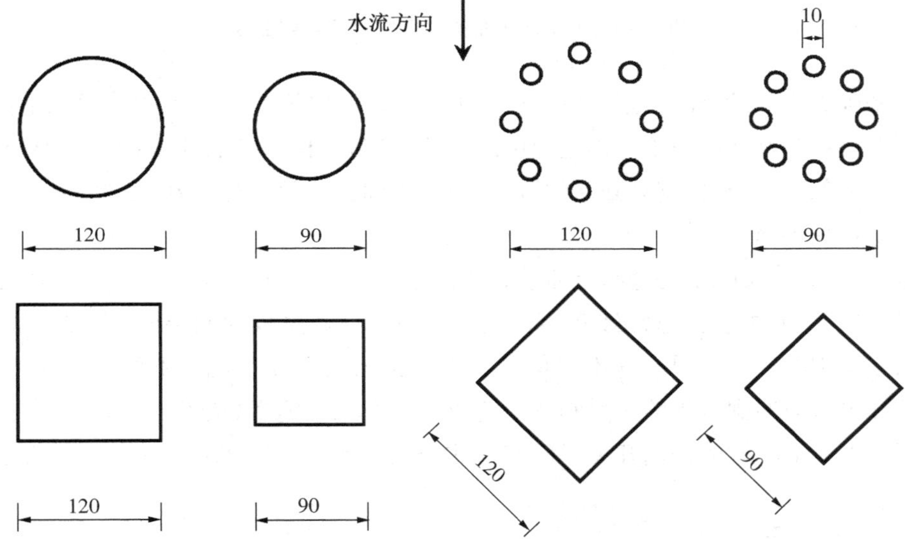

图 8.12　典型深水基础冲刷特性比对分析中涉及的尺寸参数(单位：mm)

上述几种基础型式的冲刷发展曲线如图 8.13 所示，图中的纵轴为无量纲化处理后的最大局部冲刷深度，即最大局部冲刷深度与等效阻水直径的比值(h_s/D，以下简称相对冲刷深度)，横轴为冲刷时间(T)。在正交方形沉井基础周围的冲刷最为严重，在试验开始的前 5 min 其冲刷发展速度最快，较大直径的正交方形沉井基础更快达到其冲刷平衡状态，而较小直径的正交方形沉井基础随后达到其冲刷平衡状态，最终达到较大的相对冲刷深度。这一现象可以通过不规则角点在冲刷过程中的影响进行解释。沉井基础尺寸越大，角点在冲刷过程中造成的影响就相对越小。但由于角点位置的冲刷在方形沉井基础中十分关键，相对减小的角点作用最终导致相对冲刷深度的减小。其相对冲刷速度始终最慢，且在 2 h 后达到平衡状态。迎水侧迎水角点在其冲刷过程中起了关键作用，由于该角点的存在，整个斜交方形沉井基础周围水流被减缓变向，后方区域被很好地保护起来。

对于无角点的基础型式，其冲刷特性在某些方面也存在一定的相似之处。与群桩基础相比，圆形沉井基础周围的冲刷相对更严重。群桩基础存在的桩间空隙使得其阻水作用比

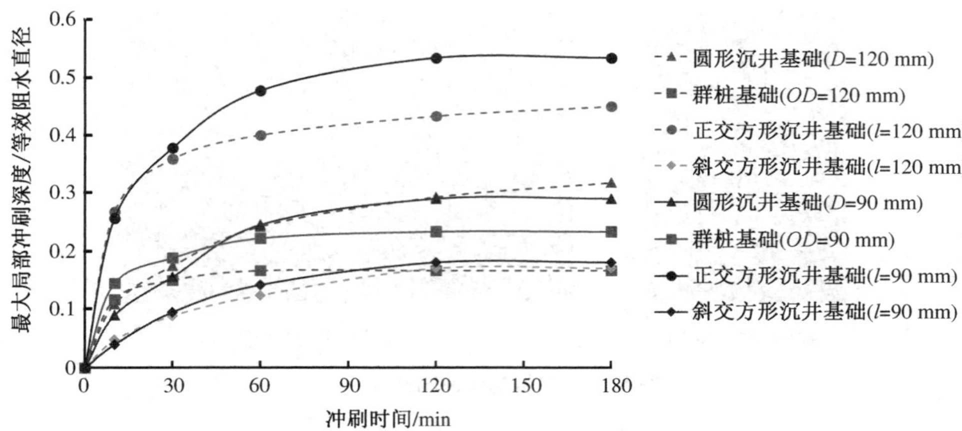

图 8.13　典型深水基础冲刷随时间发展曲线

圆形沉井基础更小，而同样外包尺寸的沉井基础与之相比将产生更大的旋涡和下降水流，导致冲刷发展更为剧烈。由于冲刷过程中的遮蔽效应，群桩基础的冲刷特性与斜交方形沉井基础比较相似，然而在冲刷刚开始的阶段，由于桩间射流效应的存在，群桩基础周围的冲刷深度发展更加迅速。

值得注意的是，实际中的海床土体成分及分布通常比较复杂，对于海上风机等工程，由于基础直径较大，冲刷过程通常涉及多个土层。当土层数量仅为两层时，上覆土层会极大地影响双层土中的冲刷结果。这不仅体现在上覆土层的厚度上，上、下两个土层之间的颗粒粒径差异也将对冲刷过程的产生和发展造成巨大影响。笔者(梁发云等，2021)针对双层土条件下海上风电基础的冲刷开展了研究，如图 8.14 所示。图中将单一土层与双层土的上

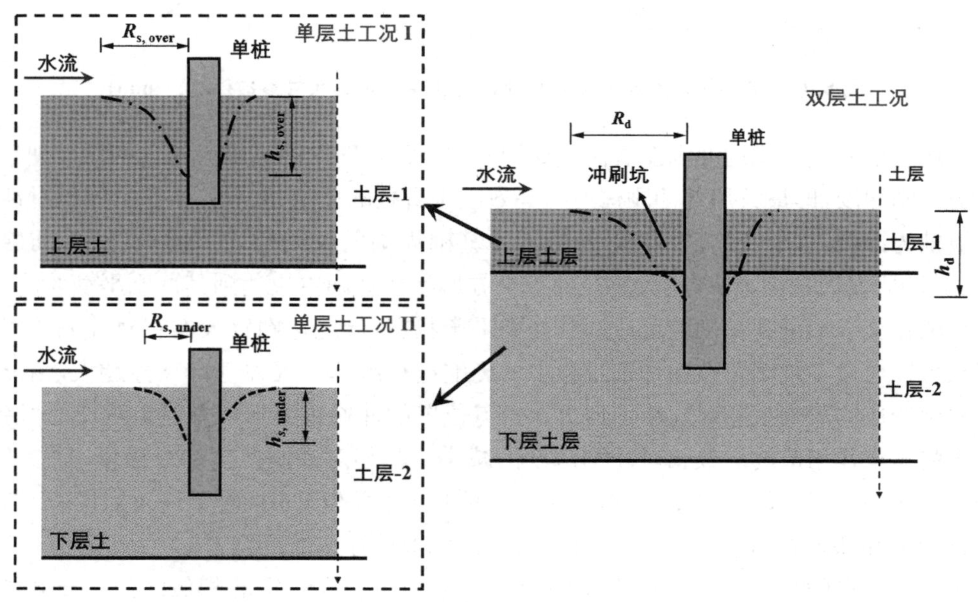

图 8.14　双层土中深水基础冲刷研究示意图

层土层性质相同时的最大冲刷范围(或深度)记作 $R_{s,over}$(或 $h_{s,over}$),将单一土层与双层土中下层土层性质相同时的最大冲刷范围(或深度)则记作 $R_{s,under}$(或 $h_{s,under}$)。

许多学者的试验结果均表明,单一土层中冲刷深度的发展过程主要取决于土层的中值粒径。随着中值粒径的减小,冲刷发展速度和最终冲刷深度显著增加。但是,如图 8.15 所示,双层土中的冲刷过程与单一土层中的冲刷过程有很大的不同,双层土的冲刷曲线中存在明显的拐点。曲线发展至拐点 A(记作 $TP-A$)后,冲刷将达到平衡状态,并且冲刷深度不会发生明显改变。而当冲刷曲线发展至拐点 B(记作 $TP-B$)后,其冲刷深度仍会增加,同时冲刷速度也会发生改变。这是由于随着冲刷深度的增加,水-土界面逐渐向下移动。当水-土界面到达下层土层时,交界面处的土体性质发生突变,因而冲刷深度发展曲线上出现明显的拐点($TP-B$)。值得注意的是,尽管在所有冲刷发展曲线中都可以看到拐点,但不同土层条件下的最终冲刷深度是不同的。

当土层结构为上细下粗时[图 8.15(a)],在冲刷发展初期,上覆的细粒土中的冲刷深度迅速发展到 1 cm。随后下层粗颗粒出露,冲刷速度显著降低,图中曲线的斜率迅速减小,直到最终趋近于零。在冲刷过程中,上层细颗粒受水流卷携向下游运动,期间几乎没有颗粒沉积在冲刷坑底,即使有少量细颗粒在坑底沉积,冲刷坑内水流的强度仍满足细颗粒的起动要求,坑内细颗粒在水流作用下将发生二次运动。当土层结构为上粗下细时[图 8.15(b)],冲刷深度随时间变化的斜率在冲刷深度到达水-土界面后也发生了急剧变化。曲线到达拐点 $TP-B$ 后,冲刷深度的发展速度迅速增加,待曲线发展至 $TP-A$ 后逐渐减慢,最后趋于稳定。在理想情况下,一旦表面层被完全侵蚀,冲刷深度就由下层土层性质控制。关于双层土冲刷特性更为详细的内容可参考相关文献(Wang 等,2022)。

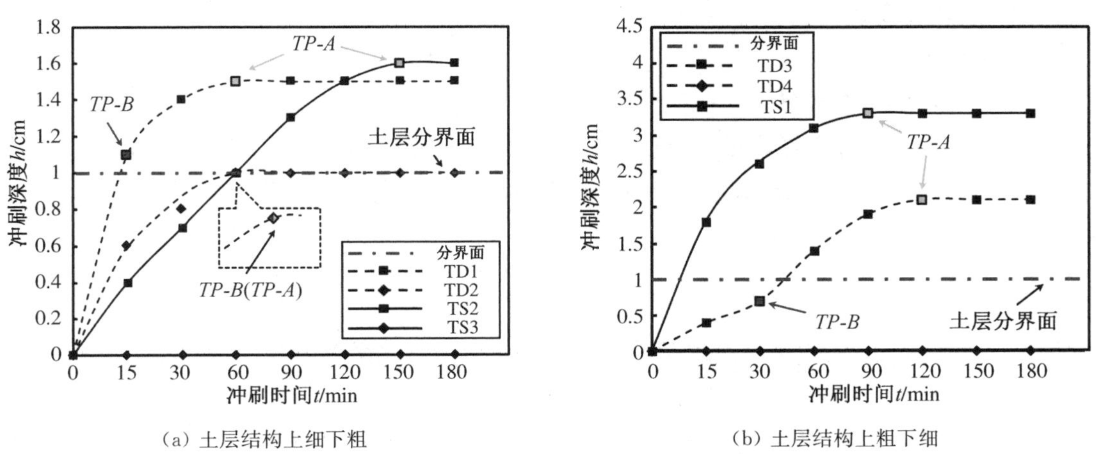

(a) 土层结构上细下粗　　(b) 土层结构上粗下细

图 8.15　双层土冲刷深度发展曲线示意图

8.2　冲刷深度的计算

在实际工程中,准确地预测平衡时的冲刷深度是海洋岩土工程设计的一个重要环节,通过预测可以提前了解现场环境条件下基础周围的冲刷情况，以便进一步从基础埋深设计或冲刷防护方法等角度保障海洋构筑物在运营期间的安全稳定。与此同时，如何准确地得到桥梁基础周围的局部冲刷深度也是众多学者在冲刷研究方面关注的问题之一。各个国家或地区，根据其经验及环境条件都提出了相应的局部冲刷深度计算方法以指导工程实践。其中，美国对冲刷这一自然现象研究最早，其工程经验也最为丰富，美国联邦高速公路管理局推荐使用的 HEC-18 公式，成为美国及一些地区常用的冲刷预测方法(Arneson 等，2012)。新西兰常用的计算方法是采用由 Melville 和 Coleman(2000)提出的经验公式，可用于桥墩与桥台的局部冲刷预测。我国推荐使用的计算方法主要参照 65－1 公式和 65－2 公式，其经过多次修正已被编入《公路工程水文勘测设计规范》(JTG C30—2015)，并在国内的工程项目中广泛应用。目前的冲刷深度计算还没有一个公认的方法，一般是基于水槽试验和实测数据建立半理论半经验公式，正因为如此，这类公式的适用范围往往受限于某些特定条件。当这些条件改变时，计算公式可能会失效或发生较大偏差。自 20 世纪以来，学者们所提出的冲刷预测公式不胜枚举，并仍在不断修正。本节将针对不同海洋构筑物及水流条件，介绍几种代表性的冲刷预测方法。

8.2.1 非黏性土河床的冲刷深度计算

业界对非黏性土河床桥墩局部冲刷方面的研究开展得最早，取得的成果也最为丰富。目前，国内外学者针对不同对象和目标，总结提炼出的冲刷深度计算公式近百种。主要的研究方法有：通过各种分析方法得到表达式，再通过实测或试验资料分析确定相关参数，即经验公式；基于某种理论和假设推导出基本关系式，再通过实测或试验资料确定相关系数，即半经验半理论公式。

1. 经验公式

1）由现场实测资料建立的经验公式

如 1924 年 Lacey 总结印度河上桥渡资料得出的公式[式(8.13)]，该公式考虑了上游的来水和河床组成，对该河流的冲刷深度的计算比较适用，但忽略了一些影响因素。

$$d_{\mathrm{Lac}}=0.473\left(\frac{Q}{F}\right)^{1/3} \tag{8.13}$$

式中，d_{Lac} 为 Lacey 公式局部冲刷深度；Q 为流量；F 为淤泥系数，$F=1.76d_{50}^{1/2}$。

2）由模型试验资料建立的经验公式

如 Jain 和 Fischer 的公式[式(8.14)]，该公式根据试验资料确定相关参数，对于所模拟的特定河流计算精度较好，但对结构形状未作考虑。

$$\frac{h_{\mathrm{b}}}{B_1}=1.86\left(\frac{h_{\mathrm{p}}}{B_1}\right)^{0.5}(Fr-Fr_{\mathrm{c}})^{0.25} \tag{8.14}$$

式中，h_{b} 为桥墩局部冲刷深度；h_{p} 为一般冲刷后的最大水深；B_1 为桥墩计算宽度；Fr 为弗洛德数；Fr_c 为临界弗洛德数。

3）由因次分析及变量相关分析结合试验资料得出的公式

如 N Î NCU 公式[式(8.15)]，该公式对桥墩墩型的影响未作考虑。

$$\frac{h_p}{B_1}=3.3\left(\frac{d_{50}}{B_1}\right)^{0.2}\left(\frac{h_p}{B_1}\right)^{0.13} \tag{8.15}$$

式中，h_p 为一般冲刷后的最大水深；B_1 为桥墩计算宽度；d_{50} 为河床泥沙平均粒径。

分析上述公式可以发现，早期的经验公式是对某一具体问题或具体对象提出的计算方法，所以公式针对性较强，形式简单，在面向特定问题和对象时具有较好的适用性，但其系数通常是通过较少的试验资料获取的，难以推广到更多案例的计算。后来的经验公式考虑的影响因素比较全面，对于问题的分析和计算更加准确，但同时公式的结构也随之复杂，虽然应用较为广泛，但其系数、参数不确定，需要根据具体情况而定，而且没有普遍适用的公式。

2. 半经验半理论公式

这类公式往往以一定的理论为基础，通过某些假定，推导出局部冲刷公式，并通过试验或实测资料来确定公式中的某些系数。在以往局部冲刷计算公式的研究成果中，半经验半理论公式占了很大比重。

1）基于能量平衡、能量转化理论的公式

Yaroslavtsev 认为，结构的阻碍作用使水流动能转化为势能，引起水位抬高并产生下降水流，下降水流能量在床面转化为涡流并形成冲刷坑，从而建立起如下理论公式：

$$h_B=K_\xi K_u(u+K_w)\frac{V^2}{g}-30d \tag{8.16}$$

式中，K_ξ 为桥墩综合影响修正系数；K_u 为与流速有关的函数；K_w 为桥墩局部冲刷深度的修正系数；u 为垂线流速分布；V 为一般冲刷后墩前行进流速；d 为河床泥沙计算粒径；g 为重力加速度，取 9.8 m/s^2。

2）根据马蹄形旋涡理论建立的公式

Baker(1979)认为，墩围局部冲刷是由马蹄形旋涡系产生很高的河床剪切力而形成的。冲刷坑深度与旋涡强度大小、形状、坑内泥沙上的作用力有关。从平坦河床上单个马蹄形旋涡系出发，分析单个泥沙颗粒上力的平衡，得到清水冲刷的冲刷深度计算公式：

$$\frac{h_b}{B}=(a_1N-a_2)\tanh\left(a_3\frac{h_p}{B}\right) \tag{8.17}$$

$$N=u/\sqrt{(\gamma_s/\gamma-1)gd} \tag{8.18}$$

式中，B 为基础宽度；u 为表面流速；a_1、a_2、a_3 为系数，仅与泥沙大小和形状有关；γ_s 为泥沙的重度；γ 为水的重度。

3. 规范公式

1）65-1 公式与 65-2 公式

1964 年，中国土木工程学会桥梁工程委员会召开桥渡冲刷学术会议，会上对冲刷原因、影响因素、冲刷过程的物理图式进行了讨论，在桥梁绕流旋涡体系及泥沙运动理论的基础上，根据概念清晰合理、结构简单、精度较高的原则，建议铁道部科学研究院和交通部科学研究院将会上推荐的四个计算公式再进一步汇总提高。1965 年汇总工作完成，由此产生了在实践中推荐使用的计算桥墩局部冲刷的 65-1 公式和 65-2 公式，并且都写入了中国公路、铁路有关规范。

65 - 1 公式：当 $V \leqslant V_0$ 时，$h_b = K_\xi K_{\eta 1} B_1^{0.6}(V - V_0')$

$$\text{当 } V > V_0 \text{ 时，} h_b = K_\xi K_{\eta 1} B_1^{0.6}(V - V_0')\left(\frac{V}{V_0'}\right)^{n_1} \tag{8.19}$$

65 - 2 公式：当 $V \leqslant V_0$ 时，$h_b = K_\xi K_{\eta 2} B_1^{0.6} h_p^{0.15}\left(\dfrac{V - V_0'}{V_0}\right)$

$$\text{当 } V > V_0 \text{ 时，} h_b = K_\xi K_{\eta 2} B_1^{0.6} h_p^{0.15}\left(\frac{V - V_0'}{V_0}\right)^{n_2} \tag{8.20}$$

式中，h_b 为桥墩局部冲刷深度；K_ξ 为桥墩综合影响修正系数；B_1 为桥墩计算宽度；h_p 为一般冲刷后的最大水深；$K_{\eta 1}$、$K_{\eta 2}$ 为河床颗粒影响系数；V_0 为河床泥沙起冲流速；V_0' 为墩前泥沙起冲流速；n_1、n_2 为指数。

将 65 - 1 公式和 65 - 2 公式应用于卵石、大漂石河床的局部冲刷深度计算时，计算结果往往比实测资料和模型试验资料得到的数据偏大。铁道部科学研究院、铁道部第四勘测设计院以及众多学者均对两式进行了研究并给出了修正结果，这些计算公式在结构上更趋于合理。65 - 1 公式和 65 - 2 公式及修正公式经过大量的试验和实测数据验证，结果较为准确，在我国有较为广泛的应用。

2）HEC - 18 公式

美国规范推荐采用桥梁局部冲刷公式（HEC - 18 公式）预测最大桥墩冲刷深度，对清水冲刷和动床冲刷都适用，一般应用于冲击沙床河道中简单的桥墩布置和河流流动情况，也可用于类似恒定流情况下的其他冲刷情形，其表达式如下：

$$\frac{h_b}{h_p} = 2.0 K_1 K_2 K_3 \left(\frac{D}{h_p}\right)^{0.65} Fr^{0.43} \tag{8.21}$$

式中，K_1 为形状修正系数（查表 8.1）；K_2 为斜交角修正系数（查表 8.1）；K_3 为河床参数修正系数（查表 8.1）；D 为基础宽度；h_p 为水深；h_b 为局部冲刷深度；Fr 为来流的弗洛德数。

表 8.1　**HEC-18 公式中各系数取值表**

系数	取值条件及计算结果				
K_1	桥墩基础迎水面形状				
	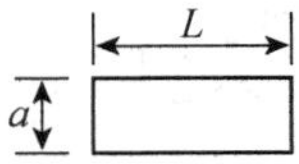	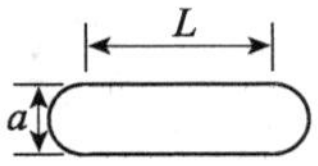	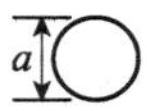	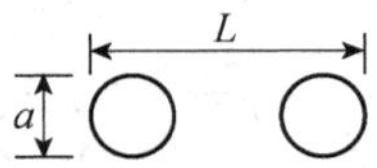	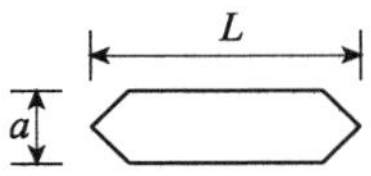
	方形	圆形	圆柱	圆柱群	尖形
	1.1	1	1	1	0.9
K_2	当 $L/a=4$ 时，对应各斜交角的参数取值				
	0°	15°	30°	45°	90°
	1.00	1.50	2.00	2.30	2.50
	当 $L/a=8$ 时，对应各斜交角的参数取值				
	0°	15°	30°	45°	90°
	1.00	2.00	2.75	3.30	3.90
	当 $L/a\geqslant 12$ 时，对应各斜交角的参数取值				
	0°	15°	30°	45°	90°
	1.00	2.50	3.50	4.30	5.00
K_3	河床条件				
	清水冲刷	平坦河床、逆沙丘流	小沙丘	中沙丘	大沙丘
	1.1	1.1	1.1	1.1～1.2	1.3

当考虑群桩布置条件时，在计算公式中引入群桩等效计算宽度 D^* 来体现群桩作为整体与水流之间的作用，可以由下式计算得到：

$$D^*=D_{\mathrm{proj}}K_{\mathrm{sp}}K_{\mathrm{m}} \tag{8.22}$$

其中，

$$K_{\mathrm{sp}}=1-\frac{4}{3}\left(1-\frac{1}{D_{\mathrm{proj}}/D}\right)\left[1-\left(\frac{S}{D}\right)^{-0.6}\right]$$

$$K_{\mathrm{m}}=0.9+0.1m-0.0714(m-1)\left[2.4-1.1\left(\frac{S}{D}\right)+0.1\left(\frac{S}{D}\right)^2\right]$$

式中，K_{sp} 为桩间距调整系数；K_{m} 为排式布置的群桩调整系数，非排式布置时取 1.0；D_{proj} 为桩群的几何投影宽度；m 为垂直于水流方向的群桩排数，大于 6 时取 6；S 为桩心距，以 3×4 桩群为例，上述参数意义如图 8.16 所示。

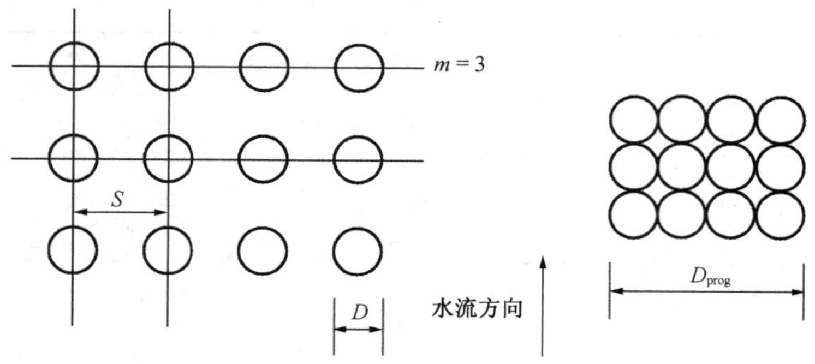

图 8.16　群桩等效计算参数取值示意图

8.2.2　黏性土河床的局部冲刷深度计算

黏性土与非黏性土的区别在于黏性土颗粒的黏结力发挥主导作用。黏结力属于分子力，来源于黏胶体，而胶体带电荷，颗粒表面形成双电层(薄膜水)，因而黏结力是一个很复杂的问题。同时，原状黏性土的矿物组成、有机质的非均匀性以及水的化学成分作用相互交结，所以原状黏性土河床的桥墩局部冲刷是一个很复杂的现象。桥墩基础局部冲刷研究多针对砂性土，目前的研究较少涉及黏性土，而黏性土的冲刷速度相较于砂性土要慢得多。黏性土中桥墩基础局部冲刷深度的计算方法主要有中国规范[《公路工程水文勘测设计规范》(JTG C30—2015)]公式和美国 SRICOS—EFA 方法，笔者(梁发云等，2014)结合典型算例对这两种方法进行了对比分析。

1. 我国规范公式

早期我国多是借鉴国外的方法进行相关计算，这给勘测设计带来不少问题。后来我国有关部门组织调查研究，在搜集并分析了大量野外黏性土河床的桥墩冲刷资料和试验资料的基础上，提出了原状黏性土河床的桥墩冲刷的计算方法，并将其列入我国《公路工程水文勘测设计规范》(JTG C30—2015)。

当 $h_p/B_1 \geqslant 2.5$ 时，水深对局部冲刷深度 h_b 没有影响：

$$h_b = 0.83K_\xi B_1^{0.6} I_L^{1.25} V \tag{8.23}$$

当 $h_p/B_1 < 2.5$ 时，局部冲刷深度 h_b 受水深的影响：

$$h_b = 0.55K_\xi B_1^{0.6} h_p^{0.1} I_L^{1.0} V \tag{8.24}$$

式中，h_b 为桥墩局部冲刷深度；K_ξ 为桥墩综合影响修正系数；B_1 为桥墩计算宽度；h_p 为一般冲刷后的最大水深；I_L 为液性指数；V 为一般冲刷后墩前行进流速。

黏性土的局部冲刷研究成果较少，用液性指数 I_L 作为黏性土抗冲刷能力指标进行黏性土局部冲刷计算，是很有效的方法。

2. 美国 SRICOS-EFA 方法

黏性土冲刷速度缓慢，形成最大冲刷深度所需要的时间很长。因此，像砂性土那样直接按设计洪流来预测最大冲刷深度对黏性土来说是不合适的，应将冲刷深度表示为时间的某种函数。Briaud等（1999）在20世纪90年代初针对黏性土开发了SRICOS-EFA试验设备和方法，该方法可用来预测冲刷深度与时间的函数关系，其基于两个主要参数：最大冲刷深度和冲刷起始前的最大剪应力。其中，用于计算最大冲刷深度的公式是基于水槽试验结果和量纲分析得出的，计算最大剪应力的公式则是基于三维数值计算结果得到的。

SRICOS-EFA方法依赖于最大冲刷深度和水流与土层接触面的剪应力，其计算过程分为以下几个步骤：

（1）取土样。尽可能在离桥墩较近的位置取土样，对细粒土和粗粒土，可采用美国材料与试验协会的标准薄壁钢管土样。

（2）通过试验得到冲刷曲线。在SRICOS-EFA设备中对土样进行试验，得到冲刷曲线，即冲刷速度 $\dot{z}$ 与剪应力 τ 的关系曲线。冲刷速度 $\dot{z}$（mm/h）可简单地由冲刷高度（1 mm）与所用时间的比值来表示：

$$\dot{z}=\frac{1}{t} \tag{8.25}$$

式中，$\dot{z}$ 为土样冲刷速度；t 为试样被冲刷1 mm所用的时间。

试验表明，得到冲刷装置中管壁处剪应力 τ 较好的方法是应用适用于管流的Moody图（Moody，1944），计算公式如下：

$$\tau=\frac{1}{8}f\rho V_{\mathrm{p}}^{2} \tag{8.26}$$

式中，f 为由Moody图得到的摩擦系数；ρ 为水的密度；V_{p} 为管道中水流平均流速。

摩擦系数 f 是管道雷诺数 Re_0 和管道相对粗糙度 ε/D 的函数。管道雷诺数 $Re_0=VD/\nu$，其中，ν 为水的运动黏度（20℃时，$\nu=10^{-6}\ \mathrm{m^2/s}$）；管道相对粗糙度 ε/D 为管道表面粗糙单元平均高度 ε 与管道直径 D 的比值，其中 $\varepsilon=0.5d_{50}$，取系数0.5是因为假定颗粒上半部分进入水流中，下半部分埋在土里。

在SRICOS-EFA设备中，管道为矩形截面，$D=4A/P$，其中，A 为水流横截面积，P 为湿周，即管道或渠槽的横断面上固壁与水流接触部分的周长。

（3）确定最大剪应力 $\tau_{\max}$。Nurtjahyo（2003）通过一系列的三维数值模拟，变换水深、墩距、墩形、斜交角等，提出复杂条件下桥墩周围最大剪应力 $\tau_{\max}$ 的计算公式：

$$\tau_{\max}=k_{\mathrm{w}}k_{\mathrm{sh}}k_{\mathrm{sp}}k_{\theta}\times 0.094\rho V^{2}\left(\frac{1}{\lg Re}-\frac{1}{10}\right) \tag{8.27}$$

其中，
$$k_{\mathrm{w}}=1+16\exp\left(-\frac{4h_{\mathrm{p}}}{a'}\right),\quad k_{\mathrm{sh}}=1.15+7\exp\left(-\frac{4l}{a'}\right)$$

$$k_{\theta}=1+1.5\left(\frac{\theta}{90}\right)^{0.57},\quad k_{\mathrm{sp}}=1+5\exp\left(-\frac{1.1S}{a'}\right)$$

$$a' = a\left(\cos\theta + \frac{l}{a} \times \sin\theta\right)$$

$$Re = \frac{Va'}{v}$$

式中，h_p 为一般冲刷后的最大水深；Re 为由墩宽确定的雷诺数；a' 为垂直于水流方向上矩形桥墩投影宽度；k_w 为水深对最大剪应力的修正系数；k_{sh} 为墩形对最大剪应力的修正系数；k_θ 为斜交角对最大剪应力的修正系数；k_{sp} 为墩间距对最大剪应力的修正系数；a 为墩宽；l 为墩长；θ 为斜交角；S 为桩间距；V 为流速；v 为水的运动黏度。

(4) 冲刷起始速度 ($\dot{z}_i$)。根据最大剪应力 τ_{max}，在冲刷曲线中得到对应的冲刷起始速度。

(5)冲刷深度 y_s 随时间 t 的变化曲线。Briaud 等(2004)针对黏性土进行了一系列复杂桥墩冲刷的水槽试验。复杂桥墩是指桥墩条件要比深水环境下圆柱形桥墩复杂的情况，其复杂性主要是由浅水、矩形墩、斜交角及其他相关因素引起的。复杂桥墩最大局部冲刷深度公式如下：

$$h_b = 2.2K_w K_{sh} K_l K_{sp} a' \times (2.6 \times Fr_{(pier)} - Fr_{c(pier)})^{0.7} \tag{8.28}$$

其中，

$$K_w = \begin{cases} 0.89(h_p/a')^{0.33}, & h_p/a' < 1.43 \\ 1.0, & \text{其他} \end{cases}$$

$$K_{sp} = \begin{cases} 2.9(S/a')^{-0.91}, & S/a' < 3.42 \\ 1.0, & \text{其他} \end{cases}$$

$$Fr_{(pier)} = \frac{V}{\sqrt{ga'}},\ Fr_{c(pier)} = \frac{V_c}{\sqrt{ga'}},\ V_c = \sqrt{\frac{\tau_c h_p^{1/3}}{\rho g n^2}}$$

式中，K_w 为水深对桥墩局部冲刷深度的修正系数；K_{sh} 为墩头形状对局部冲刷深度的修正系数，方头形状取 1.1，圆柱墩形状取 1.0，圆头形状取 1.0，尖头形状取 0.9；K_l 为桥墩长宽比对局部冲刷深度的修正系数(矩形墩取 1.0)；K_{sp} 为墩间距对局部冲刷深度的修正系数；a' 为垂直于水流方向上矩形桥墩投影宽度；$Fr_{(pier)}$ 为基于流速 V 和 a' 的弗洛德数；$Fr_{c(pier)}$ 为基于临界流速 V_c 的弗洛德数；h_p 为一般冲刷后的最大水深；τ_c 为临界剪应力，可通过 SRICOS-EFA 试验得到；ρ 为水的密度；S 为墩间距；g 为重力加速度；n 为曼宁数。

(6)预测某一时刻的冲刷深度。根据洪水的持续时间 t_0，按下式预测 t_0 对应的冲刷深度 $y_s(t_0)$：

$$y_s(t_0) = \frac{t_0}{1/\dot{z}_i + t_0/y_s} \tag{8.29}$$

8.3　冲刷的分析与模拟手段

8.3.1　现场测试

冲刷的现场原位测试是对海洋构筑物周围冲刷状态最直接的观测手段，可以获取现场条件下的冲刷状态信息。随着冲刷带来的问题日益突出，海洋岩土工程中的冲刷状态监测越来越受到人们的关注。海洋岩土工程中采用的现场测试手段成本高，需要特定设备，且常受到环境和海况等自然条件的约束，但由于其测试结果是冲刷状态的第一手资料，对构筑物冲刷情况的把握和灾变控制十分重要，因此备受工程和科研人员的关注。目前，海洋岩土工程中测试冲刷状态的方法有很多种，包括单波束、多波束探测技术以及侧扫声呐检测技术、浅地层剖面检测技术等，在此主要介绍多波束探测技术和侧扫声呐检测技术。

1. 多波束探测技术

多波束探测技术于 20 世纪 70 年代被提出，并很快应用于海底地形测量中。多波束探测技术是在单波束技术基础上的改进和发展，顾名思义，多波束系统采用发射、接收指向性正交的两组换能器阵获得一系列垂直于航向分布的窄波束，在完成一个完整发射、接收过程后，形成一条由一系列窄波束点组成的与船只航行方向垂直的测深剖面。与单波束相比，多波束能高效、高分辨率地完成测量，可以实现测试区域的全覆盖。

典型的多波束探测系统通常由三个子系统组成：①多波束声学系统，包括发射、接收换能器阵和信号控制系统，可以进行多波束实时采集，并与外围辅助设备系统之间进行数据和指令的交互传输；②多波束外围辅助设备系统，包括导航定位系统、姿态传感器等，主要用于空间位置的确定；③数据采集和处理系统，主要包括数据的实时采集和后处理系统。

Noormets 等(2006)在瓦登海(Wadden Sea)对潮流作用下的单桩冲刷进行了现场测试，采用高分辨率多波束系统进行了四次连续测量，得到不同时期的冲刷情况。国内的多波束探测技术在冲刷测量中的应用较晚，来向华等(2006)在工程实践的基础上对多波束探测技术在海底管道监测中的应用进行了专门研究。钱耀麟等(2009)将该技术应用于东海大桥基础冲刷监测中。目前，多波束探测技术已广泛运用于深水基础、海上风电基础、海洋地貌等领域。图 8.17 为多波束探测的海洋地形及单桩周围的冲刷深度分布图(Noormets 等，2006)。从图中可以看到单桩周围发生明显的冲刷作用，并在下游位置产生堆积。

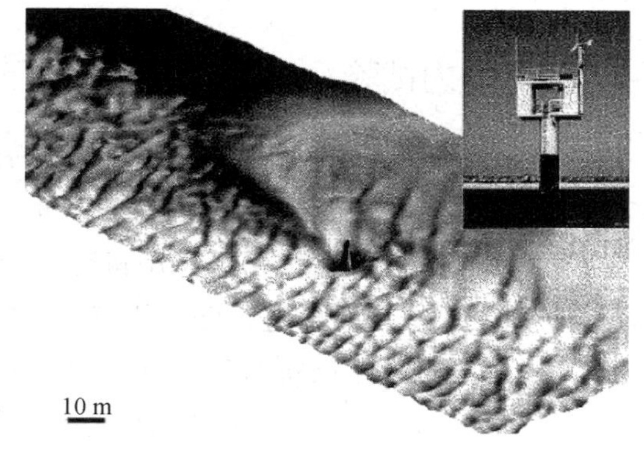

图 8.17　多波束探测的海上单桩冲刷地貌

2. 侧扫声呐检测技术

侧扫声呐检测技术通过声学影像来分析海洋构筑物的冲刷情况。最早的水下声呐系统起源于20世纪20年代的英国，主要用于水雷探测等军事领域。到90年代时，数字声呐被成功研发，它能直观地提供海底的声成像，在海底工程检测尤其是海底管道检测方面被广泛应用。侧扫声呐通过换能器向航行轨迹两侧的海底发射扇形的高频声脉冲，并接收返回信号，根据其强弱形成海底面声影像图。当海底地形为凹槽、坑洞等“负地形”时，底部无声波反射，声呐记录为空白；当海底地形为堆积、凸起等“正地形”时，其背后声波将无法到达，形成所谓“阴影”区域，声呐记录也是空白。根据声呐工作原理可建立海底目标高度的简单几何关系(图8.18)。

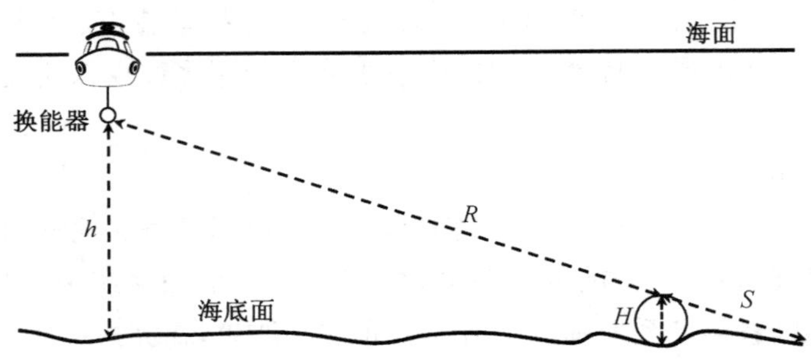

图8.18　海底管道裸露高度的计算示意图

以海底管道为例，其高度计算公式为

$$H=\frac{Sh}{R+S} \tag{8.30}$$

式中，H 为管道高度；S 为管道阴影长度；R 为换能器到管道的斜距；h 为换能器到海底面的距离。

8.3.2　室内试验

海洋构筑物在水流的冲刷作用下，其周围土体将被冲刷掉，引起埋深改变、承载性状改变，造成破坏和失效，导致经济损失或人员伤亡。如前文中提到，冲刷过程涉及流体、固体、颗粒等多方面的因素，其相互作用机理十分复杂。在实际工程的设计和研究中，针对某一特定问题的几方面条件进行深入研究时，可以采用物理模型试验方法。对于目前研究阶段而言，由于物理模型试验形象直观、概念明确，其依然是研究桥梁冲刷问题最为常见和有效的手段。但以现场试验作为主要研究手段不仅操作困难、代价较大，而且无法根据需要调整水力条件、结构型式和泥沙参数等对冲刷结果影响较大的因素。因此，尽管物理模型试验在比尺确定和颗粒选择方面存在一定困难，但室内波流水槽试验依然是目前可行性最佳、应用最广的研究手段，本节将对其进行简要介绍。

1. 试验设备和步骤

物理模型试验一般需要在波流水槽或港池中进行，将构筑物原型按照一定相似比例制作成小尺度模型，模拟真实海区条件或给定海区条件下波浪和水流的作用。针对构筑物周围水流和冲刷情况，预测原型可能的冲刷参数，包括局部流场特征、冲刷坑形态与位置、平衡时的冲刷深度和冲刷发展历程等。这一手段针对性强，物理意义明确，能探究引起冲刷发展的各个因素的影响，并在一定程度上提供较为有效的信息。但以目前的条件，水槽试验只能模拟相对简单和理想条件下的冲刷水动力环境，存在比尺效应、波浪破碎和边壁反射等问题，且需要人力、物力较多，对试验人员的技术要求较高。当模型试验设计、试验参数和控制条件设置不当时，试验结果可能与真实情况存在较大偏差，对工程设计提供的参考价值有限。以独立型构筑物冲刷模型试验为例，试验装置与模型布置如图 8.19 所示。

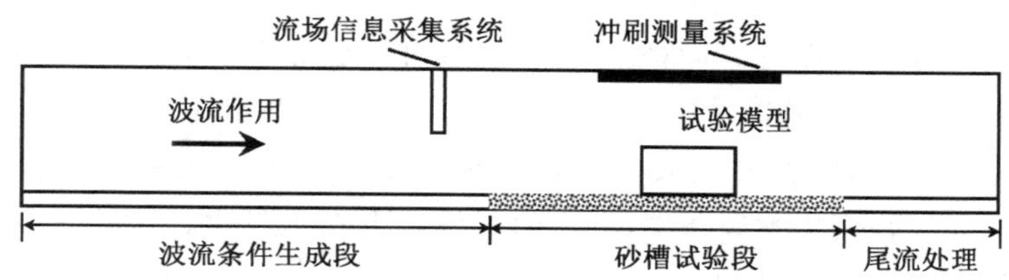

图 8.19 波流水槽试验装置与模型布置示意图

试验步骤一般包括：①在水槽试验段的沉砂池中铺设模型砂并注入适量水，保证模型砂表面与水槽顶面平齐，关闭水槽下游尾门，向水槽内缓慢注水，直至充水至砂面以上，静置 12 h，使土体充分饱和；②在沉砂池中部根据方案布置相应试验模型，并在水槽上游放置缓冲网，在下游放置消能挡板，布置测试设备；③试验开始前，向水槽内缓慢注水，使水深达到设定值时，逐渐增大进口的流量，缓慢打开尾门放水，再按照试验方案调节进口流量和水位，检查测量装置是否工作正常，打开数据采集设备；④打开水槽造流或造波功能，使水力条件达到设计要求，根据方案进行试验，观察并记录试验现象，当冲刷发展到既定状态时，停止造流或造波功能，缓慢排出水槽内的水流，采用测针测量模型周围河床情况；⑤试验通常设置多个比尺的不同试验组，根据每组试验条件和模型，按照步骤①～⑤进行下一组试验，整理分析试验结果。

2. 模型相似理论与设计

相似理论是物理模型试验的基础。由于泥沙运动的复杂性，黏性相似条件和重力相似条件存在一定矛盾，模型试验中水流和泥沙各自的相似条件难以同时满足，因此，波流水槽模型试验往往抓住主要矛盾，遵循重力相似准则，即满足模型和原型之间的弗劳德数（Fr）相等。

$$\frac{V_{\mathrm{m}}}{\sqrt{gL_{\mathrm{m}}}}=\frac{V_{\mathrm{p}}}{\sqrt{gL_{\mathrm{p}}}} \tag{8.31}$$

式中，g 为重力加速度；V 为运动速度；L 为物体尺寸；下标 m、p 分别代表模型和原型。

一般的波流水槽模型试验采用上述相似原理即可进行设计，然而，仅利用该相似准则并不能用于所有模型试验的设计。由于水槽边壁的存在会对其附近区域水流结构产生扰动，为避免试验中模型受此影响，Ataie-Ashtiani 和 Beheshti(2006)建议模型尺寸不宜大于水流断面的 12%，Whitehouse(1998)建议水槽宽度与模型宽度的比值大于 6。因此，当波流水槽宽度固定时，模型的宽度会受到一定限制，这就导致在进行模型设计时可能无法在各方向采用同一长度比尺，特别是当有些模型试验需要对多种直径的颗粒进行缩尺模拟时。

8.3.3 数值计算

在冲刷的分析研究中，需要改变某一条件或多个条件进行深入研究时，可以采用数值计算方法。随着计算机硬件和计算方法的不断发展与进步，数值计算方法速度快、费用少、不存在模拟比尺问题，且可以模拟多种因素相互作用的复杂物理过程。由于以上多项优点，近年来，数值计算方法在众多河流和海岸工程问题上被广泛应用。美国联邦高速公路局的水利研究实验室(J. Sterling Jones Hydraulic Research Laboratory)肯定了数值计算方法在这一研究领域的贡献，在其未来的发展计划中将投入更多精力利用这一手段开展研究。物理模型试验尽管作为常规研究手段，但其依然存在不足之处，与之相比，数值计算方法具有一定的优越性，主要包括但不限于以下四个方面：①可以采用原型的尺寸进行模拟，可避免由于模型缩尺带来的偏差，也避免了水槽宽度带来的试验尺寸方面的限制；②可以精准地布置计算模型、控制影响因素和排除人为干扰，这一点对于复杂水力条件方面的研究来说显得尤其重要；③可以更好地观察和捕捉试验细节，能够直观地展示试验结果及关键参数；④节省试验所用空间资源和人力劳动，可同时进行多组计算，大大提高模拟效率。

数值计算方法根据离散方法基本方程的不同，可以分为有限元法、有限体积法和有限差分法等。海洋构筑物的冲刷实际上是水流、构筑物、泥沙三者之间相互作用的结果，在计算流体、固体和颗粒的过程中涉及流固耦合的计算和颗粒运动的计算，采用常规单一的计算方法无法直接实现。随着计算机硬件和算法的迅猛发展，计算流体力学(Computational Fluid Dynamics, CFD)作为数值计算手段发挥着越来越大的作用。

冲刷的数学模型一般分为两部分，即流体水动力计算模型和泥沙运移模型。首先通过流体水动力计算模型对构筑物周围的局部流场进行计算分析，然后根据计算出的流场分析海床材料的运移情况，再更新构筑物与海床条件重新计算流场分布，不断迭代得到冲刷的平衡状态。在进行流体水动力计算时可以认为流体为马赫数(Mach Number)小于 0.3($Ma<0.3$)的可压缩性流体，将连续性方程和描述黏性牛顿流体的 Reynold-Averaged Navier-Stokes 方程(RANS 方程)作为流体的控制方程，其关系如下：

$$\begin{cases} \rho(u\nabla)u=\nabla\left[-pI+(\mu+\mu_{\mathrm{T}})[\nabla u+(\nabla u)^{\mathrm{T}}]-\frac{2}{3}(\mu+\mu_{\mathrm{T}})(\nabla u)I-\frac{2}{3}\rho kI\right] \\ \nabla(\rho u)=0 \end{cases} \tag{8.32}$$

$$\mu_{\mathrm{T}}=\frac{\rho C_{\mathrm{u}}k^{2}}{\varepsilon} \tag{8.33}$$

式中，ρ 为流体密度；u 为流速；μ 为动力黏度；μ_{T} 为湍流黏度；k 为湍流动能，其与湍流耗散率 ε 之间的关系如下：

$$\begin{cases}\rho(u\nabla)k=\nabla\left[\left(\mu+\dfrac{\mu_{\mathrm{T}}}{\sigma_{\mathrm{k}}}\right)\nabla k\right]+P_{\mathrm{k}}-\rho\varepsilon\\ \rho(u\nabla)\varepsilon=\nabla\left[\left(\mu+\dfrac{\mu_{\mathrm{T}}}{\sigma_{\varepsilon}}\right)\nabla\varepsilon\right]+C_{\varepsilon1}\dfrac{\varepsilon}{k}P_{\mathrm{k}}-C_{\varepsilon2}\rho\dfrac{\varepsilon^{2}}{k}\end{cases} \tag{8.34}$$

$$P_{\mathrm{k}}=\mu_{\mathrm{T}}\left\{\nabla u:\left[\nabla u+(\nabla u)^{\mathrm{T}}-\frac{2}{3}(\nabla u)^{2}\right]\right\}-\frac{2}{3}\rho k\nabla u \tag{8.35}$$

式中，σ_{k}，σ_{ε}，$C_{\varepsilon1}$ 和 $C_{\varepsilon2}$ 为校准后的流体模型参数。

泥沙运移模型根据实际情况可以有多种选择，但主要为经验模型或半经验半理论模型，如根据输沙平衡建立的床面高程变化的冲淤方程：

$$\frac{\partial h}{\partial t}=-\frac{1}{1-n}\left(\frac{\partial q_{\mathrm{b}i}}{\partial x_{i}}+D+E\right) \tag{8.36}$$

式中，n 为床沙孔隙率；$q_{\mathrm{b}i}$ 为 x_i 方向推移质单宽体积输沙率；D 为悬沙冲刷通量；E 为淤积通量。

假定泥沙起动和泥沙沉积是同时发生的两个相反的细观过程，两者综合作用的结果决定了河床稳定泥沙与河流裹挟泥沙间网格变化的速率。对于泥沙起动，认为颗粒在达到上举流速时即离开其所处位置，上举流速可由下式计算得到(Winterwerp 等，1992)：

$$\boldsymbol{u}_{\mathrm{lift},n}=\boldsymbol{n}_{\mathrm{b}}\alpha_{n}d_{*,n}^{0.3}(\theta_{n}-\theta_{\mathrm{cr},n})^{1.5}\sqrt{gd_{n}(s_{n}-1)} \tag{8.37}$$

式中，α_n 为泥沙 n 的起动系数，可取 0.018；$\boldsymbol{n}_{\mathrm{b}}$ 为河床泥沙表面外侧的法向量；n 为泥沙式样序号；θ_n 为谢尔兹数；$\theta_{\mathrm{cr},n}$ 为临界谢尔兹数。

8.4　冲刷防护

在实际工程中，为了避免海洋构筑物的水毁破坏，设计人员需要根据实际情况采取必要的手段，以缓解冲刷带来的影响。冲刷防护研究是当前的热门领域，引起了工程界与学术界的高度重视。根据深水基础建设过程中的经验，目前的设计理念分为两种：一种是不采取特殊的防护措施，仅根据冲刷预测分析模型和模型试验等手段确定可能的冲刷深度，在基础设计时直接将这部分土层的作用扣除；另一种是采取额外的防护措施，有效保护基础附近土体免受冲刷作用。当实际工程中波浪和水流引起的冲刷比较轻微，已有的预测分析方法可以提供较为可靠的结果时，可以采用第一种防护设计理念；当自然环境和水动力条件相对复杂，已有的预测分析方法无法提供可靠的结果时，需要采用第二种防护设计理念，以保证海洋构筑物的安全性和经济性。本节就常用的冲刷防护措施进行简要介绍。

冲刷防护措施根据防护机理可以分为两类：一类是从被冲刷物质着手，着眼于提高河床材料的抗冲刷性能；另一类是从水流着手，以减小冲刷的原动力。前者可以称为被动防护，后者可以称为主动防护。主动防护方式从水流着手，旨在减小水流动力以降低来流的能量，起到“减冲”的作用，比较典型的方法有设置墩前牺牲桩、环翼式桥墩、护圈防护、护壳防护、开缝防护和下游石板防护；被动防护方式则是从被冲刷物质着手，主要通过在构筑物周围的海床上铺设诸如碎石、砂被一类的保护层，旨在增强构筑物周围河床材料的抗力，起到“增抗”的作用，比较典型的方法有设置抛石防护、扩大墩基础防护、四面体透水框架群等。采用合理的防护措施可以延长构筑物的寿命，减少日常维护费用，但措施不当将适得其反，不仅带来安全隐患，还会增加日常维护费用。

8.4.1 抛石防护及其衍生防护方法

抛石防护是应用最为广泛的防护形式之一，其特点在于取材方便、工艺简单、灵活性强，如图 8.20(a)所示。抛石一方面增加了泥沙卷扬起动所需要的水流作用力，另一方面，粗糙的石块在一定程度上减缓了底层水流速度。但抛石防护的整体性较差，运行维护费用和工作量较大，特别是当流速急剧增大、河床床面出现较大变化时，抛石相对位置会发生变化，导致防护作用失效。

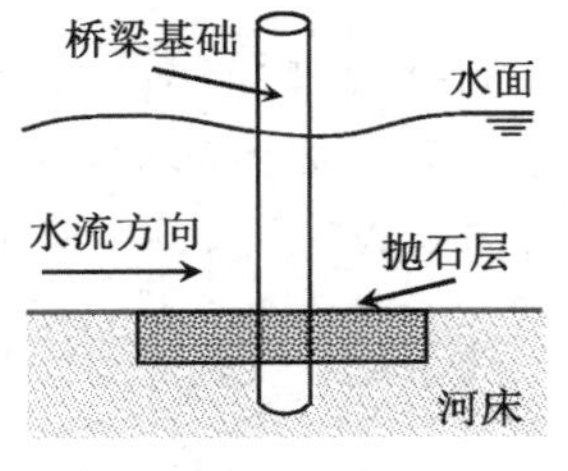

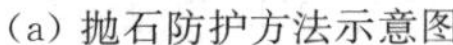
(a) 抛石防护方法示意图

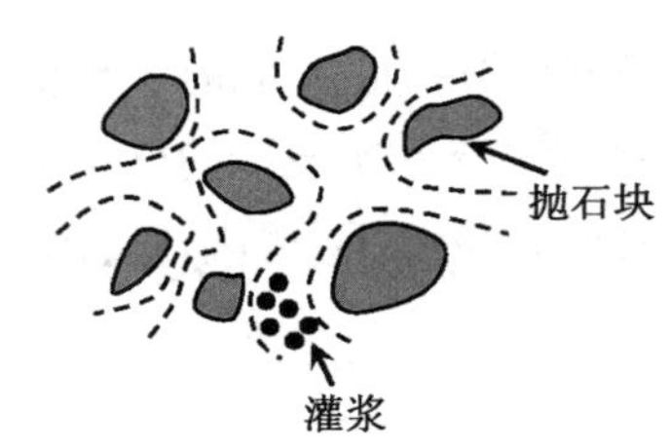

(b) 抛石灌浆方法示意图

图 8.20 抛石防护及其改进方法示意图

Richardson 等(1993)建议抛石防护范围至少应为桥墩宽度的 2 倍，他们提出的一种抛石粒径确定公式为美国高速公路管理局所采纳。Lagasse 等(2007)提出了三种抛石层布置形式，分别是置于河床表面、冲刷坑内或在桥墩附近人工开挖的坑中，并推荐将抛石置于平均河床高程一定深度以下的地方，这与本书第 4 章中的细观机理分析结果相吻合。Chiew (1995)认为，抛石破坏分为三种形式：抛石剪切破坏，指抛石无法抵抗下降水流和马蹄形旋涡的冲刷；河床卷扬破坏，指抛石下的河床材料通过抛石的空隙被冲走；边缘破坏，指粗糙的抛石层边缘失稳。抛石级配也是一个重要的问题，如果级配不良，产生的空隙使得其下泥沙可以在水流作用下轻易通过，慢慢流失，导致抛石层的效果大打折扣。

尽管抛石防护方法简单方便，但当缺少抛石的石材或石材粒径不能满足要求，以及有环境保护或美观要求的地方不宜采用该方法时，可采用一些能适当替代抛石的防护方式，较常用的有混凝土铰链防护、混凝土硬壳单元体防护及混凝土石笼防护。作为冲刷防护措施，防护系统应该有足够的渗透性，避免在防护层上产生过大的水压作用，并应具有足够的弹性，可以与土层变形及边缘的冲刷相协调。为保证抛石防护方法的稳定性，并尽量发挥抛石的阻水和加固作用，部分抛石灌浆方法得到了较多的关注。该方法由整体抛石灌浆方法演化而来，如图 8.20(b)所示，将一定数量的抛石黏结形成一个抛石团，置于桥墩附近，使其发挥作用。部分灌浆抛石更加受到关注，主要是因为整体抛石灌浆将抛石间本该存在的空隙灌浆填满，这使得抛石体的渗透性减小。而部分灌浆抛石并没有将空隙占满，较大程度地保持了抛石的渗透性。

8.4.2　减冲防护方法

牺牲桩防护方法是在基础的上游布置一系列小直径的群桩，如图 8.21(a)所示。当上游水流冲来时，先遇到这些桩，水流速度减小，且冲刷能量相应地减小，冲刷方向被扰动，其与基础的作用减弱，从而达到防护的目的。这一措施是从水流的消能着手，降低下降水流和马蹄形旋涡扰流，使得来流的冲刷主要作用在基础前的群桩上，这些桩作为牺牲桩来保护基础。影响群桩防护效果的因素包括桩的数目、桩相对于桥墩的大小、桩头露出水面的程度以及群桩的几何排布形式。经验表明，三角形的顶角与水流来向相对的三角形排列形式效果较好。因此，在实际工程中，如果发生水流方向改变或河流变化，都会使得原先设计的牺牲桩防护效果大大削弱。淹没翼墙的防护措施也可归为牺牲桩防护，只是采用的牺牲物不同，其主要是将一定几何尺寸的底槛或角槛埋置于桥墩迎水面上游一定距离处，以消散来水的能量，从而起到防护作用。与牺牲桩相同，该方法受到水流方向变化的影响也较大，当水流变化达到一定程度时，可能彻底失去防护作用。

护圈防护方法是在桥墩一定高度处设置各种形式的护圈，如图 8.21(b)所示。护圈的存在削弱了桥墩周围的下降水流和马蹄形旋涡，也削弱了前进水流经过桥墩时的能量，从而起到防护作用。

在桥墩局部开缝也是一种防护思路(Chiew，1992；Kumar 等，1999)，该方法可以使与桥墩强烈作用的水流部分从缝中通过，减弱其淘刷和旋涡效果，将原本作用于迎水面的强水流分散为过缝水流和墩侧水流两股弱作用，从而起到冲刷防护的效果，如图 8.21(c)所示。

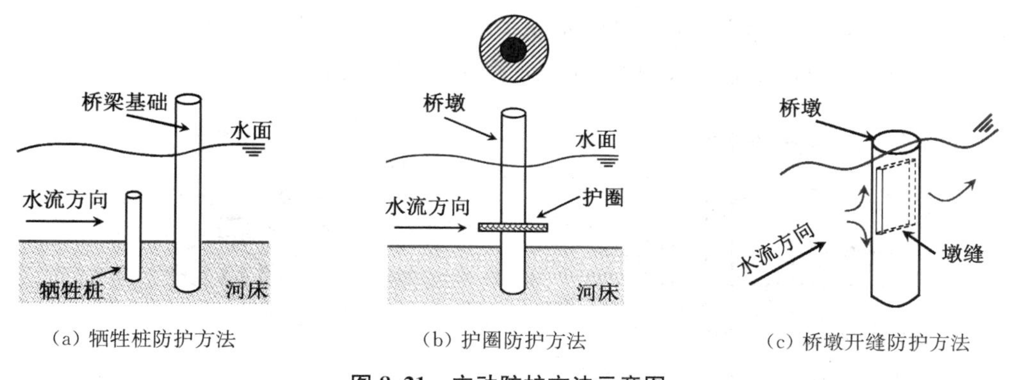

(a) 牺牲桩防护方法　　(b) 护圈防护方法　　(c) 桥墩开缝防护方法

图 8.21　主动防护方法示意图

8.4.3 常见局部冲刷防护方法对比分析

上述几种局部冲刷防护方法各有其优势和不足(表 8.2),在实际工程中应根据具体情况进行设计和选择。传统的防护手段一般都是基于被动防护的理念,通过提高海洋构筑物基础周围河床材料的抗冲刷能力来减小冲刷深度,而近年来考虑到被动防护措施容易损坏,修缮维护代价较大,业界逐渐倾向于主动防护方法的设计思路。实际上,如果能将主动防护与被动防护有机地结合在一起,将会达到更为理想的效果。随着深水工程的不断发展,冲刷防护将是未来建设中的重要环节,有必要研发出造价成本低、防护效果好、自身稳定性强的防护方法。

表 8.2　　常见局部冲刷防护方法对比分析

类别	防护方法	优点	不足	经济性	防护效果	稳定性
被动防护	抛石防护	安装简单、操作方便	易损坏; 非环境友好型	好	好	差
	部分灌浆抛石	比抛石更稳定	安装工艺复杂	好	很好	好
主动防护	牺牲桩防护	维护少、稳定	受水流方向影响	很好	好	很好
	护圈防护	环境友好、稳定	影响结构; 海床改变后失效	好	好	好
	开缝防护	无需额外材料	影响结构	差	好	很好

主动防护与被动防护虽然都可以达到保护桥梁基础的作用,但均存在不足。抛石防护方法的问题主要有两方面:首先,在安装阶段,由于施工环境的影响,石块从抛石船上往下抛掷时,常常会在水流方向产生一定的落距,使抛石不能准确到位,导致重复抛掷,浪费大量的人力、财力;其次,在使用期间,如果对水力条件估计不足,或由于自然原因而流速改变时,抛石会被冲垮而大量流失。对于牺牲桩防护方法而言,其防护效果受水流方向变化的影响较大,当来流攻角变化达到一定程度时,可能彻底失去防护作用。但在实际工程中,水流方向往往变化十分复杂,牺牲桩在设置之后无法轻易调整,其在应对水流方向变化方面略显不足。为更好地利用主动防护与被动防护的优势,使防护体系能更有效地面对复杂环境条件,牺牲桩与护底抛石联合防护方法也在探索中(图 8.22)。

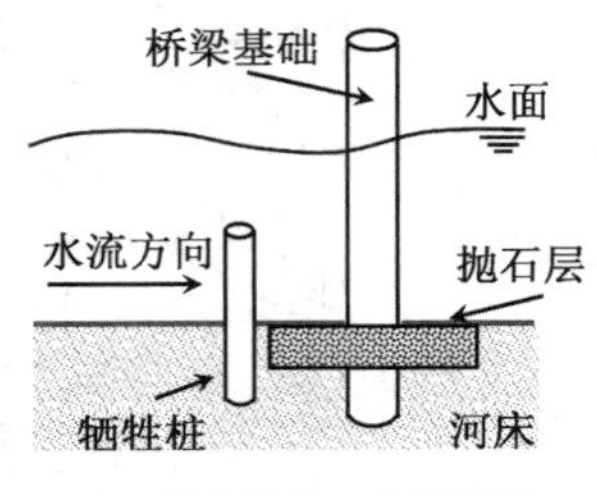

(a) 联合防护方法侧视图

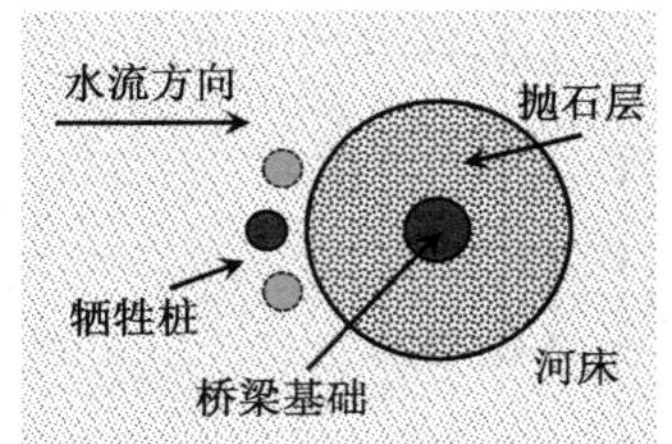

(b) 联合防护方法俯视图

图 8.22　牺牲桩与护底抛石联合防护方法示意图

当牺牲桩与抛石共同存在时，来流先经过布设在基础前方的牺牲桩，然后到达基础周围。由于牺牲桩的存在，来流的流速和能量被降低，使得抛石附近水流作用大大减弱，抛石层更为稳固。当抛石层稳定性得到保障之后，其对河床的加固效果便可以持续发挥，使得修缮维护费用大大降低。根据实际条件，当水力条件为河道较宽、流速稳定、演化成熟的河流时，牺牲桩群可采用单桩、排桩或三角式布置，通过桥墩主墩宽度确定牺牲桩直径及间距；当水力条件为河道较窄、来流方向变化较大或弯曲河道时，牺牲桩群采用梅花式布置，可以有效阻挡多个方向的来流，由桥墩主墩宽度和水流参数的变化范围共同确定牺牲桩直径及间距；当水力条件为水文多变、演化频繁的河流时，牺牲桩群采用变高度布置，由桥墩主墩宽度和水力条件确定牺牲桩直径及间距。

冲刷防护方法的机理与冲刷过程的机理基本一致。如前文所述，冲刷过程涉及水流、构筑物和泥沙三者之间的相互作用，以牺牲桩与护底抛石联合防护方法为例，如图 8.23 所示，水流对泥沙的直接冲击由于抛石的存在而大大减弱，由于牺牲桩的存在，在基础周围形成的下降水流与旋涡首先被减弱，在其与泥沙作用之前再一次被抛石减弱，从而达到防护效果。在整个过程中，水流相关的作用被减弱了三次，使得河床材料较无防护时更加稳定。

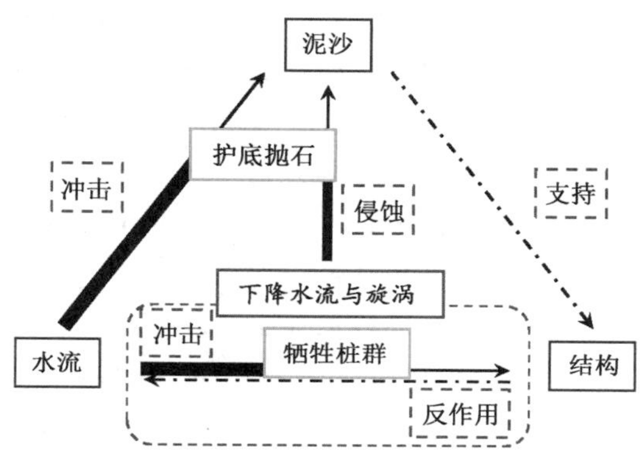

图 8.23　牺牲桩与护底抛石联合防护方法的冲刷相互作用关系

冲刷防护方法的机理分析可以关注海床材料在冲刷过程中的临界条件。当在临界条件以内时，水力条件不足以引起床面侵蚀，冲刷不会发生；当达到临界条件之后，冲刷就会发生。海床材料的临界剪切应力（τ_c）被认为是判定冲刷发生最重要的临界条件。当水流产生的剪切应力（τ）小于海床材料的临界剪切应力（τ_c）时，冲刷不会发生。因此，冲刷发生的过程可以认为是这两者间大小关系的结果，当认为海床各处泥沙材料的临界剪切应力相同时，水流与海洋构筑物之间相互作用的流场结果便可以反映出其冲刷特性。而当海床各处泥沙材料临界剪切应力不同或由于防护方法而被加强时，水流与海洋构筑物之间相互作用的流场需要与海床材料最终的临界剪切应力相比较。当存在防护手段时，本书建立了冲刷的安全状态关系，当局部冲刷满足以下关系时，认为冲刷将达到平衡状态或局部冲刷不会发生。

$$\xi_{sp}\alpha_F\tau_F \leqslant \xi_R\beta_R\tau_{CR} + \beta_S\tau_{CS} \tag{8.38}$$

式中，ξ_{sp} 为牺牲桩对来流产生的剪切应力的折减系数，小于 1；α_F 为来流产生的剪切应力的影响力系数，与基础和来流的相互作用有关；τ_F 为来流产生的剪切应力；ξ_R 为护底抛石之间以及护底抛石与冲刷坑之间相互作用导致的临界剪切应力增大系数；β_R 为护底抛石自身形状对临界剪切应力的影响力系数；τ_{CR} 为护底抛石的临界剪切应力；β_S 为泥沙自身形状对临界剪切应力的影响力系数；τ_{CS} 为泥沙的临界剪切应力。

参考文献

Aasen S, Page A M, Skau K S, et al., 2017. Effect of foundation modelling on the fatigue lifetime of a monopile-based offshore wind turbines[J]. Wind Energy Science, 2: 361-376.

Alkhoury P, Soubra A H, Rey V, et al., 2022. Dynamic analysis of a monopile-supported offshore wind turbine considering the soil-foundation-structure interaction[J]. Soil Dynamics and Earthquake Engineering, 158: 107281.

Andersen L V, 2020. Dynamic soil-structure interaction of polypod foundations[J]. Computers & Structures, 232: 105966.

Arany L, Bhattacharya S, Macdonald J, et al., 2017. Design of monopiles for offshore wind turbines in 10 steps[J]. Soil Dynamics and Earthquake Engineering, 92: 126-152.

Armstrong P, Frederick C, 1966. A mathematical representation of the multiaxial bauschinger effect[R]. CEGB Rep. No. RD/B/N731.

Arneson L A, Zevenbergen L W, Lagasse P F, et al., 2012. Evaluating scour at bridge[R]. 5th edition. US Department of Transportation, FHWA.

Ataie-Ashtiani B, Beheshti AA, 2006. Experimental investigation of clear-water local scour at pile groups [J]. Journal of Hydraulic Engineering, 132(10): 1100-1104.

Baker C J, 1979. The laminar horseshoe vortex[J]. Journal of Fluid Mechanics, 95(2): 347-367.

Bergua R, Robertson A, Jonkman J, et al., 2022. OC6 Phase Ⅱ: Integration and verification of a new soil-structure interaction model for offshore wind design[J]. Wind Energy, 25(5): 793-810.

Binh L, Ishihara T, Phuc P, et al., 2008. A peak factor for non-Gaussian response analysis of wind turbine tower[J]. Journal of Wind Engineering and Industrial Aerodynamics, 96: 2217-2227.

Bisoi S, Haldar S, 2015. Design of monopile supported offshore wind turbine in clay considering dynamic soil-structure-interaction[J]. Soil Dynamics and Earthquake Engineering, 63: 103-117.

Boulanger R W, Curras C J, Kutter B L, et al., 1999. Seismic soil-pile-structure interaction experiments and analyses[J]. Journal of Geotechnical and Geoenvironmental Engineering, 125(9): 750-759.

Brandenberg S, Zhao M, Boulanger R, et al., 2013. Plasticity model for nonlinear dynamic analysis of piles in liquefiable soil[J]. Journal of Geotechnical and Geoenvironmental Engineering, 139(8): 1262-1274.

Briaud J L, Chen H C, Li Y, et al., 2004. SRICOS-EFA method for complex piers in fine-grained soils[J]. Journal of Geotechnical and Geoenvironmental Engineering, 130(11): 1180-1191.

Briaud J L, Ting F C K, Chen H C, et al., 2001. Erosion function apparatus for scour rate predictions[J]. Journal of Geotechnical and Geoenvironmental Engineering, 127(2): 105-113.

Briaud J L, Ting F C K, Chen H C, et al., 1999. SRICOS: Prediction of scour rate in cohesive soils at bridge piers[J]. Journal of Geotechnical and Geoenvironmental Engineering, 125(4): 237-246.

Burd H J, Beuckelaers W J A P, Byrne B W, et al., 2020. New data analysis methods for instrumented medium-scale monopile field tests[J]. Géotechnique, 70(11): 961-969.

Byrne B W, McAdam R A, Burd H J, et al., 2020. Monotonic laterally loaded pile testing in a stiff glacial clay till at Cowden[J]. Géotechnique, 70(11): 970-985.

Cao G, Chen Z, Wang C, et al., 2020. Dynamic responses of offshore wind turbine considering soil nonlinearity and wind-wave load combinations[J]. Ocean Engineering, 217: 1-32.

Carswell W, Johansson J, Løvholt F, et al., 2015. Foundation damping and the dynamics of offshore wind turbine monopiles[J]. Renewable Energy, 80: 724-736.

Chiew Y M, 1992. Scour protection at bridge piers[J]. Journal of Hydraulic Engineering, 118(9): 1260-1269.

Chiew Y M, 1995. Mechanics of riprap failure at bridge piers[J]. Journal of Hydraulic Engineering, 121(9): 635-643.

Chernin L, Val D V. Prediction of corrosion-induced cover cracking in reinforced concrete structures[J]. Construction and Building Materials, 2011, 25(4): 1854—1869.

Cong S, Hu S L J, Li H J, 2020. Inverse modeling of damping and soil-structure interface for monopiled offshore wind turbines[J]. Ocean Engineering, 216(15): 1-8.

Cox W R, Reese L C, Grubbs B R, 1974. Field testing of laterally loaded piles in sand[C]// Offshore technology conference, OTC-2079-MS.

Dafalias Y F, Papadimitriou A G, Li X S, 2004. Sand plasticity model accounting for inherent fabric anisotropy[J]. Journal of Engineering Mechanics, 130(11): 1319-1333.

Dafalias Y, Popov E, 1975. A model of nonlinearly hardening materials for complex loading[J]. Acta Mechanica, 21(3): 173-192.

Dafalias Y, Popov E, 1976. Plastic internal variables formalism of cyclic plasticity[J]. Journal of Applied Mechanics, 43(4): 645-651.

Dafalias Y, 1986. Bounding surface plasticity. Ⅰ: Mathematical foundation and hypoplasticity[J]. Journal of Engineering Mechanics, 112 (9): 966-987.

Damgaard M, Andersen L V, Ibsen L B, et al., 2015. A probabilistic analysis of the dynamic response of monopile foundations: Soil variability and its consequences[J]. Probabilistic Engineering Mechanics, 41: 46-59.

Depina I, Thi M H L, Eiksund G, et al., 2015. Behavior of cyclically loaded monopile foundations for offshore wind turbines in heterogeneous sands[J]. Computers and Geotechnics, 65: 266-277.

Dezi F, Carbonari S, Leoni G, 2010. Kinematic bending moments in pile foundations[J]. Soil Dynamic and Earthquake Engineering, 30: 119-132.

Dezi F, Carbonari S, Morici M, 2016. A numerical model for the dynamic analysis of inclined pile groups [J]. Earthquake Engineering & Structural Dynamics, 45(1): 45-68.

Dobry R, Gazetas G, 1988. Simple method for dynamic stiffness and damping of floating pile groups[J].

Geotechnique, 38(4): 557-574.

Faltinsen O, 1993. Sea loads on ships and offshore structures[M]. Cambridge: Cambridge University Press.

Finn W D L, 2005. A study of piles during earthquakes: Issues of design and analysis[J]. Bulletin of Earthquake Engineering, 3(2): 141-234.

Fontana C M, Carswell S, Arwade R, et al., 2015. Sensitivity of the dynamic response of monopile-supported offshore wind turbines to structural and foundation damping[J]. Wind Engineering, 39: 609-628.

Gerolymos N, Gazetas G, 2006. Development of Winkler model for static and dynamic response of caisson foundations with soil and interface nonlinearities[J]. Soil Dynamics and Earthquake Engineering, 26 (5): 363-376.

Grashuis A J, Dietermann H A, Zorn N F, 1990. Calculation of cyclic response of laterally loaded piles [J]. Computers and Geotechnics, 10(4): 287-305.

Hansen M, 2015. Aerodynamics of wind turbines[M]. London: Routledge.

Holmes J, 2007. Wind loading of structures[M]. Carabas: CRC Press.

Idriss I M, Singh R D, Dobry R, 1978. Nonlinear behavior of soft clays during cyclic loading[J]. Journal of Geotechnical and Geoenvironmental Engineering, 104(12): 1427-1447.

Jia X, Zhang H, Wang C, et al., 2023. Influence on the lateral response of offshore pile foundations of an asymmetric heart-shaped scour hole[J]. Applied Ocean Research, 133: 1-13.

Klar A, 2008. Upper bound for cylinder movement using "elastic" fields and its possible application to pile deformation analysis[J]. International Journal of Geomechanics, 8(2): 162-167.

Knappett J A, Madabhushi S P G, 2009. Influence of axial load on lateral pile response in liquefiable soils. Part Ⅱ: numerical modeling[J]. Géotechnique, 59(7): 583-592.

Kolymbas D, 1977. A rate-dependent constitutive equation for soils [J]. Mechanics Research Communications, 4(6): 367-372.

Kondner R L, 1963. Hyperbolic stress-strain response: Cohesive soils[J]. Journal of the Soil Mechanics and Foundations Division, 89(1): 115-144.

Kumar V, Rangaraju K G, Vittal N, 1999. Reduction of local scour around bridge piers using slot and collar[J]. Journal of Hydraulic Engineering, 125(12): 1302-1305.

Lagasse P F, Clopper P E, Zevenbergen L W, et al., 2007. Countermeasures to protect bridge piers from scour[R]. NCHRP Report 593. Washington, DC: Transportation Research Board.

Lemaitre J, Chaboche J, 1990. Mechanics of solid materials[M]. Cambridge: Cambridge University Press.

Li Z, Escoffier S, Kotronis P, 2016. Centrifuge modeling of batter pile foundations under earthquake excitation[J]. Soil Dynamics and Earthquake Engineering, 88: 176-190.

Liang F, Liang X, Zhang H, et al., 2020. Seismic response from centrifuge model tests of a scoured bridge with a pile-group foundation[J]. Journal of Bridge Engineering, 25(8): 1-13.

Liang F, Yuan Z, Liang X, et al., 2022. Seismic response of monopile-supported offshore wind turbines under combined wind, wave and hydrodynamic loads at scoured sites[J]. Computers and Geotechnics, 144: 104640.

Liang F Y, Jia X J, Zhang Hao, et al., 2024. Seismic responses of offshore wind turbines based on a lumped parameter model subjected to complex marine loads at scoured sites[J]. Ocean Engineering, 297: 116808.

Liang F Y, Wang C, Yu X, 2019. Widths, types, and configurations: Influences on scour behaviors of bridge foundations in non-cohesive soils[J]. Marine Georesources & Geotechnology, 37(5): 578-588.

Lin C, Han J, Bennett C, et al., 2014b. Analysis of laterally loaded piles in sand considering scour hole dimensions[J]. Journal of Geotechnical and Geoenvironmental Engineering, 140(6): 1-13.

Lin C, Han J, Bennett C, et al., 2016. Analysis of laterally loaded piles in soft clay considering scour-hole dimensions[J]. Ocean Engineering, 111: 461-470.

Lin C, Han J, Bennett C, et al., 2014a. Technical note: Behavior of laterally loaded piles under scour conditions considering the stress history of undrained soft clay[J]. Journal of Geotechnical and Geoenvironmental Engineering, 140(6): 1-6.

Lin G, Li Z, Li J, 2018. A substructure replacement technique for the numerical solution of wave scattering problem[J]. Soil Dynamics and Earthquake Engineering, 111: 87-97.

Liu R, Zhou L, Lian J, et al., 2016. Behavior of monopile foundations for offshore wind farms in sand[J]. Journal of Waterway, Port, Coastal, and Ocean Engineering, 142(1): 1-11.

Loken I B, Kaynia A M, 2019. Effect of foundation type and modelling on dynamic response of offshore wind turbines[J]. Wind Energy, 22(12): 1667-1683.

Loli M, Anastasopoulos I, Bransby M, et al., 2011. Caisson foundations subjected to reverse fault rupture: Centrifuge testing and numerical analysis [J]. Journal of Geotechnical and Geoenvironmental Engineering, 137(10): 914-925.

Maaddawy E T, Soudki K, 2007. A model for prediction of time from corrosion initiation to corrosion cracking[J]. Cement and Concrete Composites, 29(3): 168-175.

Makris N, Gazetas G, 1993. Displacement phase differences in a harmonically oscillating pile[J]. Géotechnique, 43(1): 135-150.

Matlock H, Foo S H C, Bryant L M, 1978. Simulation of lateral pile behavior under earthquake motion [C]//Proceedings of Earthquake Engineering and Soil Dynamics, ASCE, Reston, Virginia: 600-619.

Mcclelland B, Jr Focht J A, 1958. Soil modulus for laterally loaded piles[J]. Journal of the Soil Mechanics & Foundations Division, 82: 1-22.

Melville B W, Coleman S E, 2000. Bridge scour[M]. Colorado: Water Resources Publications.

Moody L F, 1944. Friction factors for pipe flow[J]. Transaction of the American Society of Civil Engineers, 66(8): 671-684.

Noormets R, Ernstsen V B, Bartholomä A, et al., 2006. Implications of bedform dimensions for the prediction of local scour in tidal inlets: A case study from the southern North Sea[J]. GEO-Marine Letters, 26: 165-176.

Novak M, Aboul-Ella F, 1978. Impedance functions of piles in layered media[J]. Journal of Engineering

Mechanics, 104(3): 643-661.

Novak M, Nogami T, 1977. Soil-pile interaction in horizontal vibration[J]. Earthquake Engineering & Structural Dynamics, 5: 263-281.

Novak M, El Sharnouby B, 1983. Stiffness constants of single piles[J]. Journal of Geotechnical Engineering, 109(7): 961-974.

Novak M, 1974. Dynamic stiffness and damping of piles[J]. Canadian Geotechnical Journal, 11(4): 574-598.

Nurtjahyo P Y, 2003. Chimera RANS simulations of pier scour and contraction scour in cohesive soils[D]. Texas: Texas A&M University.

O'Neill M W, Murchison J M, 1983. An evaluation of p-y relationships in sands[D]. Houston: University of Houston.

Page A M, Grimstad G, Eiksund G R, et al., 2018. A macro-element pile foundation model for integrated analyses of monopile-based offshore wind turbines[J]. Ocean Engineering, 167: 23-35.

Page A M, Naess V, De Vaal J B, et al., 2019. Impact of foundation modelling in offshore wind turbines: Comparison between simulations and field data[J]. Marine Structures, 64: 379-400.

Penzien J, Scheffey C F, Parmelee R A, 1964. Seismic analysis of bridges on long piles[J]. Journal of the Engineering Mechanics Division, ASCE, 90: 223-254.

Poulos H G, Davis E H, 1980. Pile foundation analysis and design[M]. New York: Wiley.

Poulos H G, Hull T S, 1989. The role of analytical geomechanics in foundation engineering[C]//Foundation Engineering: Current Principles and Practices: 1578-1606.

Qi W G, Gao F P, Randolph M F, et al., 2016. Scour effects on p-y curves for shallowly embedded piles in sand[J]. Géotechnique, 66(8): 648-660.

Ramanujam S, Bhargava K, Ghosh A K, et al., 2003. Analytical model of corrosion-induced cracking of concrete considering the stiffness of reinforcement[J]. Structural Engineering and Mechanics, 16(6): 749-769.

Reese L C, Cox W R, Koop F D, 1974. Analysis of laterally loaded pile in sand[C]//Proceedings of the 6th Annual Offshore Technology Conference, Houston.

Reese L C, Van Impe W, 2011. Single piles and pile groups under lateral loading[M]. 2nd edition. Carabas: CRC Press.

Richardson E V, Davis S R, 2001. Evaluating scour at bridges[R]. Hydraulic Engineering Circular No. 18, Report. No. FHWA: NHI 01-001, Federal Highway Administration, Washington, DC.

Shadlou M, Bhattacharya S, 2014. Dynamic stiffness of pile in a layered elastic continuum[J]. Géotechnique, 64(4): 303-319.

Sumer B M, Fredsøe J, Christiansen N, 1992. Scour around a vertical pile in waves[J]. Journal of Waterway Port Coastal and Ocean Engineering, 118(1): 15-31.

Tabesh A, Poulos H G, 2001. Pseudostatic approach for seismic analysis of single piles[J]. Journal of Geotechnical and Geoenvironmental Engineering, 127(9): 757-765.

Vanoni V A, 1975. Sedimentation engineering[M]. ASCE-manuals and reports on engineering practice —

No. 54, ASCE, New York.

Wang C, Yuan Y, Liang F, et al., 2021. Investigating the effect of grain composition on the erosion around deepwater foundations with a new simplified scour resistance test[J]. Transportation Geotechnics, 28: 100527.

Wang C, Yuan Y, Liang F Y, et al., 2022. Experimental investigation of local scour around cylindrical pile foundations in a double-layered sediment under current flow[J]. Ocean Engineering, 251: 1-14.

Wang J, Zhou D, Liu W, et al., 2016. Nested lumped-parameter model for foundation with strongly frequency-dependent impedance[J]. Journal of Earthquake Engineering, 20(6): 975-991.

Wang S, Kutter B L, Chacko M J, et al., 1998. Nonlinear seismic soil—pile structure interaction[J]. Earthquake Spectra, 14(2): 377-396.

White C M, 1940. The equilibrium of grains on the bed of a stream[J]. Proceedings of the Royal Society A, 174(958): 322-338.

Whitehouse R, 1998. Scour at marine structures: A manual for practical applications[J]. International Ophthalmology Clinics, 30(3): 198-208.

Wilson D W, Boulanger R W, Kutter B L, 1997. Soil-pile-superstructure interaction at soft or liquefiable soil sites — Centrifuge data report for Csp4[R]. Department of Civil & Environmental Engineering, University of California at Davis, California.

Winterwerp J C, Bakker W T, Mastbergen D R, et al., 1992. Hyperconcentrated sand-water mixture flows over erodible bed[J]. Journal of Hydraulic Engineering, 118(11): 1508-1525.

Wolf J P, 1991. Consistent lumped-parameter models for unbounded soil: Physical representation[J]. Earthquake Engineering & Structural Dynamics, 20(1): 11-32.

Wu W, Bauer E, 1994. A simple hypoplastic constitutive model for sand[J]. International Journal for Numerical and Analytical Methods in Geomechanics, 18(12): 833-862.

Xi R Q, Du X L, Wang P G, et al., 2021. Dynamic analysis of 10 MW monopile supported offshore wind turbine based on fully coupled model[J]. Ocean Engineering, 234: 109346.

Yuan Z C, Liang F Y, Zhang H, et al., 2023. Seismic analysis of a monopile-supported offshore wind turbine considering the effect of scour-hole dimensions: Insights from centrifuge testing and numerical modelling[J]. Ocean Engineering, 283: 115067.

Zhang R C, King R, Olson L, et al., 2005. Dynamic response of the Trinity River Relief Bridge to controlled pile damage: Modeling and experimental data analysis comparing Fourier and Hilbert-Huang techniques[J]. Journal of Sound and Vibration, 285(4-5): 1049-1070.

Zhang Y, Andersen K H, Jeanjean P, et al., 2017. A framework for cyclic py curves in clay and application to pile design in GoM[C]//Proceedings of 8th International Conference: Offshore Site Investigation Geotechnics: 108-141.

Zheng J Z, Takeda T, 1995. Effects of soil-structure interaction on seismic response of pc cable-stayed bridge[J]. Soil Dynamics and Earthquake Engineering, 14(6): 427-437.

Zhong R, Huang M S, 2014. Winkler model for dynamic response of composite caisson-piles foundations: Seismic response[J]. Soil Dynamics and Earthquake Engineering, 66: 241-251.

Zhou X, Zhang J, Lv H, et al., 2018. Numerical analysis on random wave-induced porous seabed response [J]. Marine Georesources & Geotechnology, 36: 974-985.

陈兴冲，夏修身，张永亮，等，2008. 基础非线性对桥墩地震反应的影响[J]. 世界地震工程，24(4): 25-29.

陈佳莹，滕竞成，尹振宇，2020. 黏土中桶式基础的宏单元模拟[J]. 岩土力学，41(11)：3823-3830.

段浪，金波，2011. 桩-土-结构相互作用对大跨度斜拉桥地震响应的影响[J]. 力学季刊，32(1)：81-90.

窦国仁，1977. 全沙模型相似律及设计实例[J]. 水利水运科技情报(3)：3-22.

范立础，袁万城，胡世德，1992. 上海南浦大桥纵向地震反应分析[J]. 土木工程学报，25(3)：2-8.

黄茂松，剑俞，张陈蓉，2015. 基于应变路径法的黏土中水平受荷桩 p-y 曲线[J]. 岩土工程学报，37(3)：400-409.

黄维平，李兵兵，2012. 海上风电场基础结构设计综述[J]. 海洋工程，30(2)：150-156.

胡昌斌，王奎华，谢康和，2004. 考虑桩土相互作用效应的桩顶纵向振动时域响应分析[J]. 计算力学学报，21(4)：392-399.

孔德森，栾茂田，杨庆，2005. 桩土相互作用分析中的动力 Winkler 模型研究评述[J]. 世界地震工程，21(1)：12-17.

来向华，马建林，潘国富，等，2006. 多波束测深技术在海底管道检测中的应用[J]. 海洋工程，3：68-73.

梁发云，刘兵，李静茹，2017. 考虑冲刷作用效应桥梁桩基地震易损性分析[J]. 地震工程学报，39(1)：13-19.

梁发云，王琛，张浩，2021. 深水桥梁群桩基础冲刷机理及其承载性能演化[M]. 上海：同济大学出版社.

梁发云，王玉，贾承岳，2014. 黏性土中桥墩基础局部冲刷计算方法对比分析[J]. 水文地质工程地质，41(2)：37-43.

刘小燕，韩旭亮，秦梦飞，2024. 漂浮式风电技术现状及中国深远海风电开发前景展望[J]. 中国海上油气，36(2)：233-242.

钱寿易，杜金声，楼志刚，等，1980. 海洋土力学现状及发展[J]. 力学进展(4)：3-16.

钱耀麟，2009. 东海大桥承台冲淤监测[C]//中国航海学会航标专业委员会测绘学组学术研讨会，中国，广东.

邱大洪，2000. 海岸和近海工程学科中的科学技术问题[J]. 大连理工大学学报，40(6)：631-637.

戎芹，2005. 考虑桩-土-桥相互作用的斜拉桥地震反应分析与控制[D]. 哈尔滨：哈尔滨工业大学.

孙利民，张晨南，潘龙，等，2002. 桥梁桩土相互作用的集中质量模型及参数确定[J]. 同济大学学报(自然科学版)，30(4)：409-415.

田德，陈静，陶立壮，等，2019. 基于土壤阻尼曲线的海上风电机组响应分析[J]. 太阳能学报，40(10)：2886-2891.

王奎华，阙仁波，夏建中，2005. 考虑土体真三维波动效应时桩的振动理论及对近似理论的校核[J]. 岩石力学与工程学报，4(5)：1362-1369.

王再荣，2016. 大跨深水基础斜拉桥地震反应的整体有限元建模及分析[D]. 上海：同济大学.

武芳文，薛成凤，2010. 桩-土-结构相互作用对超大跨度斜拉桥随机地震动响应影响研究(Ⅱ)[J]. 四川建筑科学研究，36(3)：151-153.

肖晓春，林皋，迟世春，2002. 桩-土-结构动力相互作用的分析模型与方法[J]. 世界地震工程(4)：

123-130.

燕斌，王志强，王君杰，2011. 桩土相互作用研究领域的 Winkler 地基梁模型综述[J]. 建筑结构(S1)：1363-1368.

张嘉祺，王琛，梁发云，2022. “双碳”背景下我国海上风电与海洋牧场协同开发初探[J]. 能源环境保护，36(5)：18-26.

张志忠，1996. 长江口细颗粒泥沙基本特性研究[J]. 泥沙研究(1)：67-73.